中国通信学会普及与教育工作委员会推荐教材

21世纪高职高专电子信息类规划教材

21 Shiji Gaozhi Gaozhuan Dianzi Xinxilei Guihua Jiaocai

电路与电子技术

赵月恩 主编

卜新华 田芳 蔡志军 编

人民邮电出版社

北 京

图书在版编目（ＣＩＰ）数据

电路与电子技术/赵月恩主编.—北京：人民邮电出版社，2009.4（2012.6 重印）
21世纪高职高专电子信息类规划教材
ISBN 978-7-115-19326-1

Ⅰ. 电… Ⅱ. 赵… Ⅲ. ①电路理论－高等学校：技术学校－教材②电子技术－高等学校：技术学校－教材 Ⅳ. TM13 TN01

中国版本图书馆CIP数据核字（2009）第006826号

内 容 提 要

本书是高职高专院校电子信息专业电路与电子技术课程的规划教材，全书共分 14 章，包括电路基础和模拟电子技术两部分内容。电路基础部分主要介绍电路的基本概念、电路的分析方法及电路定理、正弦稳态电路分析、安全用电常识和一阶动态电路分析等内容。模拟电子技术部分主要介绍常用电子器件、基本放大电路、集成运算放大电路、信号产生电路和直流稳压电源等内容。每章附有不同题型的习题，书后附有参考答案。

本书以基本概念、基本理论、基本分析方法、单元电路分析、集成电路应用为主，通俗易懂，重点突出。本书可作为高职高专院校通信技术、电子、信息等电类专业相关课程的教材使用，也可供相关人员自学参考。

21 世纪高职高专电子信息类规划教材

电路与电子技术

◆ 主　　编　赵月恩
　　编　　　卜新华　田　芳　蔡志军
　　责任编辑　蒋　亮

◆ 人民邮电出版社出版发行　　北京市崇文区夕照寺街 14 号
　　邮编　100061　电子邮件　315@ptpress.com.cn
　　网址　http://www.ptpress.com.cn
　　北京昌平百善印刷厂印刷

◆ 开本：787×1092　1/16
　　印张：15.75　　　　　　　2009 年 4 月第 1 版
　　字数：400 千字　　　　　2012 年 6 月北京第 3 次印刷

ISBN 978-7-115-19326-1/TN

定价：28.00 元

读者服务热线：(010)67170985　印装质量热线：(010)67129223
反盗版热线：(010)67171154

前　言

本书是编者在多年从事电路与电子技术教学改革的基础上编写的高职高专电子信息专业教材。作者在编写本教材时，吸取了各高职院校教学改革、教材建设等方面取得的经验，充分考虑了高职高专学生的特点、知识结构、教学规律和培养目标等要求。

本书在内容的选取上以"打好基础、精选内容、够用为度"为指导思想，在结构安排和内容选取上有以下几个特点。

（1）根据现代科学技术发展的需要，在内容取舍上以电路与电子技术的基本知识、基本理论为主线，并注意使之与各种实用技术、新技术有机地结合起来，以更好地激发学生的学习兴趣和创新意识。

（2）注重体现高职高专特色，淡化理论，重视实践。为此，在保持知识的科学性和系统性的前提下，删繁就简；重点讲清公式和结论的物理意义和应用，使推导过程简化，降低理论分析的难度；注重知识的实用性和内容的趣味性，以达到提高教学效果的目的。

（3）在知识的结构上以"基本概念—基本原理—基本分析方法—典型电路的应用"为思路。注重引导学生掌握"电路与电子技术"课程的学习方法，培养学生自主学习的能力，为以后更好地适应现代社会作好准备。

（4）在内容安排上，本书兼顾知识的系统性与完整性，各章又保持其相对独立性，为开放教学和弹性教学留有选择和拓展的空间，还可根据不同专业要求在教学时进行相应取舍。书中带"*"号内容为较难的知识点，老师在教学过程中可适当选取。

（5）本书在习题上，采取了填空、选择、思考、简答或计算等多种形式，克服了题型单一、枯燥乏味的缺点，提高学生的学习兴趣，还可拓展学生的思路，使所学知识得到更好的运用和巩固。

本书可作为高职高专院校通信技术、电子、信息等电类专业相关课程的教材使用，也可供相关人员学习参考。

本书由赵月恩担任主编，并编写了第1章、第2章、第5章和第7章；卜新华编写了第9章、第10章、第11章、第12章、第14章和第6章的6.5节；田芳编写了第8章和第13章；蔡志军编写了第3章、第4章和第6章（6.5节除外）。

在本书的编写过程中，得到了石家庄邮电职业技术学院电信工程系孙青华主任、杨延广副主任的大力支持，张桂芬老师在教材的设计思路及准备工作等方面给予了大力帮助，在此表示诚挚的感谢。

由于编者写作经验有限，书中难免出现错误和不妥之处，真诚希望各位老师和读者给予批评指正。

编　者

2009 年 1 月

目 录

第1章

电路的基本概念和基本定律

【本章内容简介】 主要介绍描述电路的基本物理量——电压、电流和功率，电路的基本元件——电阻、电容、电感及其伏安关系，电源元件和基尔霍夫定律。

【本章重点难点】 重点掌握电路的基本物理量，电路的 3 个基本元件及伏安关系，电压源和电流源，基尔霍夫定律。

难点是电流、电压的实际方向与参考方向的关系，功率的计算和受控源。

1.1 电路和电路模型

电路的结构多种多样，实现的功能也各不相同，但它们都受共同的基本规律支配，正是在这些共同的规律基础上，人们进行分析、研究，总结形成了"电路理论"这门学科。本课程的第一部分以分析电路中的电磁现象，研究电路的基本规律及电路的分析方法为主要内容，它是电路理论的入门课程，可为后续课程准备必要的电路知识。

1.1.1 电路与组成

电路是由各种电器元件按照一定方式连接而成，是电流的流通通路。

从电路的组成看，实际电路可以分成 3 部分：电源、负载和中间环节，其中电源的作用是为整个电路提供能量；负载则将电能转化成其他形式的能量；中间环节包括导线、开关及控制电路等，作为电源和负载的连接。例如照明电路中的电池为电源，灯为负载，导线和开关作为中间环节起连接作用。

现实中电路种类多样，譬如有传输、分配电能的电力电路；转换、传输信息的通信电路；控制各种家用电器和生产设备的控制电路等等。但从电路的功能来看可分为两大类：一种是实现能量的转换和传输，如电力系统的发电、传输等；另一种是实现信号的传递和处理，如通信电路、电视机电路等。

在电子技术领域中常把电源或信号源称为激励（或激励源），而激励源在电路中产生的电压和电流统称为响应。

1.1.2 电路模型

实际电路由各种作用不同的电路元器件组成，而电路元器件种类繁多，且电磁特性较为复杂。譬如，制作一个电阻器是为了利用它的电阻性质，通电时它将电能转换成热能；制作一个电源是利用它的两极间能保持有一定电压的性质，用来提供电能。但是实际电路元件的电磁特性往往不是唯一的。例如绕线式电阻除了具有消耗电能的性质外（电阻性），通电时还会产生微弱的磁场，具有电感的特性；电容器的作用是储存电能，但在充放电过程中还会发热，即还兼有电阻的特性等等。

为了便于对实际电路进行分析和计算，常把实际的电路元件加以理想化，在一定条件下忽略其次要的电磁性质，用能代表其主要电磁特性的理想模型来表示，称为实际电路元件的模型。反映具有单一电磁性质的实际元件的模型称为理想元件（或器件模型）。例如，灯的主要电磁特性是电阻性，同时还有电感特性，但电感微弱，可以忽略不计，于是可以用理想电阻元件来代表灯的电磁特性。

电路中常见的理想化元件有理想电阻元件、理想电感元件、理想电容元件、理想电源元件等。各种理想元件的电路符号如图 1-1 所示。

将实际电路中各个元器件用其模型符号表示，由理想模型元件所组成的电路图称为实际电路的电路模型图，简称电路图。

将实际元件理想化，分析实际电路的电路模型是研究电路的常用方法。

各种实际器件都可以用理想模型来近似地表征它的性能。有时根据需要也可将实际元件用一种或几种理想元件组合来表征。对于前面提到的照明电路，可以用一理想电阻元件来表征灯的特性，用 R 表示；电池除了对外提供电能的同时，内部也消耗一部分电能，所以用一个电压源 U_S 和一电阻 R_0 串联来表征。这样实际照明电路就可用图 1-2 的电路模型来表征。

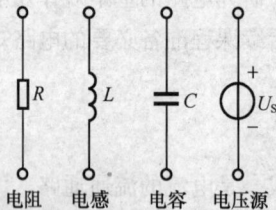

图 1-1　常见理想电路元件的符号　　　　图 1-2　手电筒的电路模型

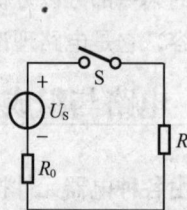

电路分析的对象不是实际电路，而是"电路模型"。建立的电路模型应能较准确地反映电路的真实情况，即电路模型计算的结果与实际电路测量结果的误差应在允许的范围之内。今后本书中未加特别说明时，所说的电路均指电路模型，所说的元件均指理想电路元件。

1.2　电路的基本物理量

为了定量地描述电路的性能及作用，常引入一些物理量作为电路变量来描述，电路分析的任务就是求解这些变量。描述电路的变量最常用到的是电流、电压和功率。

1.2.1　电流

在电场力作用下，带电粒子的定向移动形成电流。如金属导体中的电子、电解液和电离子的气体中的自由离子、半导体中的电子和空穴，都属带电粒子或称为载流子。物体所带电荷的多少叫电量，用符号 q 或 Q 表示。在国际单位制中，电量的单位是库仑（国际代号 C）。一个电子或一个质子所带电量数值均为 1.6×10^{-19} 库仑。

单位时间内通过导体横截面的电量定义为电流强度，简称电流。用以衡量电流的大小，用符号 i 表示，即

$$i(t) = \frac{\mathrm{d}q}{\mathrm{d}t} \tag{1-1}$$

习惯上规定正电荷运动的方向为电流的方向。

如果电流的大小和方向不随时间变化，则这种电流叫做稳恒电流，简称直流（简写作 dc 或 DC），一般用符号 I 表示。

如果电流的大小和方向都随时间变化，则称为交变电流，简称交流（简写作 ac 或 AC），一般用符号 i 表示。

在国际单位制（SI 制）中，电流的单位是安培（国际符号为 A），常用单位还有毫安（mA）和微安（μA）。

$$1\text{A} = 10^3 \text{mA} = 10^6 \mu\text{A}$$

在求解电路时，往往事先难以确定电流的真实方向，而在交流电路中，就不可能用一个固定的箭头来表示真实方向。为了求解方便，在分析电路中，常常任意选定某一方向作为电流的正方向，称为电流的参考方向。用箭头表示，如图 1-3 所示。还可用双下标表示，I_{ab} 表示电流的参考方向由 a 到 b；如果参考方向选定为由 b 到 a，则写为 I_{ba}，并且 $I_{ab} = -I_{ba}$。

注意：在求解时，所选电流的参考方向并不一定与电流的实际方向一致。当电流的实际方向与参考方向一致时，则电流为正值；当电流的实际方向与参考方向相反时，则电流为负值，如图 1-4 所示。在没有给定参考方向的情况下，讨论电流的正负是没有意义的。

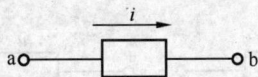

图 1-3　电流参考方向的表示

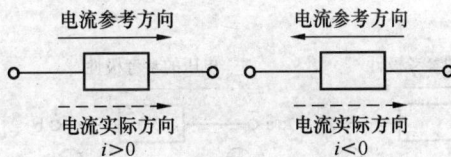

图 1-4　电流参考方向与实际方向关系

1.2.2　电压和电位

电荷在电路中流动，必然有能量的交换发生，即电荷在电路的某些部分获得能量而在另外一些部分失去能量。为便于研究这个问题，在分析电路时引入"电压"这一物理量。

电路中某两点 a、b 间的电压在数值上等于电场力将单位正电荷由 a 点移动到 b 点时所做的功。

用 dq 表示由 a 移到 b 的电荷量，dW 表示电场力对电荷做的功，用 U_{ab} 或 u_{ab} 表示 ab 间电压，则

$$u_{ab}=\frac{dW_{ab}}{dq} \tag{1-2}$$

电压的国际单位是"伏特"，简称"伏"（V）。工程上常用的电压单位还有千伏（kV）、毫伏（mV）和微伏（μV）。

$$1kV=10^3V \qquad 1V=10^3mV=10^6\mu V$$

电压也有正负之分。如果正电荷由 a 移动到 b 场力做正功，这时 a 点为高电位，即"+"极，b 点为低电位，即"−"极，$U_{ab}>0$；反之，如果正电荷由 a 移动到 b 电场力做负功，这时 a 点为低电位，b 点为高电位，$U_{ab}<0$。

在分析电路时同样需要为电压规定参考极性。与电流的参考方向一样，电压的参考极性也是任意给定的，一般是在元件的两端用"+""−"符号来表示，如图 1-5 所示。还可以用双下标表示，如图 1-6 所示，并有 $U_{ab}=-U_{ba}$。

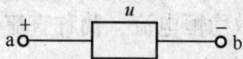

图 1-5 电压参考极性的表示   图 1-6 电压参考极性的双下标表示

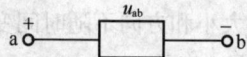

在选定电压的参考极性后，当电压的参考极性与实际极性一致时，则电压为正值；当电压的参考极性与实际极性相反时，则电压为负值，如图 1-7 所示。

大小和极性不变的电压称为直流电压（稳恒电压）。

【例 1-1】 在图 1-5 中，若 $U=1.5V$，则表明 a 点实际电位比 b 点高 1.5V；若 $U=-1.5V$，则表明 a 点实际电位比 b 点低 1.5V。

参考方向是电路计算中的一个重要概念，对此着重指出如下几点。

（1）电流、电压的实际方向是客观存在的，而参考方向是人为选定的。

（2）当电流、电压的参考方向与实际方向一致时，电流、电压值取正号，反之取负号。

（3）在分析计算时，都要先选定其参考方向，否则计算得出的电流、电压正负值是没有意义的。

（4）电路中某一支路或元件的电压与电流的参考方向的选定，常选一致的参考方向，称为关联参考方向，如图 1-8（a）所示；也可选不一致的参考方向，称为非关联参考方向，如图 1-8（b）所示。

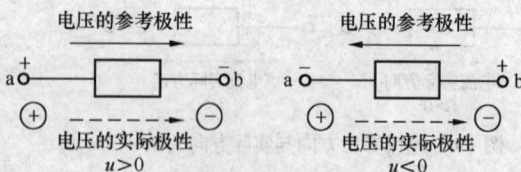

图 1-7 电压参考极性与实际极性关系   图 1-8 关联与非关联参考方向

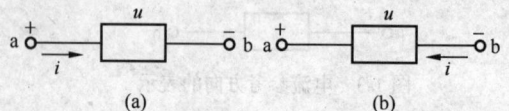

分析电路时，还常用到电位（或电势）的概念。若在电路中任选一点作为参考点，则电路中某点的电位就是该点到参考点的电压，规定参考点的电位为零。电位常用符号 V 表示，如图 1-9 所示，例如把 a 点的电位记作 V_a，显然存在

$$V_a=U_{ao}=V_a-V_0 \qquad V_b=U_{bo}=V_b-V_0$$

$$U_{ab}=V_{ao}+V_{ob}=V_{ao}-V_{bo}=V_a-V_b$$

即在选定参考点后，电路中任意两点间的电压等于这两点的电位之差。所选参考点不同，电路中各点电位将不同，但电路中任意两点间的电压将不变，与参考点的选择无关。

在电子电路中，常常把电源、信号输入和输出的公共端接在一起并与机壳相接，作为参考点，因此，机壳往往被称为"地"或叫"参考地"，虽然它并不真与大地相连接。在测试中，常把电压表的"−"端与机壳相连，而以"+"端依次接触电路中各点，电压表的读数即为各点的电位（注意：电压表正偏时电位标"+"，反之，标"−"）。由此，电子电路中有一种简化的画法，即电源不用图形符号表示而改为只标出其极性与电压值，如图 1-10 所示。

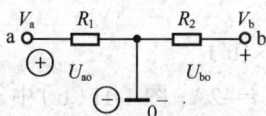

图 1-9　电位与电压

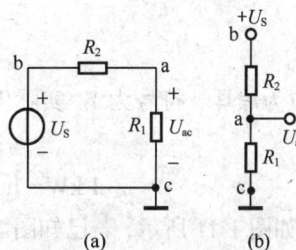

图 1-10　电子电路简化法

1.2.3　电功率和电能

在电路中常用一个方框和两个引出端表示任意一个二端元件，如图 1-11（a）所示。当正电荷在电场力的作用下，从元件 A 的"+"极端（高电位）经元件 A 移到"−"极端（低电位），这时电场力（克服导体阻力）对电荷做了正功，该元件吸收了电能，相反，若正电荷是从元件 A 的低电位移到高电位，这时外力克服电场力做功，该元件发出了电能，如图 1-11（b）所示。

图 1-11　元件吸收和发出能量

把单位时间内元件吸收或发出的电能称为电功率，简称功率，用 p 表示，即

$$p(t)=\frac{\mathrm{d}W(t)}{\mathrm{d}t} \tag{1-3}$$

功率的国际单位是瓦特（W），常用单位还有千瓦（kW）、毫瓦（mW）。

由式（1-3）可得

$$p(t)=\frac{\mathrm{d}W(t)}{\mathrm{d}t}=\frac{\mathrm{d}W(t)}{\mathrm{d}q}\times\frac{\mathrm{d}q}{\mathrm{d}t}=u\,i \tag{1-4}$$

在直流电路中，功率表达式为

$$P=UI \tag{1-5}$$

在电压和电流为关联参考方向时，如图 1-11（a）所示，式（1-4）和式（1-5）计算的功率 p 表示的是元件 A 吸收的功率。

在电压和电流为非关联参考方向时，如图 1-11（b）所示，上两式表示的是元件发出的功率。为了计算和叙述方便，我们通常计算元件吸收的功率，这样，在非关联参考方向下，元件吸收功率表达式表示为

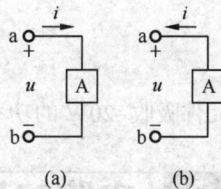

$$P=-UI \tag{1-6}$$

式（1-5）和式（1-6）两公式计算的结果意义相同，即当 $P>0$，表示该元件实际吸收电能；当 $P<0$ 时，表示该元件实际发出电能。

根据能量守恒原理，在闭合电路中，一部分元件发出的功率一定等于其他部分元件吸收的功率，或者说，整个电路的功率代数和为零。

在关联参考方向下，电路元件在 $t_0 \sim t$ 时间内消耗（吸收）的电能为

$$W=\int_{t_0}^{t} p\mathrm{d}t = \int_{t_0}^{t} ui\mathrm{d}t \tag{1-7}$$

直流时为

$$W=P \cdot (t-t_0)$$

电能的单位为焦耳，符号为 J。实际生活中还常用千瓦时（kW·h）作为电能的单位，1 千瓦时即 1 度电。

$$1\,\mathrm{kW \cdot h} =10^3\mathrm{W}\times3600\mathrm{s}=3.6\times10^6\mathrm{J}$$

【例 1-2】如图 1-11 所示，若已知图 1-11（a）中 $u=5\mathrm{V}$，$i=-2\mathrm{A}$；图 1-11（b）中 $u=10\mathrm{V}$，$i=2\mathrm{A}$；试计算各元件吸收或发出的功率。

解：（1）在图 1-11（a）中，电压、电流为关联参考方向，则根据公式（1-4）元件 A 吸收的功率为

$$p=ui=5\times(-2)=-10\mathrm{W}$$

元件 A 吸收 $-10\mathrm{W}$ 的功率，即发出 10W 的功率。

（2）在图 1-11（b）中，电压、电流为非关联参考方向，则根据公式（1-6）元件 A 吸收的功率为

$$p=-ui=-10\times2=-20\mathrm{W}$$

元件吸收 $-20\mathrm{W}$ 的功率，即发出了 20W 的功率。

1.3 电路的基本元件

电阻器、电容器和电感线圈是电工和电子电路中应用极为广泛的 3 个基本元件。本节主要介绍它们的电磁特性及其电压、电流的约束关系。

1.3.1 电阻元件

1. 电阻

实际电阻器是用具有不同导电能力的材料制成的。当电流流经电阻器时，定向移动的带电粒子由于受到阻碍作用而失去电能量，同时使导体发热，把电能转换成为热能。电阻器在电路中要消耗电能，因此也叫耗能元件。

电阻器在电路中对电流的阻碍作用的大小用电阻量来表示，简称电阻，符号用 R 表示。

电阻的国际单位为欧姆（Ω），常用单位还有千欧（kΩ）、兆欧（MΩ）。

$$1\mathrm{M\Omega}=10^3\mathrm{k\Omega} \qquad 1\mathrm{k\Omega}=10^3\Omega$$

电阻的大小与材料的性质和几何尺寸有关，对于粗细均匀的金属导体，其电阻为

$$R= \rho \frac{L}{S} \tag{1-8}$$

式中，ρ 为材料的电阻率，L 为材料的长度，S 为材料的横截面积。

电阻的倒数称为电导，它是表示材料导电能力的一个参数，用符号 G 表示。

$$G=\frac{1}{R} \tag{1-9}$$

电导的国际单位是西门子（S），简称西。

2．电阻元件

电阻元件是从实际电阻器抽象出来的理想模型。

在讨论各种理想元件的性能时，重要的是确定各元件的端电压与端电流的关系，这种关系称为元件的伏安关系（VAR），也叫元件的约束条件。元件的伏安关系是电路分析的基础理论之一。

在关联参考方向下，若元件的伏安关系满足欧姆定律，即

$$u(t)=Ri(t) \tag{1-10}$$

那么，这个元件是电阻元件，R 为这种元件的电阻。当 R 为常数时，这种电阻元件叫线性电阻元件。电阻元件的电路符号如图 1-12（a）所示。

若把电阻元件的端口电压作为纵坐标，电流作为横坐标，绘出 $u—i$ 平面上的曲线，这条曲线称为电阻元件的伏安特性曲线。线性电阻的伏安曲线如图 1-13（a）所示，是一条过原点的直线。

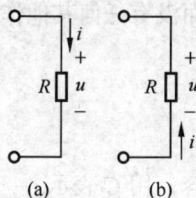

图 1-12　电阻元件电流电压关系

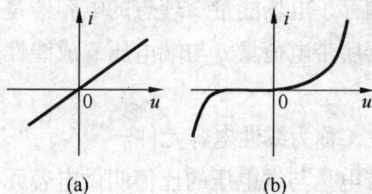

图 1-13　电阻元件的伏安特性曲线

需特别注意：若电压、电流的参考方向为非关联方向，如图 1-12（b）所示，则线性电阻元件的伏安关系应为

$$u(t)=-Ri(t) \tag{1-11}$$

在工程上，还有许多电阻元件，它们的伏安关系是一条曲线，这样的电阻元件称为非线性电阻元件。如图 1-13（b）所示曲线是二极管的伏安特性曲线，所以二极管是一个非线性电阻元件。

严格地说，实际电路器件的电阻都是非线性的，如灯泡的灯丝电阻，当电压不同时其电阻也有变化，但当在一定范围内工作时，可近似地把它看成线性电阻。

今后若未加特殊说明，本书中所有电阻元件均指线性电阻元件。

【例 1-3】 试求如图 1-14 所示电路中的未知量，其中 $R=5\Omega$。

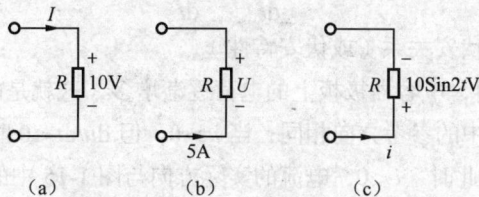

图 1-14　例 1-3 图

解：（1）在图 1-14（a）中，电压、电流为关联参考方向，所以

$$I=\frac{U}{R}=\frac{10}{5}=2\text{A}$$

（2）在图 1-14（b）中，电压、电流为非关联参考方向，所以

$$U=-RI=-5\times5=-10\text{V}$$

（3）在图 1-14（c）中，电压、电流为关联参考方向，所以

$$i=\frac{u}{R}=\frac{10\sin2t}{5}=2\sin2t\text{(A)}$$

1.3.2　电容元件

1．电容元件

电容元件是一种储存电能的元件，它是各种电容器的理想化模型，其电路符号如图 1-15 所示。

在外电源的作用下，电容器的两极板将分别聚集上等量的异号电荷。外电源撤走后，这些电荷依靠电场力的作用相互吸引而能长久地储存下去。因此，电容器是一种能储存电荷的器件。电容器储存电荷的同时，在两极板间建立了电场，储存了电场能量。理想的电容器是指只具有存储电能，而没有任何其他作用的器件。

图 1-15　电容的符号

若电容器所带电荷量 q 与端电压 u 成线性关系，即满足

$$q=Cu \tag{1-12}$$

C 为常数，称为线性电容元件。

电容所带电量与端电压的比值叫做电容元件的电容值，简称电容，用 C 表示。

电容 C 是衡量电容元件储存电荷本领大小的参数，其大小完全由电容器本身决定，与所带电量的多少无关。其中平行板电容器的电容表达式为

$$C=\varepsilon\frac{S}{d}$$

电容的国际单位为法拉（F），简称法。常用单位还有微法（μF）和皮法（pF）。

$$1\text{F}=10^6\mu\text{F}=10^{12}\text{pF}$$

2．电容元件的伏安关系

在如图 1-15 所示的关联参考方向下，由 $q=Cu$ 和 $i=\dfrac{\mathrm{d}q}{\mathrm{d}t}$，得电容元件的端电压与电流关系为

$$i=\frac{\mathrm{d}q}{\mathrm{d}t}=C\frac{\mathrm{d}u}{\mathrm{d}t} \tag{1-13}$$

式（1-13）叫做电容元件的伏安关系（或伏安特性）。

当 $u>0$，且 $\mathrm{d}u/\mathrm{d}t>0$ 时，电容器极板上的电荷逐渐增多，这就是电容器的充电过程，此时，$i>0$，电流的实际方向与图中的参考方向相同；当 $u>0$，但 $\mathrm{d}u/\mathrm{d}t<0$ 时，电容器极板上电荷逐渐减少，表示电容器在放电，此时，$i<0$，电流的实际方向与图 1-15 中的参考方向相反。

若选电容元件的电压、电流参考方向为非关联时，则其伏安关系为

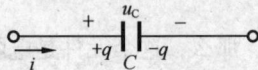

$$i = -C\frac{\mathrm{d}u}{\mathrm{d}t} \tag{1-14}$$

由电容的伏安关系可知，任一瞬间，电容电流的大小与该瞬间的电压变化率成正比，而与这一瞬间的电压大小无关。即使电容两端电压很高，但不变化，通过电容器的电流仍为零。相反，当电容的电压瞬间为零时，其电流不一定为零。由于在电压变动的条件下才有电流，所以电容元件又称动态元件。含动态元件的电路称为动态电路。

在直流电路中，电容电压保持不变，流经电容的电流为零，因此相当于电路开路。

3. 电容元件的储能

在关联参考方向下，电容元件吸收的电功率为

$$p = ui = Cu\frac{\mathrm{d}u}{\mathrm{d}t}$$

电容元件从 $u(t_0)=0$ 增大到 $u(t)$ 时，总共吸收的能量，即这时电容储存的电场能量为

$$W_\mathrm{c} = \int_{t_0}^{t} p\mathrm{d}t = \int_{t_0}^{t} ui\mathrm{d}t = \int_0^u Cu\mathrm{d}u = \frac{1}{2}Cu^2(t) \tag{1-15}$$

1.3.3　电感元件

1. 电感元件

电感元件是实际电感线圈的理想化模型。

假设电感元件是由无电阻的导线绕制而成的线圈。当线圈中通有电流时，在线圈中就建立了磁场，这时线圈存储了磁场能，因此，电感线圈是一种能够储存磁场能的电器元件。理想的电感元件是只产生磁通（储存磁场能量）的作用而无任何其他作用的元件。

电流通过线圈时产生的磁通用 Φ 表示，磁通与 N 匝线圈相交链的总磁通 $N\Phi$ 叫磁链，用 Ψ 表示，则 $\Psi=N\Phi$，如图 1-16 所示。

磁通 Φ 和磁链 Ψ 是由线圈本身的电流产生的，分别叫做自感磁通和自感磁链。规定 Φ 和 Ψ 的参考方向与产生它的电流参考方向之间满足右螺旋定则，如图 1-17 所示。在这种参考方向下，任何线性电感元件的自感磁链 Ψ 与电流 i 是成正比的，即

$$\Psi=Li \tag{1-16}$$

式中 L 称为该电感元件的自感或电感，线性电感元件的电感为一常数。

即

$$L = \frac{\Psi}{i} \tag{1-17}$$

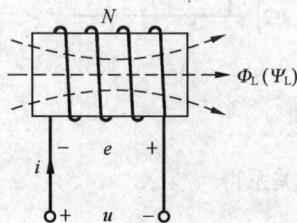

图 1-16　电感线圈

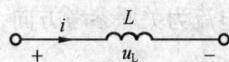

图 1-17　电感元件符号

在 SI 单位制中，磁通和磁链的单位相同，国际单位为韦伯（Wb），其他单位有麦克斯韦（Mx）

$$1Wb=10^8Mx$$

电感的单位为亨（利），符号为 H，常用单位还有毫亨（mH）和微亨（μH）

$$1H=10^3mH=10^6\mu H$$

2．电感元件的伏安特性

根据法拉第电磁感应定律，电感器件产生的感应电压等于磁链的变化率。当电压的参考极性与磁链的参考方向满足右螺旋定则，电感元件的电压、电流取关联参考方向时，可得

$$u=\frac{d\Psi}{dt}=L\frac{di}{dt} \tag{1-18}$$

式（1-18）称为电感元件的伏安关系（或伏安特性）。需特别注意的是，当 u、i 为非关联参考方向时，其伏安关系如下

$$u=-L\frac{di}{dt} \tag{1-19}$$

由电感的伏安特性可知，任一瞬间，电感元件端电压的大小与电流的变化率成正比，而与这一瞬间的电流大小无关。由于在电流变动的条件下电感元件两端才有电压，所以电感元件也称为动态元件。在直流电路中，电感电流保持不变，其端电压为零，相当于电路短路。可见，电感对直流电路起短路作用。

3．电感元件的磁场能

在关联参考方向下，电感吸收的电功率

$$p=ui=Li\frac{di}{dt} \tag{1-20}$$

电感从电流 $i(0)=0$ 增大到 $i(t)$ 时，总共吸收的能量，即 t 时刻电感储存的磁场能为

$$W_L=\int_0^t pdt=\int_0^i Lidi=\frac{1}{2}Li^2(t) \tag{1-21}$$

交流电路中，当电感元件的 u、i 方向一致时，$p>0$，电感从外电路吸收能量，以磁场形式存储于线圈。当 u、i 方向相反时，$p<0$，电感向外释放能量，储存的磁能减少。可见在动态电路中，电感元件和外电路进行着磁场能和其他形式能的相互转换，本身不消耗能量。

【例 1-4】 已知电容元件电压 u 的波形如图 1-18（b）所示，试求 $i(t)$ 并绘出波形图。

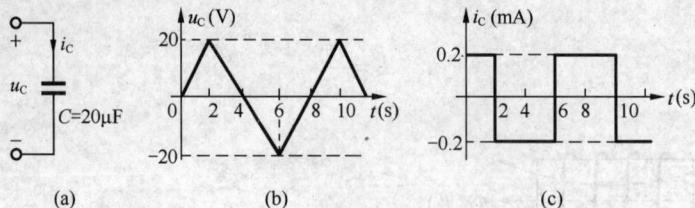

图 1-18 例 1-4 图

解：电压、电流为关联参考方向，根据电容的伏安关系得

$$t=0\sim2s: \quad i=C\frac{du}{dt}=C\frac{\Delta u}{\Delta t}=20\times10^{-6}\times\frac{20-0}{2}=2\times10^{-4}A=0.2mA$$

$t=2\sim6\text{s}$：$i=C\dfrac{\mathrm{d}u}{\mathrm{d}t}=C\dfrac{\Delta u}{\Delta t}=20\times10^{-6}\times\dfrac{-20-20}{2}=-2\times10^{-4}\,\text{A}=-0.2\text{mA}$

$t=6\sim10\text{s}$：$i=0.2\text{mA}$　……

电流 i 的波形如图 1-18（c）所示。

1.4　电压源和电流源

电源是把其他形式的能转换为电能的装置，它为电路提供电能。电源模型是从实际电源抽象出来的一种理想模型。电源模型分独立电源和受控电源两种类型。能够独立向外提供电能的电源称为独立电源，它包括电压源和电流源；不能独立向外提供电能的电源称为非独立电源，又称为受控源。

1.4.1　电压源

理想电压源是从实际电源抽象出来的一种模型。电池、发电机等一类电源，当忽略电源内部电阻时，电源的端电压是一定值而与负载无关，可认为是理想电压源，简称电压源。

电压源具有两个基本性质：

（1）它的端电压值是一个定值 U_S 或是一定的时间函数 $u(t)$，与流过它的电流无关。当电流为零时，其端电压仍不变。

（2）电压源的端电压是由本身决定的，而流过它的电流由与之相连的外电路共同确定。

电压源的电路符号如图 1-19（a）所示，其中 u_S 为电压源的电压，"+"、"−"号是其参考极性。

如果电压源的电压是定值 U_S，则称之为直流电压源（恒压源）。直流电压源的符号还可以用图 1-19（b）来表示。图 1-20 是直流电压源的端电压、电流关系曲线，也叫外特性曲线。

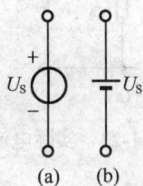

图 1-19　电压源符号　　　　　图 1-20　直流电压源的外特性

实际电源内部总存在一定的内阻。例如，电池电源，当接上负载有电流通过时，电池内部就会有能量损耗，电流越大，损耗越大，端电压就越低，因此，实际电压源可以用一个理想电压源和一个内阻 R_S 相串联的电路模型来表示，如图 1-21（a）所示。实际电压源端电压与负载电流的伏安关系为

$$U=U_S-IR_S \qquad\qquad (1\text{-}22)$$

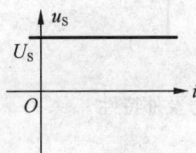

图 1-21（b）为实际直流电压源的外特性曲线。可见，对

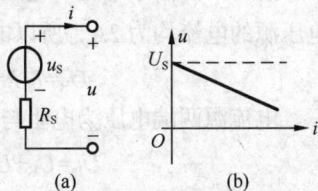

图 1-21　实际电压源及外特性

一定的实际电压源，输出电流越大，端电压越低。实际电压源的内阻越小，其特性越接近理想电压源。

1.4.2 电流源

如果电源输出的电流是一定值 I_S 或是一定的时间函数 $i(t)$，则称为理想电流源，简称电流源，电路符号如图 1-22（a）所示。

若输出电流为一恒定值 I_S 则称为恒流源；若输出电流大小和方向随时间变化而变化，则称为交流源。

恒流源的伏安关系曲线如图 1-22（b）所示，是一条与 u 轴平行的直线。

理想电流源有两个基本性质。

（1）它发出的电流是一定值 I_S 或是一定的时间函数 $i_S(t)$，而与它的端电压无关。

（2）电流源的端电压由外电路确定。

在一定条件下，光电池在一定强度的光线照射时产生的电流是一定值，而基本不随负载变化而变化，因而这种类型的电源就可用电流源模型来表示。

实际上不可能存在绝对的理想电流源，实际电流源内部有一定能量损耗，电流源产生的电流不能全部输出，会有一部分从内部分掉。因此，实际电流源可用一理想电流源 I_S 与一个内电导（电阻）G_S 并联的模型来表示，如图 1-23（a）所示。

实际电流源的输出电流与端电压的关系为

$$I=I_S-\frac{U}{R_S}=I_S-G_SU \qquad\qquad (1-23)$$

实际电流源的外特性曲线如图 1-23（b）所示。很显然实际电流源向外输出的电流 I 比实际电流源的值 I_S 小，内电导越小，其特性越接近理想电流源。

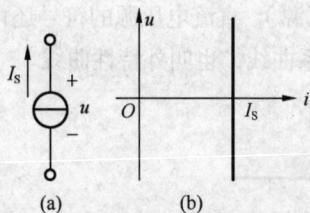

图 1-22　电流源符号及外特性

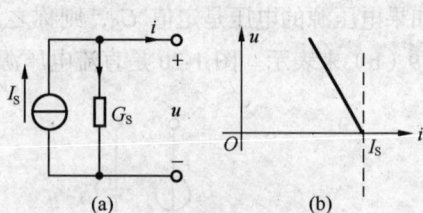

图 1-23　实际电流源及外特性

【例 1-5】 求图 1-24 电路中电阻、电流源上的电压及各元件的功率。

解：（1）由于电阻、电压源与电流源串联，因此流过电阻及电压源的电流均为 2A，所以电阻两端的电压为

$$U_R=I_S R=2\times5=10V$$

电流源两端电压为电阻与电压源两端电压之和，即

$$U_{Is}=U_R+U_S=10+8=18V$$

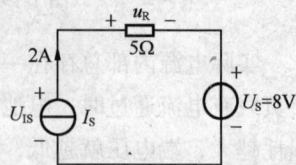

图 1-24　例 1-5 图

（2）电阻的功率

$$P_R=U_R I=U_R I_S=10\times2=20W \quad P_R>0，电阻吸收功率为 20W。$$

电压源的功率

$$P_{Us}=U_S I=U_S I_S=8\times2=16W \quad P_{Us}>0，电压源吸收功率为 16W。$$

电流源的功率

$P_{Is} = -U_{Is}I = -U_{Is}I_S = -18 \times 2 = -36W$　　$P_{Is} < 0$，电流源吸收功率为 $-36W$。即发出了 $36W$ 的功率。显然，整个电路的总功率为零。

1.5　受控源

电路中除了独立源外，还往往含有受控源。受控源的电压源或电流源值不是独立的，而是受电路中某个电压或电流控制。常用的受控源有晶体管、运算放大器等电路元件。

受控源含有两条支路：控制支路和受控支路。受控支路相当于一个电压源或一个电流源。受控支路中的电源值不同于独立源，它是受控制支路的电压或电流控制的。根据控制量和受控量的关系受控源分为 4 种类型。

（1）电压控制电压源（简写为 VCVS），简称压控电压源，如图 1-25（a）所示。从 2—2′ 两端看进去是一个电压源，其电压受 1—1′ 两端的电压控制。压控电压源的特性方程为

$$u_2 = \mu u_1 \tag{1-24a}$$

（2）电流控制电压源（简写为 CCVS），简称流控电压源，如图 1-25（b）所示。从 2—2′ 两端看进去是一个电压源，其电压受 1—1′ 端的电流控制。流控电压源的特性方程为

$$u_2 = r i_1 \tag{1-24b}$$

（3）电压控制电流源（简写为 VCCS），简称压控电流源，如图 1-25（c）所示。从 2—2′ 两端看进去是一个电流源，其电流受 1—1′ 两端的电压控制。压控电流源的特性方程为

$$i_2 = g u_1 \tag{1-24c}$$

（4）电流控制电流源（简写为 CCCS），简称流控电流源，如图 1-25（d）所示。从 2—2′ 两端看进去是一个电流源，其电流受 1—1′ 端的电流控制。流控电流源的特性方程为

$$i_2 = \beta i_1 \tag{1-24d}$$

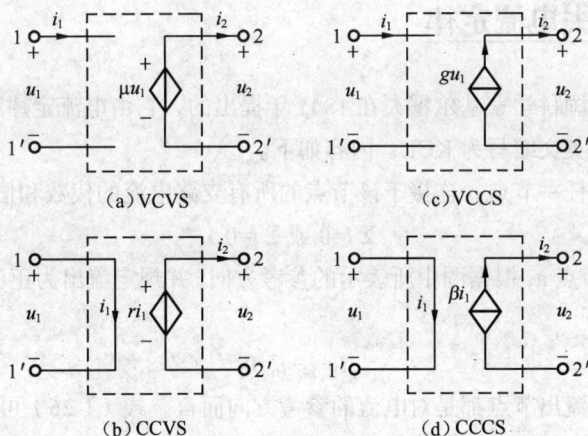

（a）VCVS　　　（c）VCCS

（b）CCVS　　　（d）CCCS

图 1-25　受控源的符号

独立源与受控源在电路中的作用不同，故用不同的符号表示，独立源用圆圈符号，受控源用菱形符号。

其中比例系数：μ 为转移电压比，β 为转移电流比，r 为转移电阻，g 为转移电导。当这些系数为常数时的受控源为线性受控源。本书只考虑线性受控源。

需要指出，受控源与独立源有所不同。独立源在电路中起着激励的作用，因为有了它才能在电路中产生电流和电压；而受控源则不同，它的电压或电流是受电路中其他电压或电流控制，当这些控制电压或电流为零时，受控源的电压或电流也就为零。在分析问题时要注意到这些。

1.6 基尔霍夫定律

前面我们学习了组成电路的基本元件以及每个元件的电流、电压约束关系，这些是分析电路的必备基础，另外，电路整体的电压、电流还存在着一定的规律。基尔霍夫定律就阐明了电路中电压、电流整体所遵从的约束关系，它是分析和计算电路的理论基础，该定律包括电流定律和电压定律。

为了便于讨论，先介绍电路的几个相关名词。

（1）支路：电路中具有两个端钮且通过同一电流的每个分支称为支路。图 1-26 电路中共有 6 条支路，即：ab、bc、bd、agc、aed 和 cfd，其中 aed、cfd 两条支路含有电源，称为含源支路；其他支路不含电源，称为无源支路。

（2）节点：3 条或 3 条以上支路的连接点称为节点。图 1-26 中共有 4 个节点。分别是 a、b、c、d。

（3）回路：电路中由支路构成的闭合路径称为回路。agcba、aedba、bcfdb、abcfdea 等都是回路。

（4）网孔：回路内不再含有支路的回路称为网孔。

（5）网络：网络就是电路，一般把复杂的电路称为网络。

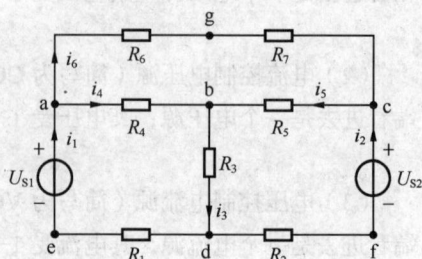

图 1-26 支路 节点 回路

1.6.1 基尔霍夫电流定律

基尔霍夫定律是德国科学家基尔霍夫在 1845 年提出的，它由电流定律和电压定律组成。

基尔霍夫电流定律英文缩写为 KCL，内容如下。

任意时刻对电路中任一节点，连接于该节点的所有支路电流的代数和恒等于零，即

$$\Sigma I = 0 \text{ 或 } \Sigma i = 0 \qquad (1\text{-}25)$$

对于图 1-26 中的节点 a，根据图中所表示的参考方向，并规定流出为正（也可规定流进为正），由 KCL 可得

$$-i_1 + i_4 + i_6 = 0 \qquad (1\text{-}26)$$

这里所说的流进或流出节点都是对电流的参考方向而言。式（1-26）可改写为

$$i_1 = i_4 + i_6$$

此式表明，任何时刻流进任一节点的支路电流等于流出该节点的支路电流。

KCL 是电荷守恒定理在电路中的体现。显然，对于电路中的任一理想节点而言，它既不能产生电荷，也不能储存电荷，因此，任一时刻流入该节点的电荷应恒等于流出该节点的电荷。

KCL 不仅适用于节点，还可以把它推广到包围几个节点的闭合面上。例如图 1-27 电路中，

对闭合面 S 包围的节点分别列出以下 KCL 方程

a 点：$\qquad\qquad\qquad i_4+i_6-i_3=0$

b 点：$\qquad\qquad\qquad i_5-i_2-i_4=0$

c 点：$\qquad\qquad\qquad i_1-i_5-i_6=0$

联立这 3 个方程可得

$$i_2+i_3-i_1=0 \text{ 或 } i_1=i_2+i_3$$

可见，通过电路中一个闭合面的电流的代数和也总等于零，即流进闭合面的电流总等于流出该闭合面的电流。

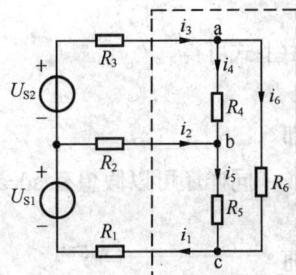

图 1-27　KCL 的推广应用

1.6.2　基尔霍夫电压定律

基尔霍夫电压定律的英文缩写为 KVL，内容如下。

任意时刻沿任一回路，构成该回路的所有支路的电压代数和恒等于零，即沿任一回路有

$$\Sigma U=0 \text{ 或 } \Sigma u=0 \qquad\qquad (1\text{-}27)$$

在列 KVL 方程时，首先需要指定回路的绕行方向，并规定凡元件的电压参考方向与绕行方向一致的为正，反之为负。

对于如图 1-28 所示的某电路中的一个回路，先设定绕行方向如图 1-28 所示，按图中所标的电压参考方向，列出如下 KVL 方程

$$u_1+u_2-u_3-u_4-u_5=0 \qquad\qquad (1\text{-}28)$$

对于如图 1-29 所示电路，若已知各支路的电流，那么各电阻电压用电流表示出来，在设定回路绕行方向后，列出如下 KVL 方程形式

$$U_{S1}+I_1R_1-I_2R_2-I_3R_3-U_{S3}+I_4R_4=0$$

整理得

$$I_1R_1-I_2R_2-I_3R_3+I_4R_4=-U_{S1}+U_{S3}$$

一般形式为

$$\Sigma IR=\Sigma U_S \qquad\qquad (1\text{-}29)$$

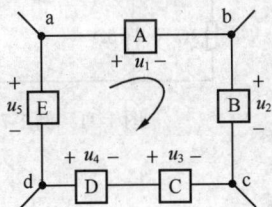

图 1-28　基尔霍夫电压定律

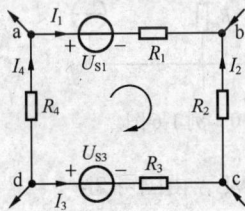

图 1-29　电阻电路的 KVL

该式表明，对于电阻电路，KVL 的另一种表述是：在任意时刻，在任一闭合电路中，所有电阻的电压代数和恒等于该回路所有电压源的电压代数和。

在写式（1-29）时需要注意，当电阻上的电流参考方向与绕向一致时取正，电压源的参考极性与绕向相反时取正；否则，相反。

KVL 不仅适用于实际回路，而且适用于电路中的假想回路。在图 1-28 中，可以假想有 abca

回路，若绕行不变，应用 KVL 则有

$$u_1+u_2+u_{ca}=0$$

由上式可得

$$u_{ca}=-u_1-u_2$$

即

$$u_{ac}=u_1+u_2 \qquad\qquad （1-30）$$

同样还可以假想有 adca 回路，若绕行如图 1-29 不变。则有

$$u_{ac}-u_3-u_4-u_5=0$$

即

$$u_{ac}=u_3+u_4+u_5 \qquad\qquad （1-31）$$

显然，从式（1-28）可看出，由式（1-30）和式（1-31）两式求出的 u_{ac} 结果相等。由此，我们得到一个重要结论：即电路中任何两节点间的电压是一单值，与计算所选路径无关。

KVL 是能量守恒的体现，即电荷沿任一闭合电路移动一周，其吸收的能量等于释放的能量，总变化量为零。

基尔霍夫定律阐述了电路中的电流、电压在结构上必须服从的约束关系，这一约束关系仅与元件的连接有关，而与元件的性质、种类无关。因此，不论是线性电路、非线性电路，直流电路、还是交流电路，这一定律总是成立的。基尔霍夫定律以及由每个元件性质所决定的伏安关系是电路中的两类约束关系，共同构成了分析电路的理论基础。

【例 1-6】 电路如图 1-30 所示，已知：$U_S=10V$，$I_S=1A$，$R_1=R_2=2\Omega$，$R_3=3\Omega$。试求电路中各支路的电流。

解：对于节点 a，列 KCL 方程得

$$I_S+I_1=I_2 \quad 即 \quad 1+I_1=I_2$$

对于左边网孔，根据 KVL 可列出电压方程

$$U_S=I_1R_1+I_2R_2 \quad 即 \quad 10=2I_1+2I_2$$

联立解得
$$I_1=2A，\quad I_2=3A$$

【例 1-7】 求如图 1-31 所示电路中 a、b 间电压 U_{ab}（a、b 间开路）。

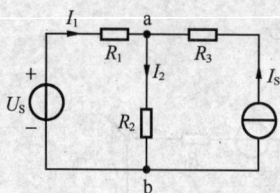

图 1-30 例 1-6 图

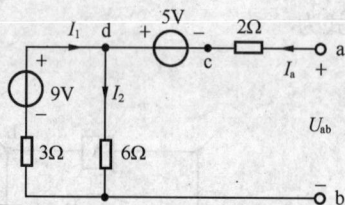

图 1-31 例 1-7 图

解：根据 KVL，由图可知

$$U_{ab}=U_{ac}+U_{cd}+U_{db}$$

电路中，ab 间开路，因此无电流流经 a 端或 b 端，所以有

$$I_1=I_2$$

对于左边网孔，根据 KVL 可列出方程

$$6I_2+3I_1-9=0$$

解得
$$I_1=I_2=1A$$

所以
$$U_{ab}=U_{ac}+U_{cd}+U_{db}=0+(-5)+6\times1=1V$$

小结

1. 实际电路是由各种电器元件按照一定方式连接而成。电路的主要作用是实现电能的传输和信号的处理。电路模型是实际电路抽象化表示，是各种理想元件的组合。在电路理论研究中，是采用电路模型代替实际电路加以分析和研究的。

2. 描述电路的基本物理量有电流、电压、功率及电能等。在分析电路时，只有在标定电流、电压的参考方向情况下，才能对电路进行定量分析、计算，求出的电流、电压正负才有意义。应用功率的计算公式一定注意电压、电流的参考方向是否为关联，在关联参考方向下，元件吸收的功率表达式为 $P=UI$；在非关联参考方向下，元件吸收功率的表达式为 $P=-UI$。

3. 电路的基本元件有（1）电阻元件 R，其伏安关系满足欧姆定律，即 $u=Ri$；（2）电容元件 C，其伏安关系为 $i=C\dfrac{\mathrm{d}u}{\mathrm{d}t}$；（3）电感元件 L，其伏安关系为 $u=L\dfrac{\mathrm{d}i}{\mathrm{d}t}$。电源元件有理想电压源和理想电流源。

4. 元件的伏安关系取决于元件的性质，因此将这一关系称为元件约束。基尔霍夫定律是电路的基本定律，包括电压定律和电流定律，它阐明了电路中各支路电流、电压在结构上所遵从的约束关系。元件的伏安关系和基尔霍夫定律共同构成分析电路的基础理论。

习题 1

一、填空题

1. 基尔霍夫电压定律简称为_____，其内容为：在任一时刻，沿任一_____各段电压的_____恒等于零，其数学表示式为_____；基尔霍夫电流定律简称为_____，其内容为：在任一时刻，对电路中的任一节点的_____恒等于零，用公式表示为_____。

2. 稳恒直流电路中电容元件相当于_____，电感元件相当于_____。

3. 如题图 1-1，$R=5\Omega$，在题图 1-1（a）所示电路中，标出的电压、电流参考方向为_____（关联或非关联），$U=$_____；在题图 1-1（b）中，标出的电压、电流参考方向为_____，$I=$_____；在题图 1-1（c）中，标出的电压、电流参考方向为_____，$U=$_____。

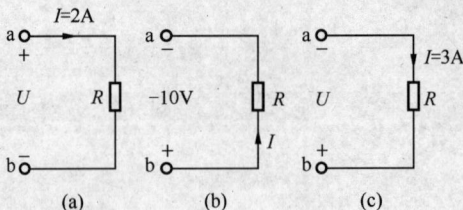

题图 1-1

4. 如题图 1-2 所示的各电路吸收的功率分别为 $P_a=$_____, $P_b=$_____, $P_c=$_____, $P_d=$_____。

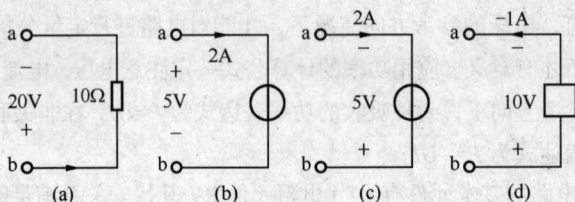

题图 1-2

5. 如题图 1-3（a）实际相当于一个_____源，其电源值=_____；题图 1-3（b）实际相当于一个_____源，其电源值=_____。

6. 在如题图 1-4（a）所示电路中，根据 KCL 可得 $I=$_____；在如题图 1-4（b）所示电路中，根据图中所给条件，可确定 $I_1=$_____, $I_2=$_____, $I_3=$_____。

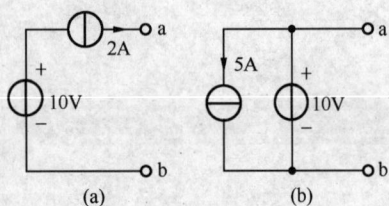

题图 1-3

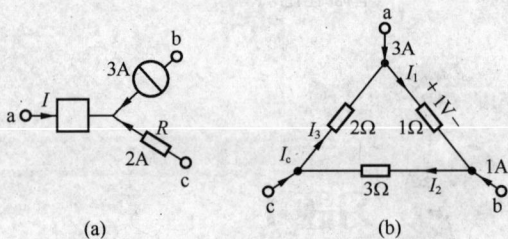

题图 1-4

二、计算题

1. 各元件的条件如题图 1-5 所示。

（1）若元件 A 吸收功率为 10W，求电流 I_a；（2）若元件 B 产生功率为 10W，求电压 U_{ab}；（3）若元件 C 吸收功率为-10W，求电流 I_c；（4）求元件 D 吸收功率。

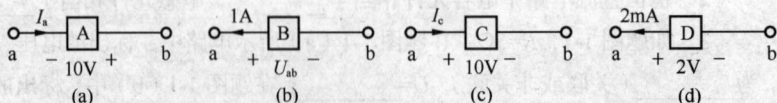

题图 1-5

2. 求题图 1-6 所示各电路中所标的电压或电流。

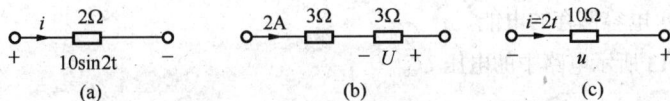

题图 1-6

3．求如题图 1-7 所示各电路的端电压 U_{AB}。

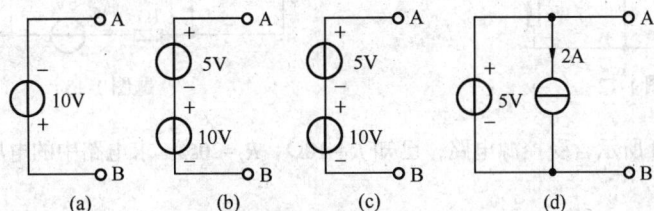

题图 1-7

4．已知电容元件端电压 u 的波形如题图 1-8 所示，$C=20\mu F$。试求：电流 $i(t)$ 并绘出波形。

5．求如题图 1-9 所示各电路中的电压和电流。

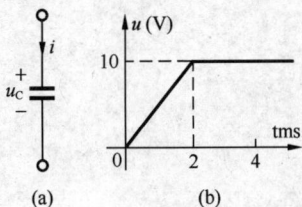

题图 1-8

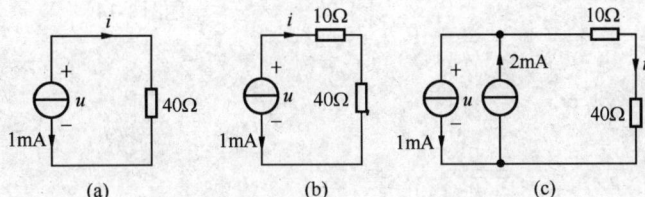

题图 1-9

6．如题图 1-10 所示，求电压源或电流源所发出的功率。

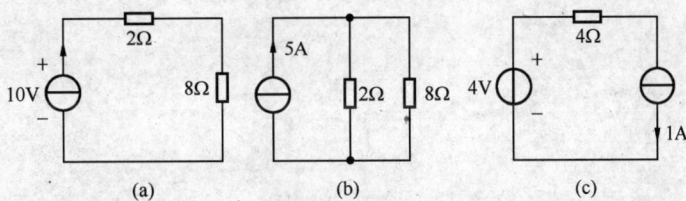

题图 1-10

7．运用基尔霍夫定律求解如题图 1-11 所示各电路中所标出的电压或电流。

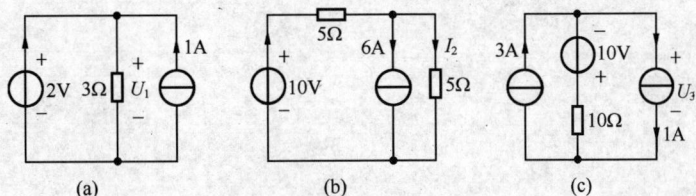

题图 1-11

8. 电路如题图 1-12 所示，已知 U_S=10V，R_1=3Ω，R_2=2Ω，R_3=4Ω，C=0.5F。试求（1）电流 I_1、I_2、i_c 和电压 u_c；（2）电容储存的电能。

9. 求如题图 1-13 所示电路中的电压 U_{ab}。

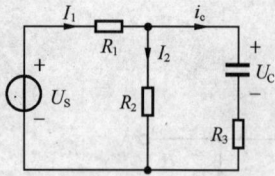
题图 1-12

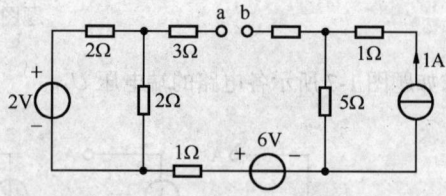
题图 1-13

10. 如题图 1-14 所示含受控源电路，已知 R_1=10Ω，R_2=20Ω。求电路中的电压 U_1 和电流 I。

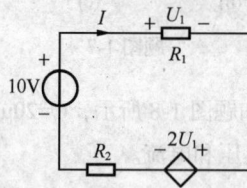
题图 1-14

第2章

直流电阻电路的一般分析方法

【本章内容简介】 学习线性电阻电路的一般分析方法，如等效变换法、支路电流法、网孔电流法、节点电位法等。这些方法对其他非纯电阻电路仍然适用，因此，本章是全书的重要基础理论。

【本章重点难点】 重点掌握电路的等效概念及等效变换法、支路电流法和节点电位法等分析电路的基本方法。

难点是理解电路等效的思想，两种实际电源的等效互换，节点法中方程组的建立。

2.1 电阻的串联、并联和混联电路

在电路中，电阻的连接方式是多种多样的，其中最基本的连接方式是电阻的串联和并联。通过等效变换的方法可以将一个复杂电阻网络简化成少数几个元件甚至是一个元件的电路。

2.1.1 电路的等效概念

"等效"的概念是电路分析中经常用到的一个重要概念。

只有两个端钮与外部相连的电路，叫做二端网络，或单口网络。以前我们所学的电阻器、电容器、电感器等二端元件便是最简单的二端网络。

二端网络的端口电流与端口电压的关系称为二端网络的伏安关系。

如图 2-1 所示，结构、元件参数不同的两个二端网络 N_1、N_2，若具有相同的伏安关系，则称它们彼此等效。这时，当用 N_2 代替 N_1 时，将不会改变 N_1 所在原电路其他部分的电压或电流，反之亦成立。把这种等效代替的方法称为电路的等效变换。在分析电路

时经常采用等效变换的方法，可使复杂电路简化，便于求解。

在如图 2-2 所示电路中，若计算 ab 端右侧支路电流 I，可将 ab 端左侧复杂电路用一简单电路（即一个 5Ω电阻）等效变换，原电路工作情况不变。在图 2-2（a）中计算的电流 I 与图 2-2（b）中电流 I 相同，即 $I=1A$。

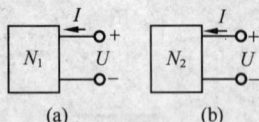

图 2-1　电路的等效

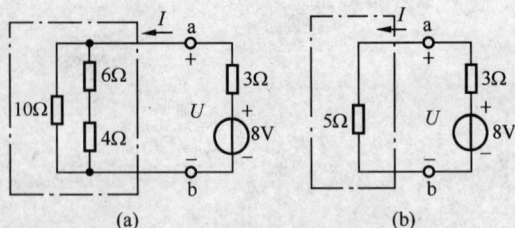

图 2-2　电路的等效变换

需要指出：两个网络等效互变换后，尽管这两个网络可以具有完全不同的结构，但对任一外电路来说，它们具有完全相同的影响，因此这种"等效"是指"对外等效"。

2.1.2　电阻的串联

电路中的电阻依次相连，中间没有分支的连接方式称为电阻的串联，串联电路中每个元件所经过的电流相等。如图 2-3（a）所示。

串联电阻可用一个等效电阻 R_{eq} 来表示，如图 2-3（b）所示。等效条件是两个电路端口的伏安关系完全相同。

设两电路的端口电压、电流参考方向分别如图 2-3 所示，则根据 KVL，图 2-3（a）端口的伏安关系为

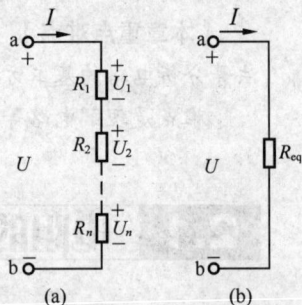

$$U=U_1+U_2+\cdots+U_n=IR_1+IR_2+\cdots$$
$$+IR_n=I(R_1+R_2+\cdots+R_n) \tag{2-1}$$

图 2-3（b）端口的伏安关系为

图 2-3　电阻的串联及等效电路

$$U=IR_{eq} \tag{2-2}$$

显然式（2-1）和（2-2）相同的条件是

$$R_{eq}=R_1+R_2+\cdots+R_n \tag{2-3}$$

即串联电阻电路的等效电阻等于各个分电阻之和。

在串联电路中，若已知总电压 U，则每个电阻上的电压分别为

$$\begin{cases} U_1 = IR_1 = \dfrac{R_1}{R_{eq}}U \\ U_2 = IR_2 = \dfrac{R_2}{R_{eq}}U \\ \quad\vdots \\ U_n = IR_n = \dfrac{R_n}{R_{eq}}U \end{cases} \tag{2-4}$$

式（2-4）叫串联电阻的分压公式，由此可得

$$U_1 : U_2 : \cdots : U_n = R_1 : R_2 : \cdots : R_n \qquad (2\text{-}5)$$

即串联电阻上的电压分配与电阻大小成正比。

将式（2-1）两边同乘以电流 I，得

$$IU = IU_1 + IU_2 + \cdots + IU_n = I^2 R_1 + I^2 R_2 + \cdots + I^2 R_n$$

$$P = P_1 + P_2 + \cdots + P_n \qquad (2\text{-}6)$$

即串联电阻的总功率等于各个电阻所消耗的功率之和。

电阻串联时，每个电阻所消耗的功率与电阻的大小成正比，即

$$P_1 : P_2 : \cdots : P_n = R_1 : R_2 : \cdots : R_n \qquad (2\text{-}7)$$

【例 2-1】 如图 2-4 所示，要将一个量程为 100mV，内阻为 1kΩ 的电压表改装成量程为 10V/50V 的电压表，应串联多大的附加电阻 R_1、R_2？

解： 其原理如图 2-4 所示，用 R_g 表示表头内阻，U_g 是其量程，R_1、R_2 为分压电阻。根据串联电阻的分压原理可得

图 2-4　例 2-1 图

$$\frac{U_1}{U_g} = \frac{R_g + R_1}{R_g}$$

所以

$$R_1 = \left(\frac{U_1}{U_g} - 1 \right) R_g = \left(\frac{10}{0.1} - 1 \right) \times 1 \times 10^3 = 9.9 \times 10^4 \Omega = 99\text{k}\Omega$$

同理

$$\frac{U_2}{U_g} = \frac{R_g + (R_1 + R_2)}{R_g}$$

$$R_1 + R_2 = \left(\frac{U_2}{U_g} - 1 \right) R_g = \left(\frac{50}{0.1} - 1 \right) \times 1 \times 10^3 = 4.99 \times 10^5 \Omega = 499\text{k}\Omega$$

所以

$$R_2 = 499\text{k}\Omega - R_1 = 400\text{k}\Omega$$

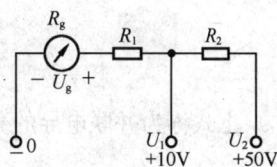

2.1.3　电阻的并联

电路中若干电阻连接在两个公共点之间，每个电阻承受同一电压，这种连接形式称为电阻的并联，如图 2-5（a）所示。

并联电路中各电阻的电压相等。

并联电阻也可以用一个等效电阻 R_{eq} 来代替，如图 2-5（b）所示。根据 KCL，图 2-5（a）有下列关系

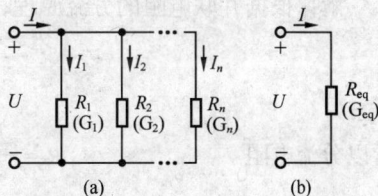

图 2-5　电阻的并联及等效电路

$$I = I_1 + I_2 + \cdots + I_n = \frac{U}{R_1} + \frac{U}{R_2} + \cdots + \frac{U}{R_n} \qquad (2\text{-}8)$$

$$= U \left(\frac{1}{R_1} + \frac{1}{R_2} + \cdots + \frac{1}{R_n} \right) = \frac{U}{R_{eq}} = UG_{eq}$$

式中

$$\frac{1}{R_{eq}} = \frac{1}{R_1} + \frac{1}{R_2} + \cdots + \frac{1}{R_n} = \sum_{k=1}^{n} \frac{1}{R_k}$$

或以电导形式

$$G_{eq} = \frac{1}{R_{eq}} = G_1 + G_2 + \cdots + G_n = \sum_{k=1}^{n} G_k \qquad (2\text{-}9)$$

即并联电路的等效电导等于各支路分电导之和。

在并联电路中，若已知总电流 I，则每个电导（电阻）支路上的电流分别为

$$\begin{cases} I_1 = \dfrac{U}{R_1} = \dfrac{G_1}{G_{eq}} I \\[2mm] I_2 = \dfrac{U}{R_2} = \dfrac{G_2}{G_{eq}} I \\[2mm] \vdots \\[2mm] I_n = \dfrac{U}{R_n} = \dfrac{G_n}{G_{eq}} I \end{cases} \qquad (2\text{-}10)$$

上式称为并联电导的分流公式，由此可得

$$I_1 : I_2 : \cdots : I_n = G_1 : G_2 : \cdots : G_n \qquad (2\text{-}11)$$

式（2-11）说明：并联电路中每个电导支路所流过的电流与电导的大小成正比（或与电阻成反比）。

将式（2-8）两边同乘以电流 U，得

$$UI = UI_1 + UI_2 + \cdots + UI_n = U^2 G_1 + U^2 G_2 + \cdots + U^2 G_n$$

$$P = P_1 + P_2 + \cdots + P_n \qquad (2\text{-}12)$$

即等效电导所消耗的总功率等于各个电导所消耗的功率之和。

电导（电阻）并联时，每个电导所消耗的功率与电导的大小成正比

$$P_1 : P_2 : \cdots : P_n = G_1 : G_2 : \cdots : G_n \qquad (2\text{-}13)$$

从以上讨论可知，分析电路时，一般在串联电路中采用电阻形式，在并联电路中采用电导形式较方便，并且不论串联、并联电路，整个电路的总功率应等于各个元件的功率之和。

【例2-2】 如图2-6所示，要将一个满刻度偏转电流 $I_g = 50\,\mu A$，内阻 R_g 为 $2k\Omega$ 的表头改装成量程为 10mA 的直流电流表，并联分流电阻 R_s 应为多大？

解： 根据并联电阻的分流原理，由图2-6可得

图 2-6　电流表改装原理图

$$\frac{I_g}{I - I_g} = \frac{R_S}{R_g}$$

所以分流电阻　　　$R_S = \dfrac{I_g R_g}{I - I_g} = \dfrac{50 \times 10^{-6} \times 2 \times 10^3}{10 \times 10^{-3} - 50 \times 10^{-6}} \approx 10\Omega$

由此例可见，对一块电流表而言，量程越大，其内阻越小。

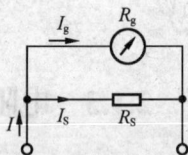

2.1.4　电阻混联电路

既有串联又有并联的电路称为电阻混联电路。对于电阻混联电路，可以应用等效化简的方法，逐级求出各串联、并联部分的等效电路，从而最终将其简化为一个无分支的等效电路，通常称这类电路为简单电路；若不能用串联、并联的方法化简的电路，则称为复杂电路。

【例2-3】 如图2-7（a）所示电路，计算 ab 两端的等效电阻 R_{ab}。

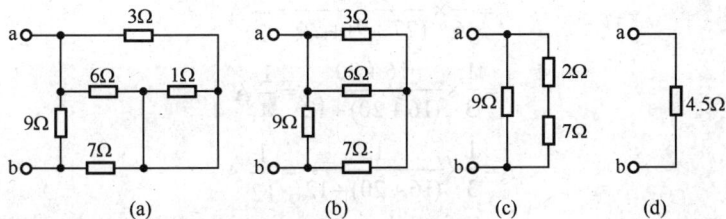

图 2-7　例 2-3 图

解： 在图 2-7（a）中，1Ω 的电阻两端被短路，可将原图简化为如图 2-7（b）所示的电路，进一步观察可看出，3Ω 和 6Ω 的电阻相并联后与 7Ω 电阻串联，简化后的电路如图 2-7（c）所示。由图 2-7（c）可得等效电阻为

$$R_{ab}=\frac{(2+7)\times 9}{2+7+9}=4.5\Omega$$

最后将电路简化为一个电阻的等效电路如图 2-7（d）所示。

【例 2-4】 求如图 2-8（a）所示电路中的电流 I_S、I 和电压 U_{ab}。

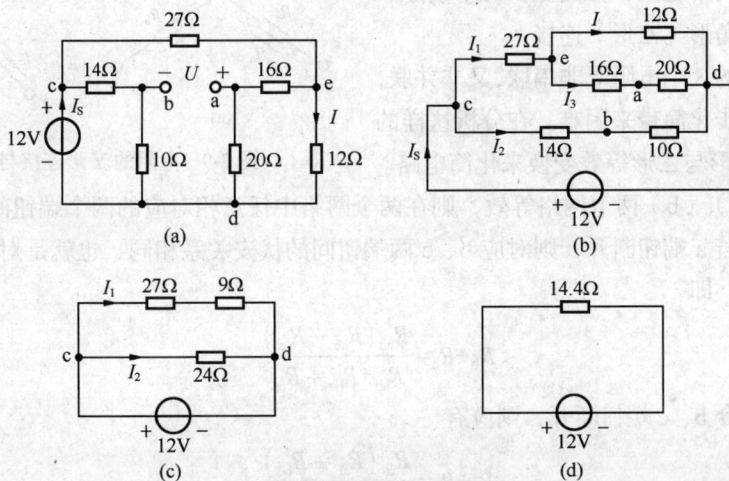

图 2-8　例 2-4 图

解： 将图 2-8（a）所示电路逐步整理简化成如图 2-8（b）、（c）、（d）所示，相关等效电阻分别为

$$R_{ed}=\frac{12\times 36}{12+36}=9\Omega$$

$$R_{cd}=\frac{24\times 36}{24+36}=14.4\Omega$$

由图 2-8（d）可求出总电流为

$$I_S=\frac{12}{14.4}=\frac{5}{6}\text{A}$$

最后回到图 2-8（c）和（b）中，根据分流公式可得

$$I_1=\frac{5}{6}\times \frac{24}{(27+9)+24}=\frac{1}{3}\text{A}$$

$$I_2=\frac{5}{6}\times\frac{27+9}{(27+9)+24}=\frac{1}{2}\text{A}$$

$$I=\frac{1}{3}\times\frac{16+20}{(16+20)+12}=\frac{1}{4}\text{A}$$

$$I_3=\frac{1}{3}\times\frac{12}{(16+20)+12}=\frac{1}{12}\text{A}$$

再根据 KCL 得

$$U_{ab}=\frac{1}{12}\times20-\frac{1}{2}\times10=-\frac{10}{3}\text{V}$$

*2.2 电阻的星形与三角形连接及等效变换

在一些实际电路中，常常遇到 3 个电阻的一端接在同一点上，而另一端分别接到 3 个不同的端钮上，如图 2-9（a）所示，这样的连接方式称为电阻的星形（Y 形）连接。若 3 个电阻分别接到 3 个端钮的每两个之间，如图 2-9（b）所示，则称为电阻的三角形（△形）连接。

像这样连接的 3 个电阻既非串联，又非并联，这对电路的进一步化简带来困难。在分析这样的电路时常采用 Y 形与△形等效变换来化简电路。

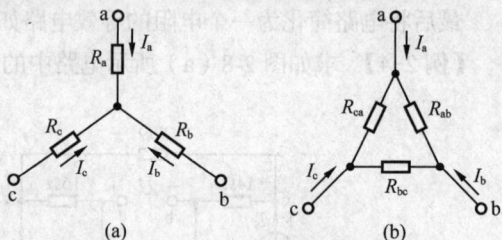

图 2-9 电阻的 Y 形连接与△形连接

若图 2-9（a）、（b）两个网络等效，则在两个网络中任意相对应的两个端钮间的伏安关系应完全相同。即：若 a 端钮断开，则对应 b、c 两端钮间的伏安关系相同，也就是对应 b、c 端钮间的等效电阻相等，即

$$R_b+R_c=\frac{R_{bc}(R_{ab}+R_{ca})}{R_{ab}+R_{bc}+R_{ca}} \qquad (2\text{-}14)$$

同理，分别令 b、c 端钮断开，则应有

$$R_c+R_a=\frac{R_{ca}(R_{ab}+R_{bc})}{R_{ab}+R_{bc}+R_{ca}} \qquad (2\text{-}15)$$

$$R_a+R_b=\frac{R_{ab}(R_{bc}+R_{ca})}{R_{ab}+R_{bc}+R_{ca}} \qquad (2\text{-}16)$$

将以上 3 式相加，可得

$$R_a+R_b+R_c=\frac{R_{ab}R_{bc}+R_{bc}R_{ca}+R_{ca}R_{ab}}{R_{ab}+R_{bc}+R_{ca}} \qquad (2\text{-}17)$$

用式（2-17）分别减式（2-14）、式（2-15）、式（2-16），得

$$\begin{cases} R_a=\dfrac{R_{ca}R_{ab}}{R_{ab}+R_{bc}+R_{ca}} \\[3mm] R_b=\dfrac{R_{ab}R_{bc}}{R_{ab}+R_{bc}+R_{ca}} \\[3mm] R_c=\dfrac{R_{bc}R_{ca}}{R_{ab}+R_{bc}+R_{ca}} \end{cases} \qquad (2\text{-}18)$$

式（2-18）为由三角形等效变换为星形的等效关系式。

如果已知星形连接电阻，等效变换为三角形连接，其等效变换关系式可由式（2-18）推导得出，关系式为

$$
\begin{cases}
R_{ab} = \dfrac{R_a R_b + R_b R_c + R_c R_a}{R_c} \\[2mm]
R_{bc} = \dfrac{R_a R_b + R_b R_c + R_c R_a}{R_a} \\[2mm]
R_{ca} = \dfrac{R_a R_b + R_b R_c + R_c R_a}{R_b}
\end{cases}
\tag{2-19}
$$

如果电路对称，即

$$R_{ab}=R_{bc}=R_{ca}=R_\triangle$$

$$R_a=R_b=R_c=R_Y$$

则三角形网络和星形网络的等效变换关系式可写为

$$R_\triangle = 3R_Y$$

或

$$R_Y = \frac{1}{3} R_\triangle \tag{2-20}$$

【例 2-5】 在如图 2-10（a）所示电路中，已知 $R_1=R_2=R_3=1\Omega$，$R_4=2\Omega$，$R_5=6\Omega$。试求等效电阻 R_{ab}。

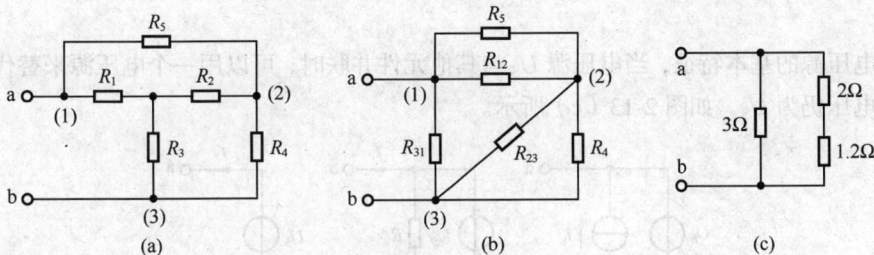

图 2-10　例 2-5 图

解：运用 Y—△等效变换关系，原电路图可变换为如图 2-10（b）所示，根据式（2-20）得

$$R_{12}=R_{23}=R_{31}=3R_1=3\Omega$$

将图 2-10（b）进一步化简，$R_5 /\!/ R_{12}=\dfrac{6\times 3}{6+3}=2\Omega$，$R_{23} /\!/ R_4=\dfrac{3\times 2}{3+2}=1.2\Omega$

如图 2-10（c）所示，则等效电阻

$$R_{ab}=\frac{3\times(2+1.2)}{3+2+1.2}=\frac{48}{31}\Omega$$

2.3　电源的连接与等效变换

在实际电路中，常常遇到多个电源同时供电的情况，通过适当等效变换，可将问题简化。

2.3.1　电源的连接

当有 n 个电压源串联时，可以用一个电压源等效替代，如图 2-11 所示。根据 KVL，该等效

电压源的电压为

$$U_S=U_{S1}+U_{S2}+\cdots+U_{Sn}=\sum_{k=1}^{n}U_{Sk} \tag{2-21}$$

如果 U_{Sk} 的参考方向与图 2-11（b）中 U_S 的参考方向一致，则式中 U_{Sk} 前取 "+" 号，反之则取 "-" 号。

当 n 个电流源并联时，可用一个电流源等效替代，如图 2-12 所示。根据 KCL，该等效电流源的电流为

$$I_S=I_{S1}+I_{S2}+\cdots+I_{Sn}=\sum_{k=1}^{n}I_{Sk} \tag{2-22}$$

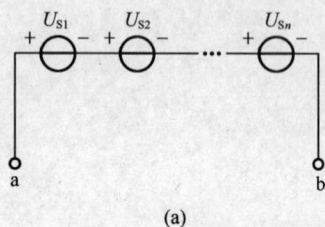
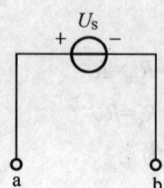
图 2-11　电压源的串联

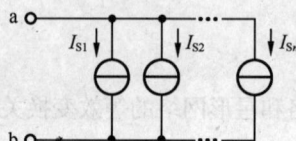
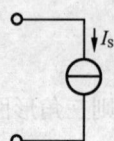
图 2-12　电流源的并联

如果 I_{Sk} 的参考方向与图 2-12（b）中 I_S 的参考方向一致，则式中 I_{Sk} 前取 "+" 号，反之则取 "-" 号。

根据电压源的基本特征，当电压源 U_S 与其他元件并联时，可以用一个电压源来替代，该等效电压源的电压仍为 U_S，如图 2-13（c）所示。

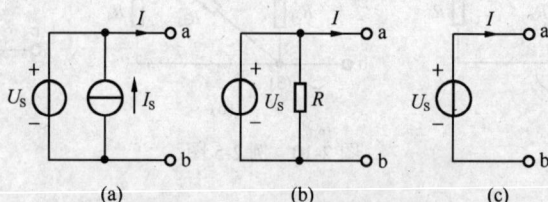
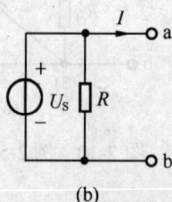
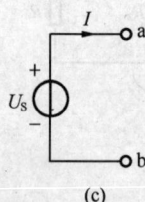
图 2-13　电压源与其他元件的并联

同理，根据电流源的基本特征，当电流源 I_S 与其他元件相串联时，该电路还是一个电流源，且电流源的电流仍为 I_S，如图 2-14（c）所示。

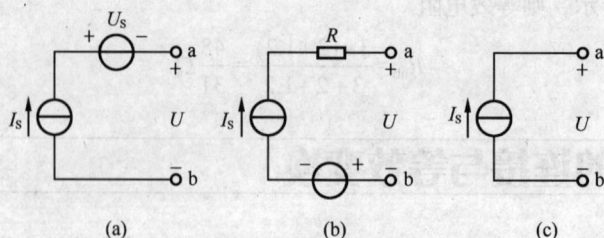
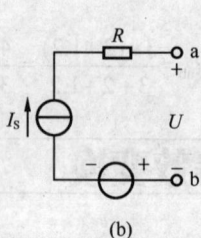
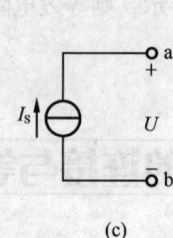
图 2-14　电流源与其他元件的串联

需要特别注意：参数不同的电压源不能并联使用，参数不同的电流源不能串联使用。

【例2-6】　求如图 2-15 所示电路的最简等效电路。

解：根据电源串、并联等效概念，原电路中 "10V" 电压源与 "1A" 电流源并联部分可化简

成一个"10V"的电压源，如图 2-15（b）所示；在图 2-15（b）图中，"2A"电流源与其他元件串联化简后仍为一个"2A"的电流源，得最简等效电路如图 2-15（c）所示。

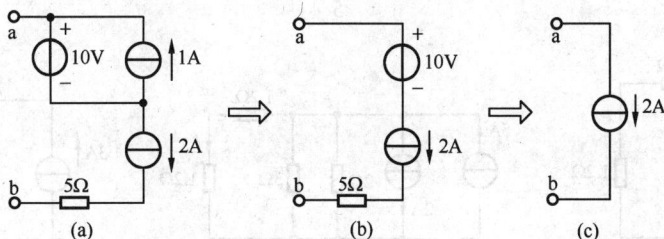

图 2-15　例 2-6 图

2.3.2　两种实际电源的等效变换

在第 1 章中已介绍了实际电压源和实际电流源，为了方便电路的分析和计算，往往需要将这两种实际电源进行等效互换。

下面通过如图 2-16 所示的两种实际电源向同一外电路供电的情况来分析这两种电源的等效变换关系。

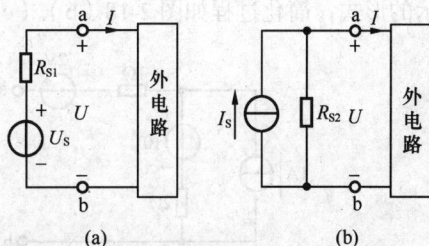

图 2-16　两种实际电源的等效变换

对于图 2-16（a）所示的实际电压源电路，其端口电压与电流的关系（即伏安关系）为

$$U = U_S - IR_{S1} \tag{2-23}$$

对于图 2-16（b）所示的实际电流源电路，其端口的伏安关系为

$$I = I_S - \frac{U}{R_{S2}} \quad 即 \quad U = R_{S2}I_S - R_{S2}I \tag{2-24}$$

比较式（2-23）与式（2-24），若

$$\left.\begin{array}{l} U_S = R_{S2}I_S \\ R_{S1} = R_{S2} \end{array}\right\} \tag{2-25}$$

则这两种实际电源的外部伏安关系完全相同，因此，对外电路而言，它们是相互等效的。

式（2-25）是这两种电源等效互换的条件，即在满足上述条件的情况下，这两种实际电源模型可以互换，对外电路不会产生任何影响。

另外，两种实际电源之间等效变换时，还应注意以下几个问题。

（1）两种实际电源之间的等效变换均指对外电路而言，对电源内部电路并不等效。

（2）进行等效变换时应注意电压源 U_S 和电流源 I_S 的参考方向的对应关系，如图 2-16 所示。

（3）理想电压源和理想电流源之间不能等效变换。

【例 2-7】 求如图 2-17 所示电路中的电流 I。

解：先将图 2-17（a）中的电压源与电阻串联支路等效变换为电流源与电阻并联形式，得图 2-17（b），进一步简化可得图 2-17（c）。

由图 2-17（c），根据并联分流公式可得

$$I = \frac{\frac{6}{5}}{2.4 + \frac{6}{5}} \times 3 = 1A$$

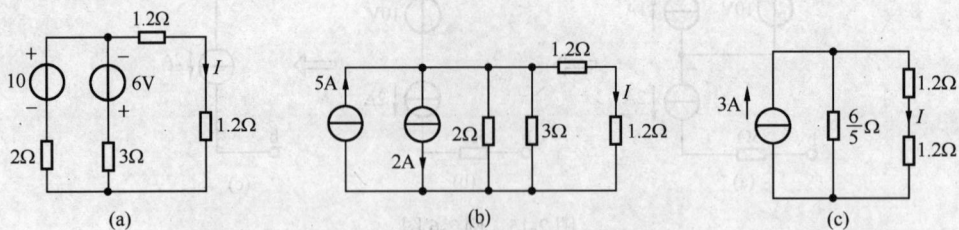

图 2-17　例 2-7 图

【例 2-8】　利用电源等效变换方法，将如图 2-18（a）所示电路化简为最简形式。

解：利用两种实际电源的等效变换思想，如图 2-18（a）所示电路最终可简化成如图 2-18（e）所示的形式，简化过程如图 2-18（b）、（c）、（d）、（e）所示。

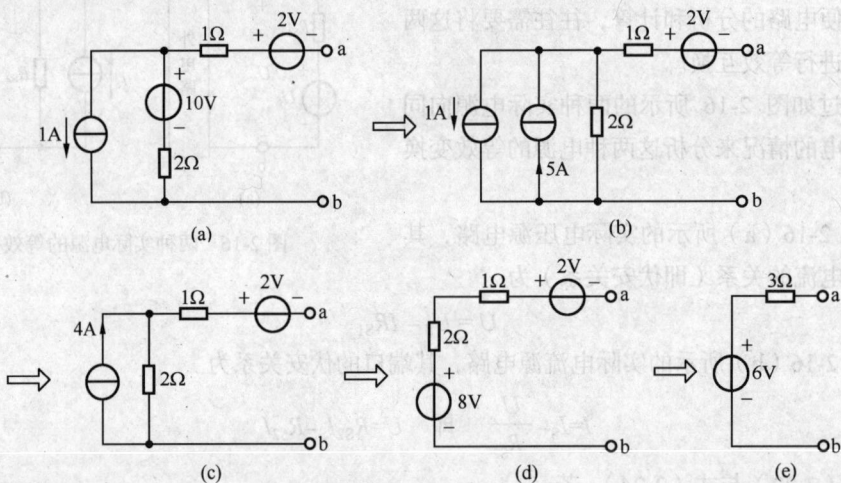

图 2-18　例 2-8 图

2.4　支路电流法

在分析较复杂的电路时，通常先选一组变量作为未知量，然后根据电路基本定律列出方程，进而再求解，这种方法叫网络方程法。网络方程法一般包括支路电流法、网孔电流法、节点电位法等。

支路电流法是以支路电流为未知量，直接应用 KCL 和 KVL 列出方程，然后求解各支路的电流值的方法。支路电流法是分析计算电路的一种最基本的方法。

在如图 2-19 所示的电路中，有 3 条支路，2 个节点，2 个网孔。各支路电流参考方向如图 2-19 所示。

根据 KCL 对 2 个节点分别列出节点电流方程

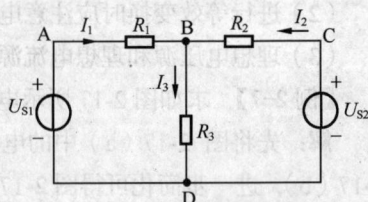

图 2-19　支路电流法

对于节点 B 有 $\qquad\qquad$ $I_1+I_2-I_3=0$

对于节点 D 有 $\qquad\qquad$ $-I_1-I_2+I_3=0$

显然这两个节点仅有一个独立的节点电流方程，所以对于两个节点的电路，只能列出一个独立的方程。可以证明：对于具有 n 个节点的电路，可以列出（$n-1$）个相互独立的节点电流方程。

求解 3 条支路电流，还需列出两个方程。

根据 KVL 对不同回路分别列出回路电压方程

对回路 I（ABDA）有 $\qquad\qquad$ $I_1R_1+I_3R_3=U_{S1}$

对回路 II（BCDB）有 $\qquad\qquad$ $-I_2R_2-I_3R_3=-U_{S2}$

对回路 III（ABCDA）有 $\qquad\qquad$ $I_1R_1-I_2R_2=U_{S1}-U_{S2}$

同样，在这 3 个方程中只有两个是独立的。为使所列的方程彼此独立，在依次选取回路时，应至少包含一个其他回路所没有包含的支路。通常选用网孔作为独立回路，即有几个网孔就列出几个回路电压方程，且这几个方程是独立的。

根据以上分析，可列出独立方程如下

对于节点 B，列 KCL 方程： $\qquad\qquad$ $I_1+I_2-I_3=0$

对于网孔 I（ABDA），列 KVL 方程： $\qquad$ $I_1R_1+I_3R_3=U_{S1}$

对于网孔 II（BCDB），列 KVL 方程： $\qquad$ $-I_2R_2-I_3R_3=-U_{S2}$

联立这 3 个方程即可求出 3 个支路的电流。

一般地，对于有 b 条支路、n 个节点、m 个网孔的电路，可列出（$n-1$）个独立节点电流方程，m 个网孔独立电压方程，且满足 $m+(n-1)=b$。这样，有 b 个未知量，就可列出 b 个独立方程，联立求解这些方程即可。

【例 2-9】如图 2-20 所示，已知 $U_{S1}=10V$，$U_{S2}=12V$，$R_1=2\Omega$，$R_2=3\Omega$，$R_3=6\Omega$。试求各支路电流及 R_3 两端的电压 U_3。

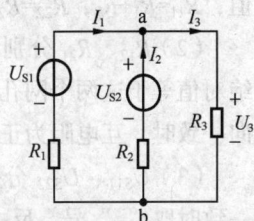

图 2-20　例 2-9 图

解：标出各支路电流及参考方向如图 2-20 所示，以支路电流为未知量，根据 KCL、KVL 分别列方程如下

对节点 a 列 KCL 方程： $\qquad\qquad$ $I_1+I_2=I_3$

对两个网孔分别列 KVL 方程： $\qquad$ $I_1R_1-I_2R_2=U_{S1}-U_{S2}$

$\qquad\qquad\qquad\qquad\qquad$ $I_2R_2+I_3R_3=U_{S2}$

解得

$$I_1=0.5A,\ I_2=1A,\ I_3=1.5A$$

$$U_3=I_3R_3=9V$$

综上所述，利用支路电流法求解各支路电流的方法可归纳如下。

（1）在电路中选定各支路电流（b 个），并标出参考方向。

（2）对独立节点列出（$n-1$）个 KCL 方程。

（3）通常选取网孔列 KVL 方程，先设定各网孔绕行方向，然后列出 $b-(n-1)$ 个 KVL 方程。

（4）联立求解上述 b 个独立方程，求出各支路电流，进而求解其他待求量。

2.5　网孔电流法

对于支路较多的复杂电路，运用支路电流法求解时需要列写的方程数目较多，求解麻烦。为了减少方程数目，可采用网孔电流法，网孔电流是由人们主观设想的在网孔中流动的电流。以网孔电流为电路的未知量来列写方程进而求解的方法称为网孔电流法。下面结合实际电路加以说明。

对于如图 2-21（a）所示电路，有两个网孔，各网孔电流分别用 I_{11}、I_{22} 表示，参考方向可任意假定，如图 2-21 所示。在图 2-21（b）中标出了各支路的支路电流，对照图 2-21（a）与（b），各支路电流与网孔电流的关系为

$$\left. \begin{array}{l} I_1 = I_{11} \\ I_2 = -I_{22} \\ I_3 = I_{11} - I_{22} \end{array} \right\} \tag{2-26}$$

对图 2-21（a）电路中，选取网孔绕向与网孔电流方向一致，对每个网孔列写 KVL 方程，可得

网孔 I $(I_{11}-I_{22})R_3+I_{11}R_1=U_{S1}$

网孔 II $I_{22}R_2-(I_{11}-I_{22})R_3=-U_{S2}$

整理得

$$\left. \begin{array}{l} (R_3 + R_1)I_{11} - R_3 I_{22} = U_{S1} \\ -R_3 I_{11} + (R_2 + R_3)I_{22} = -U_{S2} \end{array} \right\} \tag{2-27}$$

式（2-27）可以概括为如下形式

$$\left. \begin{array}{l} R_{11}I_{11} + R_{12}I_{22} = U_{S11} \\ R_{21}I_{11} + R_{22}I_{22} = U_{S22} \end{array} \right\} \tag{2-28}$$

式（2-28）是具有两个网孔电路的网孔电流方程一般形式，各项含义如下

（1）R_{11}、R_{22} 分别称为网孔 I、II 的自电阻之和，它们等于各网孔中所有电阻之和，恒为正值，$R_{11}=R_1+R_3$，$R_{22}=R_2+R_3$。

（2）R_{12}、R_{21} 分别称为网孔 I、II 之间的互电阻，$R_{12}=-R_3$，$R_{21}=-R_3$，可以看出 $R_{12}=R_{21}$，其绝对值等于这两个网孔的公共支路的电阻，可正可负。当相邻的两网孔电流通过公共支路时的方向一致时，互电阻为正，反之为负。

（3）U_{S11}、U_{S22} 分别称为网孔 I、II 中所有电压源的代数和，电压源的电压与网孔电流方向一致时取"－"号，反之，取"＋"号。

上式可以推广到具有 m 个网孔的平面电路，其网孔方程的规范形式为

$$\begin{cases} R_{11}I_{11} + R_{12}I_{22} + \cdots + R_{1m}I_{mm} = U_{S11} \\ R_{21}I_{11} + R_{22}I_{22} + \cdots + R_{2m}I_{mm} = U_{S22} \\ \quad\vdots \\ R_{m1}I_{11} + R_{m2}I_{22} + \cdots + R_{mm}I_{mm} = U_{Smm} \end{cases} \tag{2-29}$$

【例 2-10】 试求如图 2-22（a）所示电路中各支路电流及电流源两端的电压 U。

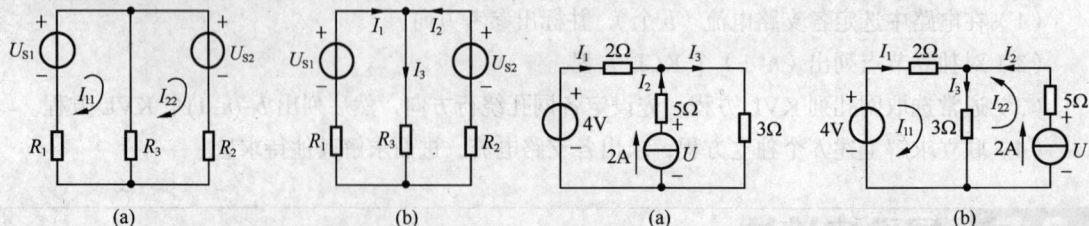

图 2-21　网孔电流法　　　　图 2-22　例 2-10 图

解：可将如图 2-22（a）所示电路改画成如图 2-22（b）所示电路，让理想电流源只属于右网孔，

设定各网孔电流及绕向如图 2-22（b）所示，则 $I_{22}=2A$，因此只对左边网孔列 KVL 方程即可，得

$$(2+3)I_{11}+3I_{22}=4$$

将 $I_{22}=2A$ 代入上式，解得

$$I_{11}=-0.4A$$

各支路的电流分别为

$$I_1=I_{11}=-0.4A$$
$$I_2=I_{22}=2A$$
$$I_3=I_{11}+I_{22}=1.6A$$

电流源两端电压

$$U=5I_2+3I_3=5\times2+3\times1.6=14.8V$$

【例 2-11】 用网孔电流法求如图 2-23 所示电路中所标支路电流 I_1、I_2 及电流源的电压 U。

解：设各网孔电流的参考方向及电流源电压 U 的参考方向如图 2-23 所示。列写网孔方程如下

$$(1+2+3)\times I_{11}-2I_{22}-3I_{33}=10-U$$
$$-2I_{11}+(1+3+2)\times I_{22}-I_{33}=6+U$$
$$-3I_{11}-I_{22}+(1+1+3)\times I_{33}=0$$

再根据电流源支路的电流补充方程

$$I_{22}-I_{11}=2$$

联立以上 4 个方程解得

$$I_{11}=2A，I_{22}=4A，I_{33}=2A，U=12V$$

根据如图 2-23 所示网孔电流与支路电流的关系可求出

$$I_1=I_{33}=2A，I_2=I_{11}-I_{33}=0A$$

图 2-23　例 2-11 图

用网孔电流法求解电路的一般步骤可归纳如下。

（1）确定网孔并设定网孔电流及参考绕向，常常都取相同绕向，m 个网孔就有 m 个网孔电流未知量。

（2）分别对各网孔按规范形式列出网孔电流方程，共 m 个方程。

（3）联立并求解方程组，求得网孔电流。

（4）根据网孔电流与支路电流的关系，进一步求得各支路的电流或其他待求量。

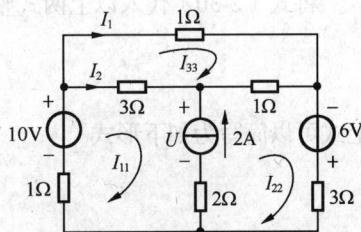

2.6　节点电位法

一般情况下，如果电路的网孔数目较多而节点较少，通常采用节点电位法。

在电路中任选一节点为参考点，并设这个节点的电位为零，那么，其他每个节点与参考节点之间的电压就称为该节点的节点电位。每条支路的电压就是与其相关的两个节点的电位之差。显然，各节点的电位知道后，每条支路的工作情况就迎刃而解了。

节点电位法就是以节点电位为未知量，将每条支路的电流用节点电位表示出来，进而应用 KCL 列方程求解的方法。

图 2-24 所示的电路中有 3 个节点，选 O 点为参考点，则其余两个节点为独立节点，设独立

节点的电位分别为 V_a、V_b。则各支路的电流用节点电位表示为

$$\left.\begin{array}{l} I_1 = \dfrac{V_a - 0}{R_1} = G_1 V_a \\[2mm] I_2 = \dfrac{V_a - V_b}{R_2} = G_2(V_a - V_b) \\[2mm] I_3 = \dfrac{V_b - 0}{R_3} = G_3 V_b \end{array}\right\}$$ （2-30）

对节点 a、b 分别列 KCL 方程

$$\left\{\begin{array}{l} I_1 + I_2 = I_{S1} + I_{S2} \\ -I_2 + I_3 = I_{S3} - I_{S2} \end{array}\right.$$

将式（2-30）代入以上两式整理得

$$\left.\begin{array}{l} V_a(G_1 + G_2) - V_b G_2 = I_{S1} + I_{S2} \\ -V_a G_2 + V_b(G_2 + G_3) = I_{S3} - I_{S2} \end{array}\right\}$$ （2-31）

上式可以简写为如下形式

$$\left.\begin{array}{l} G_{aa}V_a + G_{ab}V_b = I_{saa} \\ G_{ba}V_a + G_{bb}V_b = I_{sbb} \end{array}\right\}$$ （2-32）

式（2-32）是具有两个独立节点的节点方程一般形式，其中：

（1）G_{aa}、G_{bb} 分别称为节点 a、b 的自导，其数值等于与该节点所连的各支路的电导之和，它们总是正值，$G_{aa}=G_1+G_2$，$G_{bb}=G_2+G_3$；

（2）G_{ab}、G_{ba} 分别称相邻两节点 a、b 间的互导，其数值等于连在两节点间的所有支路电导之和，互导均为负，$G_{ab}=G_{ba}=-G_2$；

（3）I_{saa}、I_{sbb} 分别为流入 a、b 节点的电流源电流的代数和，电流源的电流流向节点为"+"号，反之为"–"号。

式（2-32）可推广到具有 n 个节点的电路，应该有（$n-1$）个独立未知变量，即节点电位。分别用 V_1，V_2，…，V_{n-1} 表示，则电路的节点电位方程一般形式为

$$\left\{\begin{array}{l} G_{11}V_1 + G_{12}V_2 + \cdots + G_{1(n-1)}V_{n-1} = I_{S11} \\ G_{21}V_1 + G_{22}V_2 + \cdots + G_{2(n-1)}V_{n-1} = I_{S22} \\ \qquad\qquad\qquad \vdots \\ G_{(n-1)1}V_1 + G_{(n-1)2}V_2 + \cdots + G_{(n-1)(n-1)}V_{n-1} = I_{S(n-1)(n-1)} \end{array}\right.$$ （2-33）

【例 2-12】 用节点电位法求如图 2-25（a）所示电路中各支路的电流 I_1、I_2、I_3。

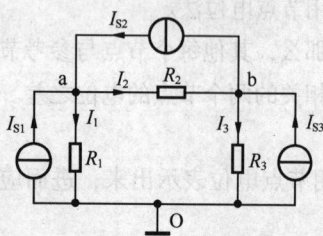

图 2-24 节点电位法

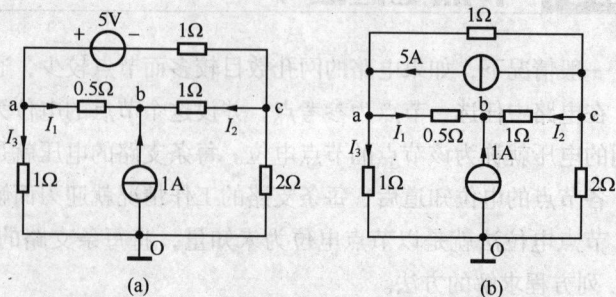

图 2-25 例 2-12 图

解：在用节点电位法求解电路时，若电路中存在电压源与电阻串联的支路，则应把该支路等效为一个电流源与一个电阻并联的形式。等效后的电路如图 2-25（b）所示。

该电路有 4 个节点，设 O 点为参考节点，其余 3 个独立节点的电位分别用 V_a、V_b、V_c 表示，对 a、b、c 3 个独立节点列节点电位方程

$$\begin{cases} \left(1+1+\dfrac{1}{0.5}\right)V_a - \dfrac{1}{0.5}V_b - V_c = 5 \\[2mm] -\dfrac{1}{0.5}V_a + \left(1+\dfrac{1}{0.5}\right)V_b - V_c = 1 \\[2mm] -V_a - V_b + \left(1+1+\dfrac{1}{2}\right)V_c = -5 \end{cases}$$

解方程组得

$$V_a = 1.5\text{V}, \quad V_b = 1\text{V}, \quad V_c = -1\text{V}$$

根据图中支路电流与节点电位的关系可得

$$I_1 = \frac{V_a - V_b}{0.5} = \frac{1.5-1}{0.5} = 1\text{A}$$

$$I_2 = \frac{V_c - V_b}{1} = \frac{-1-1}{1} = -2\text{A}$$

$$I_3 = \frac{V_a}{1} = \frac{1.5}{1} = 1.5\text{A}$$

【例 2-13】　如图 2-26 所示电路，用节点电位法求通过两个电压源的电流 I_1 和 I_2。

解：该电路有 4 个节点，以 O 点为参考节点，其他各独立节点的电位分别设为 V_a、V_b、V_c，由图可知 $V_b = 10\text{V}$；同时设定通过另一个电压源的电流为 I_1，如图所示。以 V_a、V_c、I_1 为未知量列方程如下

节点 a　　$\left(\dfrac{1}{1}+\dfrac{1}{0.5}\right)V_a - \dfrac{1}{0.5}V_b = -I_1$

节点 c　　$-\dfrac{1}{1}V_b + \left(\dfrac{1}{1}+\dfrac{1}{2}\right)V_c = I_1$

同时　　　　$V_b = 10\text{V}, \quad V_c - V_a = 5\text{V}$

联立以上 4 个方程，解得

$$V_a = 5\text{V}, \quad V_b = 10\text{V}, \quad V_c = 10\text{V}, \quad I_1 = 5\text{A}$$

再根据支路电流与节点电位的关系先求得

图 2-26　例 2-13 图

$$I_{ab} = \frac{V_a - V_b}{0.5} = \frac{5-10}{0.5} = -10\text{A}$$

$$I_{cb} = \frac{V_c - V_b}{1} = \frac{10-10}{1} = 0\text{A}$$

则　　　　$I_2 = I_{ab} + I_c = -10\text{A}$

【例 2-14】　对于只有两个节点的电路，如图 2-27（a）所示，试求电路输出电压 U_{10}。

解：对于只有一个独立节点的电路，可用节点电位法直接求出该节点的电位。

首先将图 2-27（a）变换为如图 2-27（b）所示的形式，则

$$U_{10} = V_1 = \frac{\dfrac{U_{S1}}{R_1} - \dfrac{U_{S2}}{R_2} + \dfrac{U_{S3}}{R_3}}{\dfrac{1}{R_1} + \dfrac{1}{R_2} + \dfrac{1}{R_3} + \dfrac{1}{R_4}} = \frac{G_1 U_{S1} - G_2 U_{S2} + G_3 U_{S3}}{G_1 + G_2 + G_3 + G_4}$$

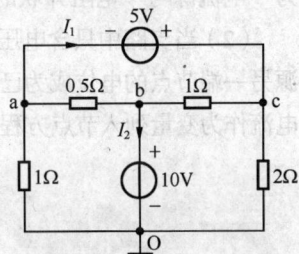

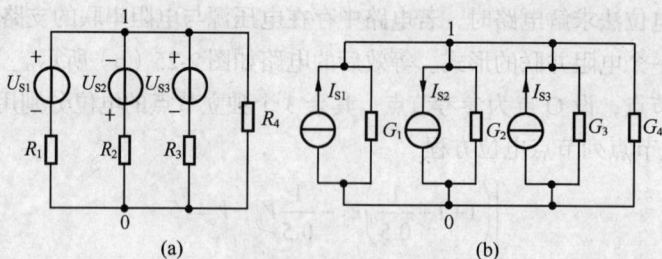

图 2-27　例 2-14 图

写成一般形式为

$$U_{10} = \frac{\sum (G_k U_{Sk})}{\sum G_k} \qquad (2\text{-}34)$$

式（2-34）称为弥尔曼定理，在该式中，当电压源的正极接节点 1 时，$G_k U_{Sk}$ 前取 "+" 号，反之取 "−" 号。

利用节点电位法求解电路的一般步骤。

（1）选定参考节点 O，用符号 "⊥" 表示，并规定该点电位为零；同时设定其余各节点的电位分别为 V_1、V_2、…

（2）按上述规则列出节点电位方程组，并求解得到各节点的电位。

（3）根据支路电流与节点电位的关系，进而求得各支路电流或其他相关量。

当电路中含有电压源时，一般采取如下措施。

（1）若含有的支路是电压源与一电阻相串联的形式，则先根据电源等效原则把这条支路变换为一电流源与一电阻并联的形式，再列方程求解。

（2）当支路中只含电压源时，则尽可能取一个电压源的负极（或正极）为参考节点，这样电压源另一端节点的电位成为已知量，可少列一个方程；对于电路中其他的电压源，则把通过电压源的电流作为变量列入节点方程，同时利用电压源的电压与两端节点电位的关系补充方程一并求解。

小结

本章主要介绍了直流电阻性电路的一般分析与计算方法，主要包括等效变换法和网络方程法。

1. 等效变换法的主要内容

（1）等效网络的概念：若两个二端网络具有完全相同的伏安关系，则称这两个网络对外部而言彼此等效。

（2）串联电路的等效电阻等于各电阻之和，并联电路的等效电导等于各支路电导之和，简单混联电路的等效电阻可通过电路化简，然后根据串、并联等效公式求得。

（3）电阻 Y 形连接与 △ 形连接可以等效互换，对称情况下等效变换的关系为 $R_\triangle = 3R_Y$。

（4）实际电压源和实际电流源可以等效变换，等效条件是 $U_S = I_S R_S$，$R_{S1} = R_{S2}$。

2．网络方程法

（1）支路电流法是以支路电流为未知量，直接应用 KCL、KVL 列方程，进而求解的方法，支路电路法一般适于分析支路较少的电路。

（2）网孔电流法是以网孔电流为未知量，应用 KVL 列写网孔电流方程组，进而求解的方法，网孔电流法一般用于支路较多而网孔较少的平面电路。

（3）节点电位法是在电路中先选出一个参考节点，以其余节点电位为独立变量，根据 KCL 列写节点电位方程组，进而求解的方法，对于非平面电路，节点电位法仍然适用。

习题 2

一、填空题

1．若两个二端网络具有完全相同的_____，则称这两个网络对外部而言彼此等效。

2．理想电压源的内阻为_____，理想电流源的内阻为_____；实际电源可以用一个_____和一个电阻串联来等效，也可用一个_____和一个电阻并联来等效。

3．支路电流法是以_____为未知变量，根据_____列方程求解电路的分析方法。

4．节点电压法是以_____为未知变量，根据_____列方程求解电路的分析方法。

二、计算题

1．求题图 2-1 所示各电路的等效电阻 R_{ab}。

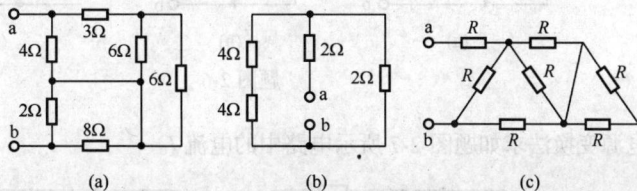

(a)　　　　　　(b)　　　　　　(c)

题图 2-1

2．题图 2-2 表示滑线变阻器作分压器使用，其中 $R=100\Omega$，外加电压 $U_1=200V$，滑动触头置于中间位置不动，输出端接上负载 R_L，试问：（1）当负载分别为 $R_L=\infty$、$R_L=50\Omega$、$R_L=10\Omega$ 时输出端电压 U_2 各是多大？（2）分析用这种形式的分压器时，输出电压随负载电阻变化而如何变化？

3．有一个直流电流表，其量程 $I_S=50\mu A$，表头内阻 $R_g=2k\Omega$。现要将其改装成直流电压表，并要求直流电压挡分别为 10V、100V、500V，如题图 2-3 所示。试求所需串接的电阻 R_1、R_2 和 R_3 的值。

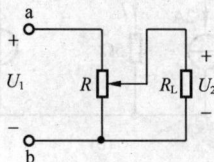

题图 2-2

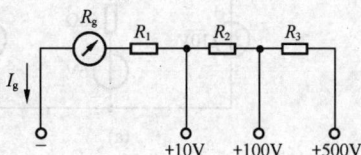

题图 2-3

4．求如题图 2-4 所示电路中电流源的端电压 U。

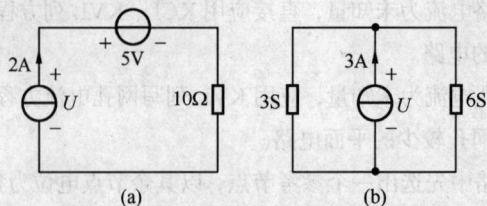

题图 2-4

5．利用电源等效变换化简如题图 2-6 所示各二端网络。

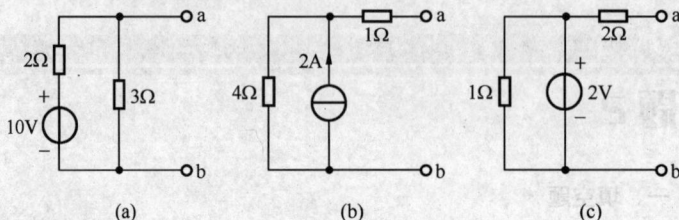

题图 2-5

6．化简如题图 2-6 所示各电路。

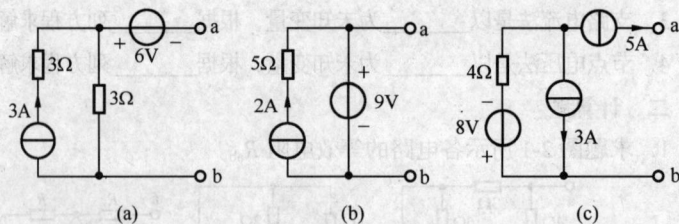

题图 2-6

7．试用电源变换法求如题图 2-7 所示电路中的电流 I。

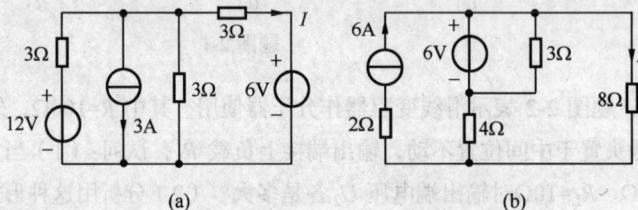

题图 2-7

8．试用支路电流法求如题图 2-8 所示各电路中所标的电流。

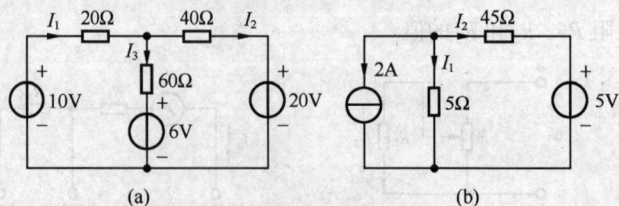

题图 2-8

9. 试用支路电流法求解如题图 2-9 所示电路中的电流或电压。

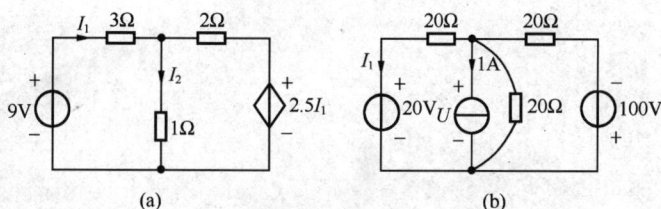

题图 2-9

10. 试用网孔电流法求解如题图 2-8 和题图 2-10 所示各电路中的电流或电压。

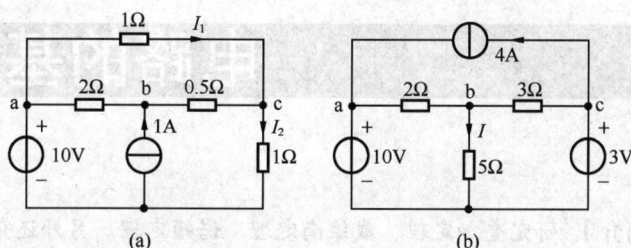

题图 2-10

11. 用节点电位法求如题图 2-11 所示电路中各点的电位。

12. 试用节点电位法求解如题图 2-12 所示电路中的 V_a 及各电阻上的电流。

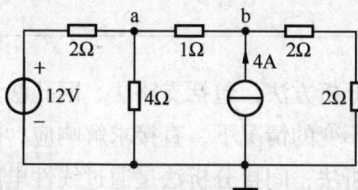
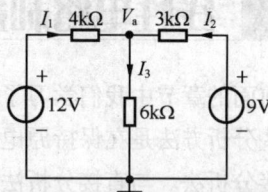

题图 2-11　　　　　　　　　　　题图 2-12

13. 用节点电位法求解如题图 2-10 中的 U_{ab} 和 U_{bc}。

14. 求题图 2-13 所示电路中 3kΩ 电阻上的电压 U。

15. 求解题图 2-14 所示电路中各节点电位。

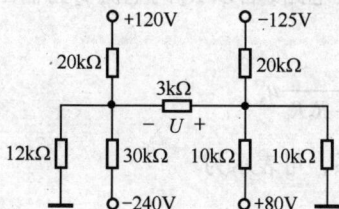
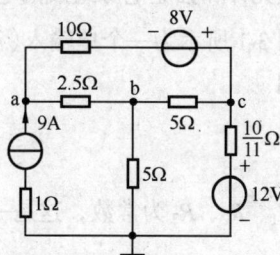

题图 2-13　　　　　　　　　　　题图 2-14

第3章
电路的基本定理

【本章内容简介】 研究叠加定理、戴维南定理、诺顿定理。另外还介绍最大功率传输定理。

【本章重点难点】 重点掌握线性电路的概念，以及叠加定理、戴维南定理、诺顿定理及最大功率传输定理。

3.1 线性电路和叠加定理

在前面的章节中我们学习了复杂电路的一般分析方法，包括支路法、网孔法和回路法。这些分析方法是在保持原电路的结构和参数不变的情况下，直接求解响应，因此又称为直接分析法。与直接分析法对应的是间接分析法，间接分析法是通过线性电路中的几个基本定理，将电路等效地改变，使一个复杂电路变成一个简单电路，进而简化求解的方法。间接分析法的理论依据是线性电路的基本定理。

3.1.1 线性电路

由线性元件和独立电源组成的电路称为线性电路。

例如图 3-1 所示为一个单输入（激励）的线性电路，若以 R_2 的电流 i_2 为输出（响应），则不难得到

$$i_2 = \frac{R_3}{R_1 R_2 + R_2 R_3 + R_3 R_1} u_s$$

(3-1)

由于 R_1、R_2、R_3 为常数，这是一个线性关系，可表示为

$$i_2 = \alpha u_s$$

(3-2)

显然，若 u_s 增大 α 倍，i_2 也随之增大 α 倍。这在数学中称为"齐次性"，在电路理论中称之为"比例性"，它是线性电路的基本性质。

当然，在非线性电路中，至少有一个元件的伏安关系不满足式（3-2）的形式。所以，对非线性电路不能应用比例特性。

【例 3-1】 求如图 3-2 所示电路中标出的各电流、电压。

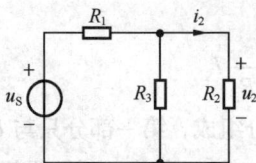

图 3-1　单输入线性电路　　　　　图 3-2　例 3-1 图

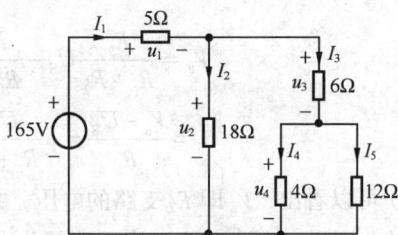

解：利用线性电路的比例性求解，先任意设 I_5 的数值，然后向前推算。

令

$$I_5 = 1A$$

则

$$U_4 = 12V$$

$$I_4 = \frac{12}{4} = 3A, \quad I_3 = I_4 + I_5 = 4A, \quad U_3 = 24V$$

$$U_2 = U_3 + U_4 = 36V, \quad I_2 = \frac{36}{18} = 2A$$

$$I_1 = I_2 + I_3 = 4 + 2 = 6A, \quad U_1 = 6 \times 5 = 30V$$

故得

$$U_S = U_1 + U_2 = 66V$$

求出的 U_S 值显然与已知的 U_s 值不同。因为是线性电路满足线性比例关系，已知的 U_s 值为 165V，是算得的 U_S 值的 2.5 倍。为此，上述算出的各电流、电压均应增加 2.5 倍。即：

$$I_5 = 2.5A, \quad I_4 = 7.5A, \quad I_3 = 10A, \quad I_2 = 5A$$

$$I_1 = 15A, \quad U_4 = 30V, \quad U_3 = 60V, \quad U_2 = 90V$$

$$U_1 = 75V$$

3.1.2　叠加定理

叠加定理是线性电路线性特征的反映，它为线性电路中多种信号源同时激励时研究响应与激励的关系提供了理论依据和方法，因此，叠加定理在线性电路分析中占有非常重要的地位。

下面举例说明叠加定理的特点和内容。

先介绍如图 3-3 所示电路的支路电压和支路电流的计算方法。

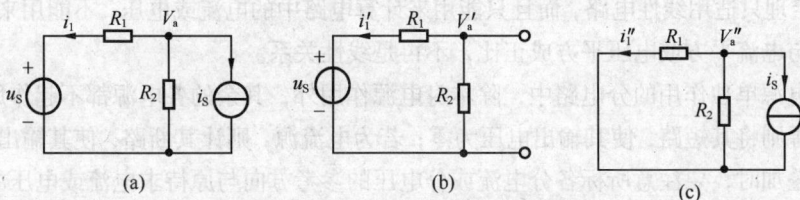

图 3-3　用于说明叠加定理的电路

选图 3-3（a）中节点电位 V_a 和支路电流 i_1 为响应变量。根据节点分析法，图 3-3（a）的网络

方程为

$$\left(\frac{1}{R_1}+\frac{1}{R_2}\right)V_a = -I_S$$

求解上述方程，得

$$V_a = \frac{R_2}{R_1+R_2}U_S - \frac{R_1R_2}{R_1+R_2}I_S$$

$$i_1 = \frac{V_a-U_S}{R_1} = -\frac{U_S}{R_1+R_2} - \frac{R_2}{R_1+R_2}I_S$$

（3-3）

从式（3-3）可以看出，V_a 即 R_2 支路的电压，共由两部分组成，第一部分只与 U_S 有关，第二部分只与 I_S 有关；同样，支路电流 i_1 中的两部分也分别与 U_S 和 I_S 有关，而且两部分是相互独立的。由此提出一个问题，是否可以认为 U_a 和 i_1 中的两部分是由电压源 U_S 单独作用（即将电流源 I_S 开路）和电流源 I_S 单独作用（即将电压源 U_S 短路）时分别引起的响应呢？

为了回答上述问题，我们把如图 3-3（a）所示的电路分别变为如图 3-3（b）、（c）所示，其中图 3-3（b）表示电压源单独作用的情况，图 3-3（c）表示电流源单独作用的情况。

对电压源单独作用的响应，可求出

$$V_a' = \frac{R_2}{R_1+R_2}U_S, \quad i_1' = -\frac{U_S}{R_1+R_2}$$

对电流源单独作用的响应，可求出

$$V_a'' = -\frac{R_1R_2}{R_1+R_2}i_S, \quad i_1'' = -\frac{R_2}{R_1+R_2}I_S$$

根据图 3-3 中 3 个电路电压和电流的参考方向可知

$$V_a' + V_a'' = \frac{R_2}{R_1+R_2}U_S - \frac{R_1R_2}{R_1+R_2}I_S = V_a$$

$$i_1' + i_1'' = -\frac{U_S}{R_1+R_2} - \frac{R_2}{R_1+R_2}I_S = i_1$$

从上述结果不难看出，在如图 3-3（a）所示的电路中，支路电压 V_a 和支路电流 i_1 确实等于电压源 U_S 和电流源 I_S 分别单独作用时在相应支路中引起响应的叠加。

将上述结论推广到一般线性电路中，就是叠加定理的内容。

叠加定理的一般表述：在任何线性电路中，每一元件的电流或电压，都可以看成每个独立电源单独作用于电路时，在该元件上所产生的电流或电压的代数和。某个独立电源单独作用时，其他独立电源应取零值（即独立电压源短路，独立电流源开路）。

应用叠加定理求解电路时，要注意下列几点。

（1）叠加定理只适用线性电路，而且只能用来计算电路中的电流或电压，不能用来计算功率，这是因为功率与电流平方或电压平方成正比，不再是线性关系。

（2）在各电源单独作用的分电路中，除本身电源作用外，其余的各电源都不起作用，其余的电源若为电压源则将其短路，使其输出电压为零；若为电流源，则让其断路，使其输出电流为零。

（3）进行叠加时，要注意所标各分电流或分电压的参考方向与原待求电流或电压的参考方向保持一致。

叠加定理应用举例。

【例 3-2】 用叠加定理求图 3-4（a）中的 U 和 I。

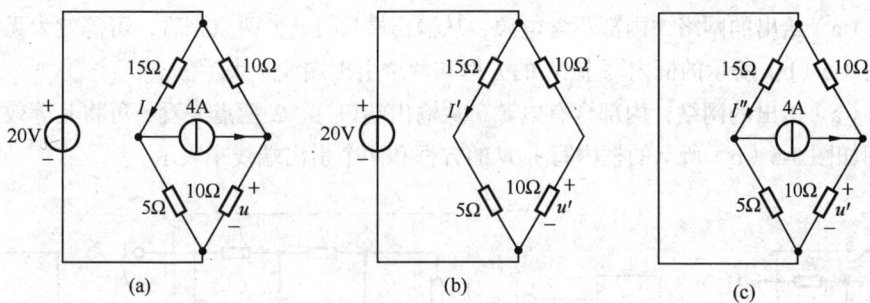

图 3-4　例 3-2 图

解：将图 3-4（a）分解为 20V 电压源单独作用和 4A 的电流源单独作用的两个分电路，如图 3-4（b）、（c）所示。

由图 3-4（b）得

$$I' = \frac{20}{5+5} = 1A$$

$$U' = \frac{10}{10+10} \times 20 = 10V \quad （串联分压）$$

由图 3-4（c）得

$$I'' = \frac{5}{15+5} \times 4 = 1A \quad （并联分流）$$

$$U'' = \frac{10}{10+10} \times 4 \times 10 = 20V$$

由于 I' 与 I'' 皆与 I 方向相同，U' 与 U'' 也都与 U 方向一致，所以

$$I = I' + I'' = 2A$$
$$U = U' + U'' = 30V$$

3.2　戴维南定理和*诺顿定理

前面介绍的节点分析法和网孔分析法虽然为解决网络方程中各支路电流或支路电压提供了较为系统的方法，但一般来说，求解方程组的计算过程比较麻烦，特别是如果求解的响应与变量只是集中在网络的一部分，或只求网络的某条支路电压或电流，而且，这部分网络或支路与其他部分无耦合，则可以用以下介绍的戴维南定理或诺顿定理简便地求出。

3.2.1　戴维南定理

在讨论戴维南定理之前，我们先介绍有关单口网络的一些知识。

1. 单口网络

在实际的电路或设备中，只有两个端钮与外电路相连接或作为外部测量用，这类电路或设备，不论其内部结构如何，都统称为二端网络（或单口网络）。据广义节点的概念，从二端网络的一个端钮流入的电流，一定等于从另一端流出的电流。

图 3-5（a）给出的网络，内部不含电源，从输出端口 1、2 两点来看，可等效为无源单口网络，用如图 3-5（b）所示的框内写上 N_o 的方框和两个引出端线来表示。

图 3-6（a）给出的网络，内部含有电源，从输出端口 1、2 两点来看，可将其等效为有源单口网络，用如图 3-6（b）所示的框内写上 N 的方框和两个引出端线来表示。

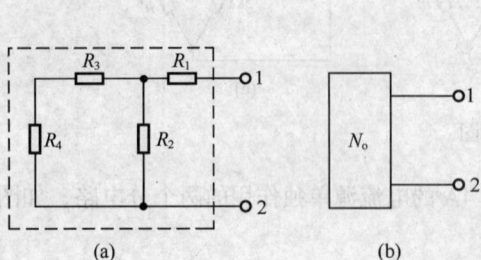

图 3-5　无源单口网络　　　　　　　　　图 3-6　有源单口网络

若让有源单口网络中的电源不起作用（电压源短路，电流源开路），则将得到一个与有源网络相对应的无源网络。

2．戴维南定理

在分析复杂电路过程中，有时只需求出某一条支路的电流或某元件两端的电压，例如图 3-7 中的电流 I。用前面学过的网孔电流法、节点电位法及叠加定理均可求解，但都比较繁琐，若改用戴维南定理求解，就要简单得多。

戴维南定理：

任何一个线性有源单口网络对外电路而言，可以将其等效为一个由电压源与一个电阻元件相串联而构成的电压源模型，如图 3-8 所示。其中电压源的数值就等于有源单口网络的端口开路电压 U_{oc}，串联的等效内电阻则为此有源单口网络所对应的无源单口网络的等效电阻。

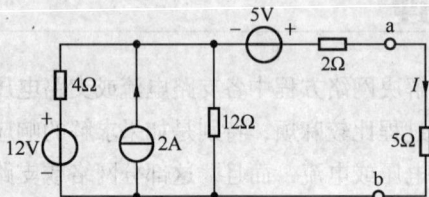

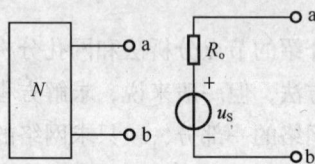

图 3-7　例 3-3 图　　　　　　　　　图 3-8　有源单口网络的等效

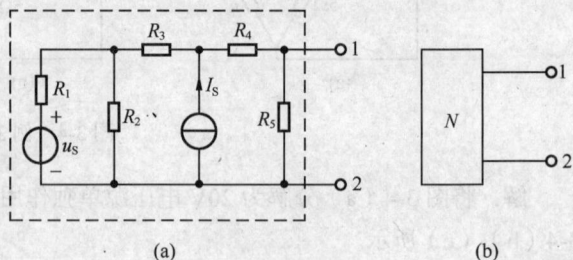

下面通过例题介绍戴维南定理的应用。

【例 3-3】　求图 3-7 所示电路中的电流 I。

解：将图 3-7 中待求支路断开，断开点为图中 a、b 两端钮。从 a、b 两端看，余下的电路可等效为一含源单口网络，如图 3-9（a）所示。

根据戴维南定理，此含源网络的端口开路电压即为等效电压源输出电压值，由图 3-9（a）经等效转换可求得

$$U_{oc} = 20V$$

与图 3-9（a）相对应的无源网络如图 3-9（b）所示，其端口等效电阻为

$$R_o = 5\Omega$$

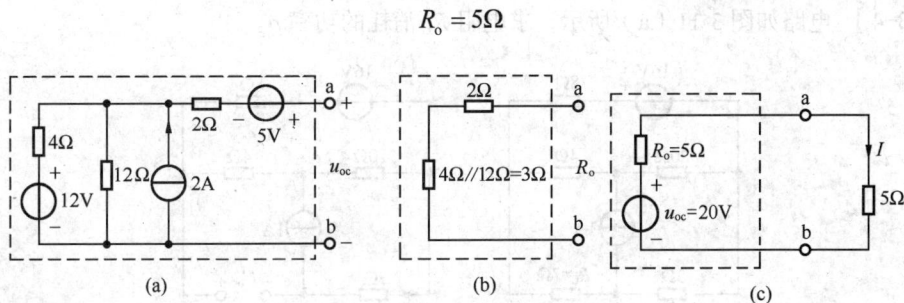

图 3-9　例 3-3 求解过程图

根据已求得的 U_{oc} 及 R_o，可作出含源单口网络的等效电压源模型，如图 3-9（c）所示。把此电压源模型两端接入待求支路，得

$$I = \frac{20}{5+5} = 2\text{A}$$

用戴维南定理分析电路的可靠性这里不再给出严格的论证，只对例题 3-3 改用其他方法求解来间接证明。

用叠加定理来求图 3-7 中的电流 I，此时可将图 3-7 等效分解为图 3-10（a）、（b）、（c）3 个单电源作用的电路的叠加。

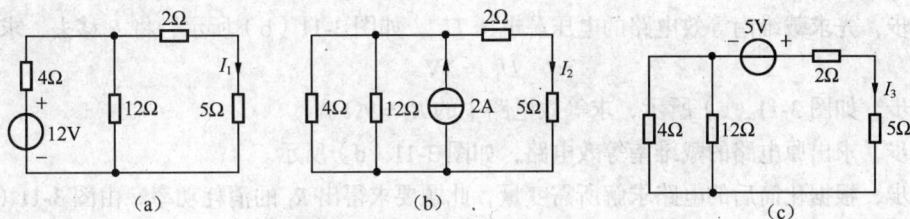

图 3-10　例题 3-3 叠加定理的求解

由图 3-10（a）得

$$I_1 = \frac{12}{4+\dfrac{12\times(2+5)}{12+2+5}} \times \frac{12}{12+5+2} = \frac{9}{10}\text{A}$$

由图 3-10（b）得

$$I_2 = \frac{\dfrac{4\times12}{4+12}}{(2+5)+\dfrac{4\times12}{4+12}} \times 2 = \frac{6}{10}\text{A}$$

由图 3-10（c）得

$$I_3 = \frac{5}{2+5+\dfrac{4\times12}{4+12}} = \frac{5}{10}\text{A}$$

由于 I_1、I_2、I_3 与待求电流 I 方向一致，

所以
$$I = I_1 + I_2 + I_3 = 2\text{A}$$

用叠加定理求解的结果与用戴维南定理求解的结果相同，因此，用戴维南定理求解电路是可靠的。下面的例题说明了应用戴维南定理的解题步骤。

【例3-4】 电路如图3-11（a）所示，求电阻 R_L 消耗的功率 p。

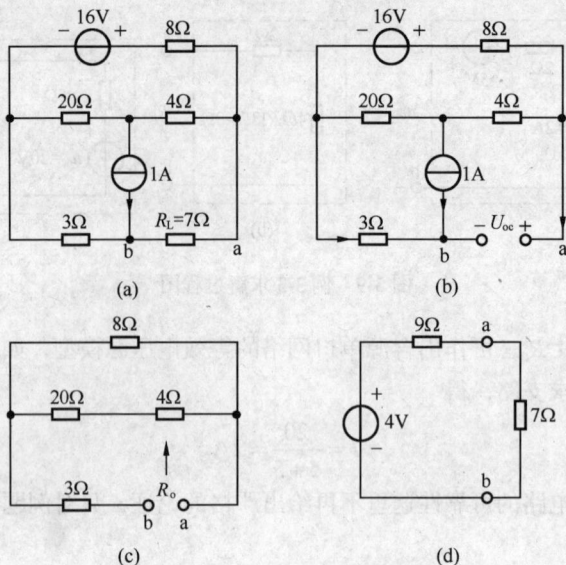

图3-11 戴维南定理应用步骤

解： 由于求解的问题集中在 R_L 支路上，用戴维南定理求解较简单。

第一步，先求戴维南等效电路的电压源电压 U_{oc}，如图3-11（b）所示，将 R 移去，求出

$$U_{oc} = 4V$$

第二步，如图3-11（c）所示，求等效电路中的 $R_o = 9\Omega$。

第三步，求出原电路的戴维南等效电路，如图3-11（d）所示。

第四步，根据化简后的电路求解所需变量，此题要求得出 R_L 的消耗功率，由图3-11（d）得

$$p = 7 \times \left(\frac{4}{9+7}\right)^2 = 0.44(W)$$

在实际应用戴维南定理分析电路时，待求支路可以是纯电阻，也可以是含源支路；可以是线性电路，也可以是非线性电路。求解等效电压源（既含源单口网络的开路电压 U_{oc}）时，有时仍需要用到求解复杂电路的各种方法，而求解电压源模型的等效内阻 R_o 时，有些情况是不能用电阻串、并联等效方法来求得，例如电路中含有受控源时。遇到这类情况可采用下列两种方法求解。

（1）外加电压法

让含源单口网络中所有激励源（独立电源）都为零值，同时，在网络的端口处，外加一电压源 U_o，求出在此外加电压源 U_o 的作用下端口电流 I_o，则等效电阻 R_o 为

$$R_o = \frac{U_o}{I_o}$$

（2）开路短路法

将待求支路开路，先求出余下的含源单口网络的开路电压 U_{oc}，再将待求支路短路，求出含源单口网络外的短路电流 I_{sc}，则等效电阻 R_o 为

$$R_o = \frac{U_{oc}}{I_{sc}}$$

【例3-5】 用外加电压法和开路短路法求如图3-12（a）所示的含源单口网络戴维南等效电路

的内电阻 R_o。

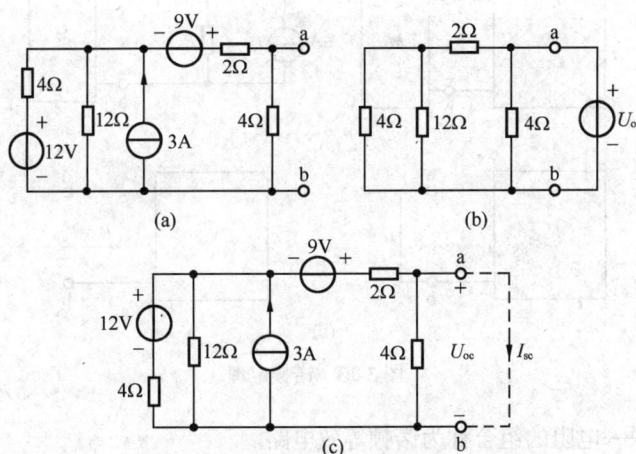

图 3-12 例 3-5 图

解 1：让图 3-12（a）中所有独立电源都不起作用，同时在端口处外加一电压源 U_o，如图 3-12（b）所示，在 U_o 作用下，得端口电流

$$I_o = \frac{U_o}{(4//12+2)//4}$$

所以，等效内阻 R_o 为

$$R_o = \frac{U_o}{I_o} = (4//12+2)//4 = \frac{20}{9}\Omega$$

解 2：用开路短路法求解。

由图 3-12（a）等效转换，得到图 3-12（c）的含源单口网络，其端口开路电压 U_{oc} 及短路电流 I_{sc} 分别为

$$U_{oc} = \frac{4}{3+2+4} \times (18+9) = 12\text{V}$$

$$I_{sc} = \frac{18+9}{3+2} = \frac{27}{5}\text{A}$$

所以

$$R_o = \frac{U_{oc}}{I_{sc}} = \frac{12}{27/5} = \frac{20}{9}\Omega$$

需要说明的是，开路短路法是一种非常实用的方法，因为我们有时不知道含源单口网络内部的具体情况，但是根据开路短路法，只要我们能接触到它的两个端钮，就可以用一个电压表来测得它的开路电压 U_{oc}，用一个电流表来测得它的短路电流 I_{sc}，从而得到戴维南等效电路。

*3.2.2 诺顿定理

如果我们把用戴维南定理求出的线性有源单口网络 N 等效变换为一个电流源并联电阻的组合如图 3-13（a）所示，则获得诺顿定理。

诺顿定理中电流源的电流等于该网络 N 的短路电流 i_{sc}；并联电阻 R_o 等于该网络中所有独立源为零值时所得网络 N_o 等效电阻 R（图 3-13（b））。这就是诺顿定理。

(a)

(b)

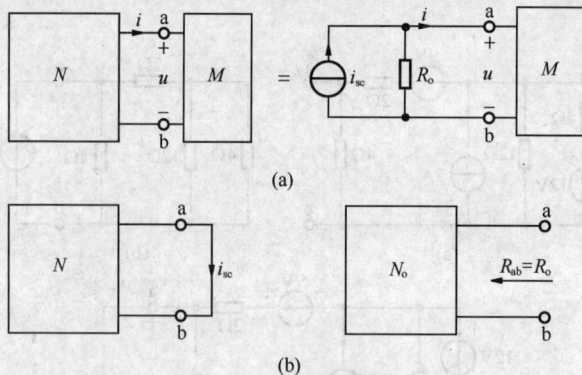

图 3-13　诺顿定理

这一电流源并联一电阻的组合称为诺顿等效电路。

根据诺顿定理，线性含源单口网络的 VAR 在如图 3-13 中所示的电压、电流参考方向下可表示为

$$I = I_{sc} - \frac{U}{R_o}$$

【例 3-6】　用诺顿定理求图 3-14 电路 3Ω 电阻中的电流 I。

解：把原电路 3Ω 电阻以外的部分化简为诺顿等效电路，为此先把准备化简的单口网络短路，如图 3-15（a）所示，求短路电流 I_{sc}。

运用叠加定理，得到

$$I_{sc} = \frac{24}{10} + \frac{12}{10 // 2} = 2.4 + 7.2 = 9.6A$$

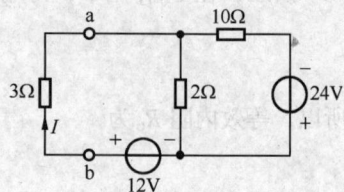

图 3-14　例 3-6 图

(a) 求 I_{sc}　　　　　(b) 求 R_o　　　　　(c) 求 I

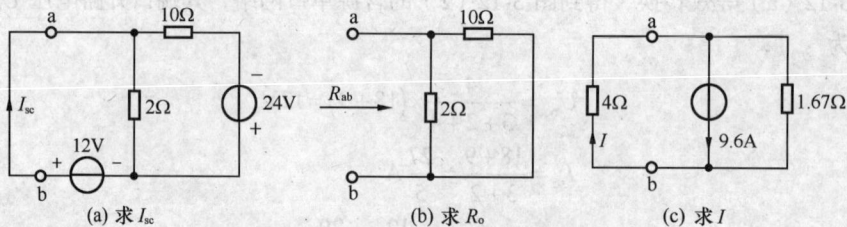

图 3-15　运用诺顿定理的 3 个步骤

再把准备化简的单口网络的电压源用短路代替得图 3-15（b），可得

$$R_o = R_{ab} = 10 // 2 = \frac{20}{12} = 1.67\Omega$$

求得诺顿等效电路后，再把 3Ω 电阻接上，得图 3-15（c），由此可得

$$I = 9.6 \times \frac{1.67}{3 + 1.67} = 3.43A$$

3.2.3　最大功率传输定理

在电路理论中，有许多应用是求在给定的实际电源中可能传递的最大功率。利用戴维南定理

很容易看出一个电源所能传递的最大功率是多少，以及看到怎样对电源加负载以便得到这个最大的功率。

给定一线性含源单口网络 N_1，接在它两端的负载不同，从单口网络传递给负载的功率也不同。在什么条件下，负载能得到最大功率呢？线性含源单口网络可以用戴维南或诺顿等效电路代替，如图 3-16 所示，设负载电阻 R_L，则当 R_L 很大时，流过 R_L 电流很小，因而 R_L 获得功率 $i^2 R_L$ 很小；反之，R_L 很小，i 虽然增大了，但由于 R_L 很小，因而功率 $i^2 R_L$ 同样也是很小的。因此，在 $R_L=0$ 与 $R_L=\infty$ 之间将有一个 R 值使负载获得的功率最大。要解决这一 R_L 值究竟是多大，我们先写出 R_L 为任意值时的功率 p

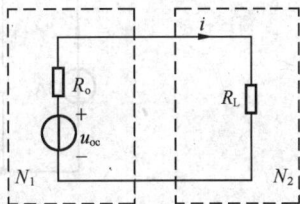

图 3-16 求传递给负载的功率

$$p = i^2 R_L = \left(\frac{U_{oc}}{R_o + R_L} \right)^2 R_L = f(R_L)$$

要使 p 为最大，应使 $\dfrac{\mathrm{d}p}{\mathrm{d}R_L} = 0$ ，由此可解得 p 为最大时的 R_L 值，即

$$\frac{\mathrm{d}p}{\mathrm{d}R_L} = U_{oc}^2 \left[\frac{(R_o + R_L)^2 - 2(R_o + R_L)R_L}{(R_o + R_L)^4} \right]$$

$$= \frac{U_{oc}^2 (R_o - R_L)}{(R_o + R_L)^3} = 0$$

由此可得
$$R_L = R_o \qquad\qquad (3\text{-}4)$$

所以，负载获得的最大功率为

$$p_{max} = \frac{U_{oc}^2}{4R_o} \qquad\qquad (3\text{-}5)$$

对于诺顿等效电路，则有

当 $R_L=R_o$ 时输出功率最大，且

$$p_{max} = \frac{I_{sc}^2 R_o}{4} \qquad\qquad (3\text{-}6)$$

所以，线性单口网络传递给可变负载 R_L 的最大功率的条件是：负载 R_L 应与戴维南（或诺顿）等效电阻 R_o 相等，这就是最大功率传递定理。

负载获得最大输出功率这一工作状态，称为电路的匹配状态。在通信技术中，常要求各种设备处于匹配状态以获得最佳通信效果。

要注意以下几点。

（1）不能把最大功率传递定理理解为要使负载功率最大，应使戴维南等效电阻 R_o 等于 R_L，如果 R_o 可变而 R_L 固定，则应使 R_o 尽量减小，才能使 R_L 获得功率增大，当 $R_o=0$ 时，R_L 将获得最大功率。

（2）不要有这样的错误概念：因为 $R_o=R_L$，所以，当线性单口网络获得最大功率时，其功率传递效率应为 50%。

要明确单口网络和它的等效电路对其内部功率而言是不等效的，由等效电阻 R_o 算得的功率并不等于网络内部消耗的功率，真正负载得到最大功率时其功率传递效率未必是 50%。

【例 3-7】 求图 3-17（a）所示电路中，R_L 为何值时，可获得最大功率？最大功率值为多少？

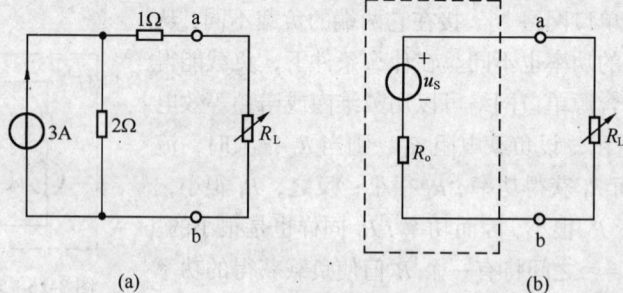

图 3-17　例 3-7 图

解：根据戴维南定理，作出 R_L 以外电路的等效电压源模型，如图 3-17（b）所示，图中

$$U_S = U_{oc} = 3 \times 2 = 6V$$

$$R_o = 1 + 2 = 3\Omega$$

由图 3-17（b）得，当 $R_L = R_o = 3\Omega$ 时，获最大功率，且

$$p_{max} = \frac{U_S^2}{4R_o} = \frac{36}{12} = 3W$$

小结

　　本章分别对线性电路的叠加定理、戴维南定理、诺顿定理、最大功率传输定理进行了介绍，这些电路定理体现着电路理论领域中的主要理论成果，其理论价值和实用性都很高。

　　（1）叠加定理：在线性电路中，任意支路电流或电压都是电路中各独立电源单独作用时在该支路产生的电流或电压的代数和，当独立电源不作用时，理想电压源短路，理想电流源开路。

　　（2）戴维南定理说明了线性含源单口网络可以用一个实际电压源等效代替，该电压源的电压等于网络的开路电压 U_{oc}，等效电阻 R_o 等于网络内部独立电源不起作用时从端口看进的等效电阻，此实际电压源称为戴维南等效电路，诺顿定理可用两种实际电源等效变换从戴维南定理推出。

　　戴维南定理和诺顿定理在简化电路及等效变换方面有着独特的优点，是极为常用的工具。

　　（3）最大功率传输定理表达了线性含源单口网络 N 向负载 R_L 传输功率，当 $R_L = R_o$ 时，负载 R_L 将获得最大功率，其功率为 $p_{max} = \frac{u_{oc}^2}{4R_o}$ 或 $p_{max} = \frac{i_{sc}^2 R_o}{4}$。

习题 3

一、填空题

1. 线性电路的特点是 _____。

2. 一个无源二端网络的戴维南等效电路是 _____。

3. 在 _____ 条件下有源二端网络传输给负载的功率最大。这时功率传输的效率
为 _____。

二、计算题

1. 用叠加定理求如题图 3-1 所示电路中各支路电流。

2. 用叠加定理求如题图 3-2 所示电路中的 U_{ab}。

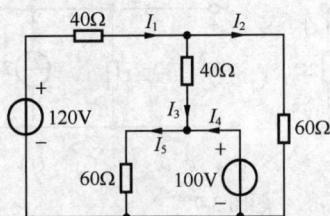

题图 3-1

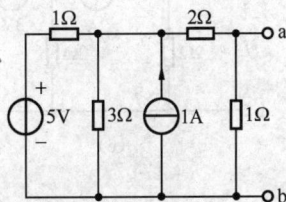

题图 3-2

3. 用叠加定理求如题图 3-3 所示电路中的电流 I 和 U。

4. 用戴维南定理求如题图 3-4 所示电路中的 I。

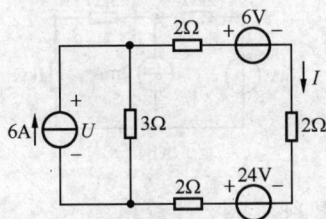

题图 3-3

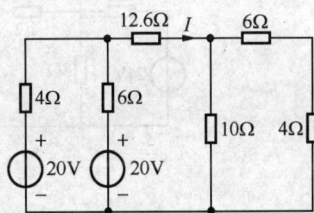

题图 3-4

5. 用戴维南定理求如题图 3-5 所示电路中的 I。

6. 试用戴维南定理求如题图 3-6 所示电路中的电流 I。

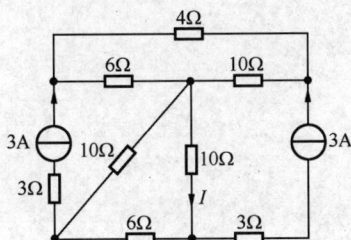

题图 3-5

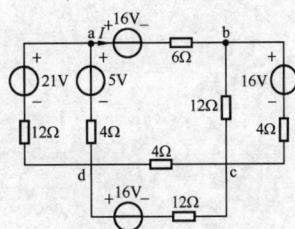

题图 3-6

7. 用戴维南定理化简如习题图 3-7 所示的各电路。

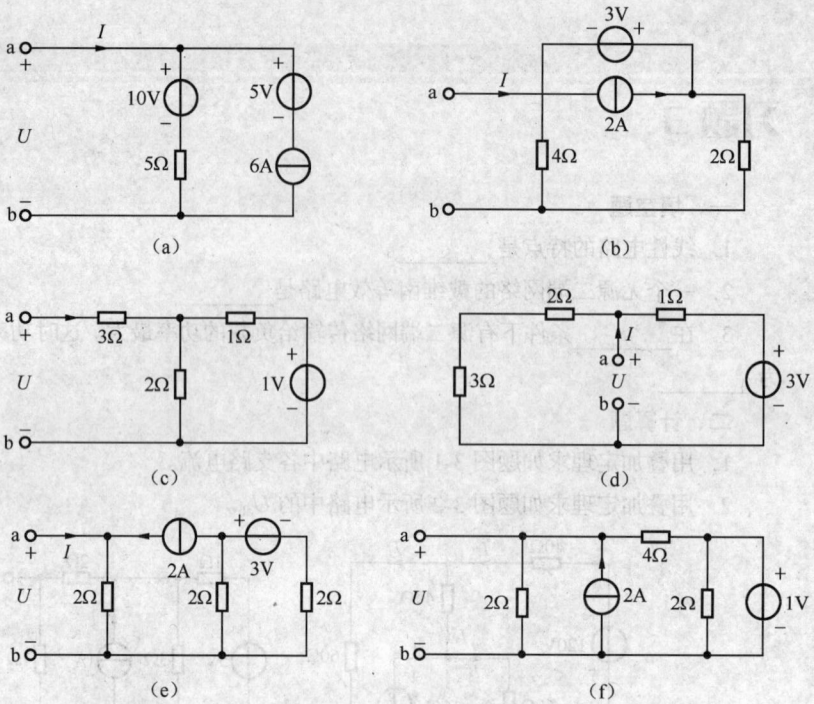

（a）

（b）

（c）

（d）

（e）

（f）

题图 3-7

8. 用诺顿定理求如题图 3-8 所示电路中的电流 I。

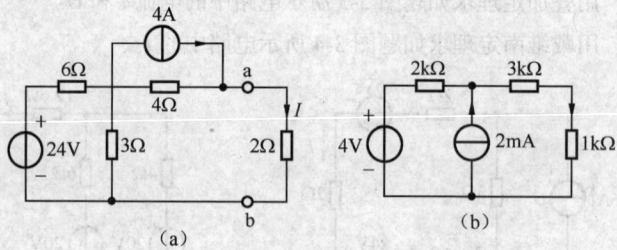

（a）

（b）

题图 3-8

第4章

正弦稳态交流电路

【本章内容简介】 主要介绍正弦交流电的基本特征、正弦量的三要素、相量法、基尔霍夫定律的相量形式、复阻抗、复导纳及相量图，RLC 串联电路分析、RLC 并联电路分析，正弦交流电路的功率、正弦交流电路的分析、计算等。

【本章重点难点】 重点掌握正弦交流电的三要素，正弦交流电的相量表示，基尔霍夫定律的相量形式，RLC 串联电路、并联电路分析以及相量图，运用相量法对一般正弦交流电路的分析、计算。

4.1 周期电压和电流

对于直流电路，其电流、电压的大小和方向都不随时间变化，而实际中更为广泛应用的是一种大小和方向随时间按一定规律周期性变化的电流或电压，叫做周期电流、周期电压，简称交流电。

4.1.1 周期电压和电流的特征

如图 4-1 所示，这些电流、电压随时间变化是有规律的，它们的瞬时值总是一定的时间函数。如果每隔一个相同的时间间隔，其电流、电压总是做重复循环的变化，这样的电流或电压就称为周期性电压或周期性电流。

4.1.2 周期和频率

周期性电流或电压应满足

$$i(t) = i(t + KT)$$
$$u(t) = u(t + KT)$$

(4-1)

其中 K 是自然数，T 是该周期电流或电压的周期，它是波形变化一个循环所用的时间，单位为秒（s）。

周期电流或电压在单位时间内变化的次数称为频率，用 f 表示，频率的单位是 $\dfrac{1}{s}$，又称为赫兹（Hz），工程中常用的单位还有 kHz（千赫）、MHz（兆赫）、及 GHz（吉赫）等，它们的关系为

$$1GHz=10^3MHz=10^6kHz=10^9Hz$$

周期与频率成倒数关系，即

$$f=\frac{1}{T} \tag{4-2}$$

在实际工程中，往往以频率区分电路，如：低频电路、高频电路。

世界上大多数国家电力工业标准频率（工频）是 50Hz，其周期是 0.02s，我国也如此，只有美国、日本等少数国家的工频为 60Hz。在其他技术领域中也用到各种不同的频率，如声音信号频率约为 20~20 000Hz，广播中波段载波频率为 535~1 605Hz，电视用的频率以 MHz 计，高频炉的频率为 200~300kHz，中频炉的频率为 500~8 000Hz。

在电子技术、电力工程、通信领域及许多实际应用中，使用最为广泛是一种随时间按正弦规律变化的电流或电压，它们属于交变电流或电压，称为正弦交流电。其波形如图 4-1（b）所示。

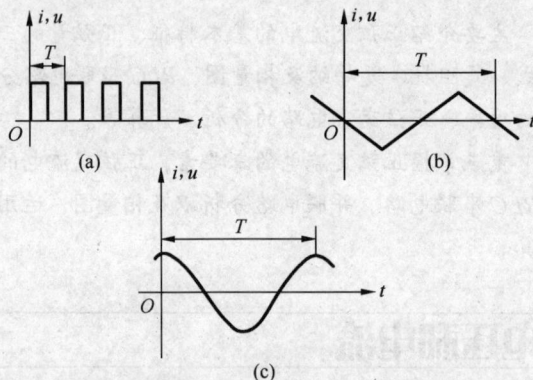

图 4-1 各种周期电压和电流

4.2　正弦交流电的特征量

随时间按正弦规律变化的电压和电流称为正弦电压和正弦电流，简称正弦量，或正弦信号。以正弦交流电流为例，其瞬时值表达式为

$$i(t) = I_m \cos(\omega t + \phi) \tag{4-3}$$

4.2.1　振幅

1. 振幅值 I_m

式（4-3）中的 I_m 称为正弦交流电流的最大值或振幅，它是一个常量，是正弦交流电流在一个循环中达到的最大峰值。当 $\cos(\omega t + \phi)=1$ 时，$i=I_m$。振幅值 I_m 恒为正值。若正弦量表达式中，振幅值有负号时，可以用函数表达式中角度改变 π 弧度（或 180°）来表达，如 $i(t) = -I_m \cos(\omega t + \phi) = I_m \cos(\omega t + \phi \pm \pi)$。

2．有效值 *I*

周期变化的电流、电压又称为周期信号。正弦交流电就是一种重要的周期信号。周期信号的瞬时值随时间变化给测量和计算时带来不便。为此我们引用一个能表征其大小的特定值，即"有效值"的概念。

有效值的含义是：对相同阻值的两个电阻 R，在相同的时间内，分别通入直流 I 和周期变化的电流 $i(t)$，若产生的热效应相同，则称直流电流 I 的值为周期电流 $i(t)$ 的有效值，即

$$I^2 RT = \int_0^R i^2(t) R \mathrm{d}t \qquad （4-4）$$

由此导出周期变化的交流电流有效值为

$$I = \sqrt{\frac{1}{T} \int_0^T i^2(t) \mathrm{d}t} \qquad （4-5）$$

同理，周期变化的交流电压有效值为

$$U = \sqrt{\frac{1}{T} \int_0^T u^2(t) \mathrm{d}t}$$

将正弦信号 $i(t) = I_\mathrm{m} \cos(\omega t + \phi)$ 代入式（4-5）得

$$I = \sqrt{\frac{1}{T} \int_0^T I_\mathrm{m}^2 \cos^2(\omega t + \phi) \mathrm{d}t}$$
$$= \frac{I_\mathrm{m}}{\sqrt{2}} = 0.707 I_\mathrm{m} \qquad （4-6）$$

类似地，正弦电压信号的有效值为 $U = \dfrac{U_\mathrm{m}}{\sqrt{2}} = 0.707 U_\mathrm{m}$。

通常所说的正弦信号的大小，如市电电压 220V、电源插座额定电流 3A、交流电压表、电流表读数等，都是指交流电的有效值。

4.2.2　频率

式（4-3）中 $\omega t + \phi$ 是一个随时间变化的相位，其中 ω 与时间无关，它是一个与频率 f 有关的常量。因为正弦量每经历一个周期 T，相位增加 2π，即 $\omega(t+T) - \omega t = 2\pi$

ω 与 T、f 的关系是

$$\omega = \frac{2\pi}{T} = 2\pi f \qquad （4-7）$$

由此可见，ω 表示了每秒变化的弧度数 $\left(\dfrac{2\pi}{T}\right)$，因此，称之为角频率，单位为弧度/秒（rad/s）。在电路理论分析时，常把角频率称为频率。实际计算时，必须注意到两者的实际区别。

在式（4-3）中 ω、T、f 三者都反映正弦量变化的快慢，ω 越大，即 f 越大或 T 越小，正弦量循环变化越快；ω 越小，即 f 越小或 T 越大，正弦量循环变化越慢。直流量可以看成 $\omega=0$（即 $f=0$，$T=\infty$）的正弦量。

4.2.3　初相

初相位 ϕ：正弦量在 $t=0$ 时刻的相位，简称初相。它反映了正弦量的初始值，即 $t=0$ 时刻的值 $i(0) = I_\mathrm{m} \cos\phi$。

初相的单位可用度或弧度来表示。

对于$i(t)=I_{\mathrm{m}}\cos(\omega t+\phi)$的波形而言，其初相的正负取决于正弦波离坐标纵轴最近的正峰点是在纵轴的左侧还是右侧，左侧为正，右侧为负，规定ϕ的取值范围在0～±π之间。

【例 4-1】 如图 4-2 所示为正弦交流电路一元件，在通过所给定电流的参考方向下，电流表达式为$i(t)=100\cos\left(\omega t-\dfrac{\pi}{4}\right)\mathrm{mA}$，式中$\omega=4\pi(\mathrm{rad/s})$，试求（1）在$t$=0.25s；（2）$\omega t=\dfrac{\pi}{2}(\mathrm{rad})$时，（3）$\omega t=2.5\pi(\mathrm{rad})$时，$i$=?

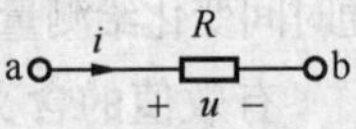

图 4-2 例 4-1 图

解：（1）当t=0.25s 时

$$
\begin{aligned}
i&=100\cos\left(4\pi\times0.25-\frac{\pi}{4}\right)\\
&=100\cos\left(\pi-\frac{\pi}{4}\right)=-100\cos\frac{\pi}{4}\\
&=-100\times\frac{\sqrt{2}}{2}=-0.707\mathrm{mA}
\end{aligned}
$$

电流为负值，表明在这一时刻电流的真实方向与参考方向相反，即由 b 流向 a。

（2）当$\omega t=\dfrac{\pi}{2}$时

$$
\begin{aligned}
i&=100\cos\left(\frac{\pi}{2}-\frac{\pi}{4}\right)=100\cos\frac{\pi}{4}\\
&=70.7\mathrm{mA}
\end{aligned}
$$

电流为正值，表示在这一时刻，电流的真实方向与参考方向相同，即由 a 流向 b。

（3）当$\omega t=2.5\pi(\mathrm{rad})$时

$$
\begin{aligned}
i&=100\cos\left(2.5\pi-\frac{\pi}{4}\right)=100\cos\left(2\pi+\frac{\pi}{4}\right)\\
&=70.7\mathrm{mA}
\end{aligned}
$$

结果与$\dfrac{\pi}{2}(\mathrm{rad})$时一样，这时因为$\omega t=\dfrac{\pi}{2}$与$\omega t=2.5\pi$相位差$2\pi$，所以相同的数值重复出现。

【例 4-2】 若$i_1=10\cos(100\pi t+60^\circ)\mathrm{A}$，$i_2=100\sin(100\pi t-30^\circ)\mathrm{A}$，求相位差$\phi_{12}$。

解：i_1和i_2虽然是同频率，但不是同名函数，应化成同名函数，再求相位差。

$$
\begin{aligned}
i_2&=100\cos(100\pi t-30^\circ-90^\circ)\\
&=100\cos(100\pi t-120^\circ)\mathrm{A}\\
\phi_{12}&=60^\circ-(-120^\circ)=180^\circ
\end{aligned}
$$

i_1与i_2反相。

在正弦量的解析式中，振幅值I_{m}（或有效值I）反映了正弦量变化的幅度、角频率ω（频率f或周期T）反映了正弦量变化的快慢，初相位ϕ反映了正弦量在t=0 时的状态，所以，I_{m}、ω、ϕ一旦确定，一个正弦量就可以完整地表达出来。

因此，I_{m}（或I）、ω（或f, T）及ϕ称为正弦交流电的 3 个特征量，也叫正弦交流电的三要素。

4.3 正弦交流电的相量表示法

直接用正弦函数分析计算正弦交流电将很麻烦，例如，几个频率相同但初相不同的正弦量相加减，算式会很冗长。引入相量法则可将计算变得较为简单。因为相量法要涉及复数的运算，所以首先复习一下有关复数的内容。

*4.3.1　复数的相关知识

1. 复数

设 A 为一复数，a_1 及 a_2 分别为其实部及虚部，则表示为　$A = a_1 + ja_2$。

复数 A 在复平面上可用有向线段表示，如图 4-3（a）所示其模为 a（模只取正值），幅角为 θ。由此，上述复数可写成另一形式

$$A = a\cos\theta + ja\sin\theta = a(\cos\theta + j\sin\theta) \tag{4-8}$$

其中

$$a = \sqrt{a_1^2 + a_2^2} \quad \tan\theta = \frac{a_2}{a_1}$$

由数学中的欧拉公式 $e^{j\theta} = \cos\theta + j\sin\theta$ 可知，复数 $e^{j\theta}$ 为一在复平面上表示的矢量，如图 4-3（b）所示，就长度上来说，它等于 1，与实轴夹角为 θ，复数 $e^{j\theta}$ 的模为 1。

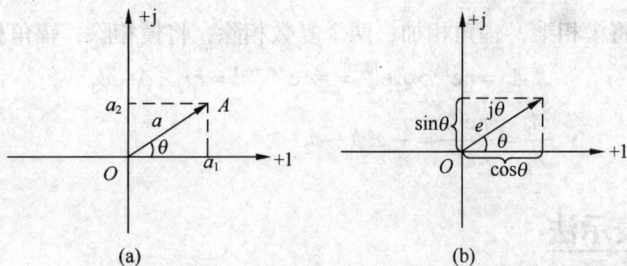

图 4-3　复数 A 的模和幅角（a）及复数表示（b）

式（4-8）可进一步写成

$$A = ae^{j\theta} \tag{4-9}$$

上式为复数 A 的极坐标形式。工程上，常把式（4-9）简写成

$$A = a\angle\theta \tag{4-10}$$

读作：a 在一角度 θ。

在运用复数计算正弦交流电路时，常常需要进行直角坐标形式和极坐标形式之间的相互转换。

【例 4-3】 化下列复数为直角坐标形式。

（1）$A = 5\angle36.9°$，（2）$A = 13\angle112.6°$，（3）$A = 10\angle90°$，（4）$A = 10\angle-180°$

解：（1）$A = 5\angle36.9° = 5^{j36.9°} = 5\cos36.9° + j5\sin36.9° = 4+j3$

　　　（2）$A = 13\angle112.6° = 13\cos112.6° + j13\sin112.6°$

　　　　　$= 13\cos(180° - 67.4°) + j13\sin(180° - 67.4°)$

　　　　　$= -13\cos67.4° + j13\sin67.4°$

　　　　　$= -5 + j12.01$

　　　（3）$A = 10\angle90° = 10\cos90° + j10\sin90° = j10$

　　　（4）$A = 10\angle-180° = 10\cos180° - j10\sin180° = -10$

【例 4-4】 化下列复数为极坐标形式。

（1）$A = 5 + j5$，（2）$A = 4 - j3$。

解：（1）$a = \sqrt{5^2 + 5^2} = 7.07$ $\theta = \arctan\dfrac{5}{5} = 45°$

所以

$$A = 5 + j5 = 7.07\angle 45°$$

（2）$a = \sqrt{4^2 + 3^2} = 5$ $\theta = \arctan\dfrac{-3}{4} = -36.9°$

所以

$$A = 4 - j3 = 5\angle 36.9°$$

2．复数的加减运算规律

两个复数相加（或相减），实部与实部相加（或相减），虚部与虚部相加（或相减）。例如：

$$A_1 = a_1 + jb_1 = r_1\angle\phi_1$$
$$A_2 = a_2 + jb_2 = r_2\angle\phi_2$$

相加减的结果为

$$A_1 + A_2 = (a_1 + jb_1) \pm (a_2 + jb_2) = (a_1 \pm a_2) + j(b_1 \pm b_2)$$

3．复数乘除运算规律

两个复数相乘，将模相乘，辐角相加；两个复数相除，将模相除，辐角相减。例如：

$$A_1 A_2 = r_1 e^{j\phi_1} \times r_2 e^{j\phi_2} = r_1 r_2 e^{j(\phi_1 + \phi_2)} = r_1 r_2 \angle\phi_1 + \phi_2$$

$$\frac{A_1}{A_2} = \frac{r_1 e^{j\phi_1}}{r_2 e^{j\phi_2}} = \frac{r_1}{r_2}\angle\phi_1 - \phi_2$$

4.3.2 相量表示法

从前面分析可以看出，用三角函数形式写出的解析式和用波形图表示正弦交流电比较形象，概念也比较明确。但在电路分析计算中，直接应用三角函数计算是很麻烦。正弦交流电除用三角函数形式表示外，还可以复数（相量）来表示。

在实际的正弦交流电路分析计算中通常采用的是相量分析法。

上节讲过，一个正弦信号有 3 个特征量，可以用 3 个特征量振幅（或有效值）、周期、（频率或角频率）、初相位来表示一个正弦信号。又因为在同一个正弦交流电路中，各支路电压与电流的频率都是相同的，它们的区别之处仅在于振幅和初相的不同，因此，在分析电路时，只需将这两个特征量求出，则各支路的电流与电压就可以确定。

借助数学中的复数，可将正弦交流电的这两个特征量同时表示出来。用复数表示的正弦电压、电流称为电压相量和电流相量。

设有一个复数 $A(t) = |A|e^{j(\omega t + \phi)}$，它与一般复数不同，其辐角是时间的函数，由于

$$A(t) = |A|e^{j(\omega t + \phi)} = |A|e^{j\phi}e^{j\omega t} = Ae^{j\omega t}$$

$$A(t) = |A|e^{j(\omega t + \phi)} = |A|\cos(\omega t + \phi) + j|A|\sin(\omega t + \phi)$$

用 $I_m e^{j(\omega t + \phi)}$（或 $U_m e^{j(\omega t + \phi)}$）代替上面的 $A(t)$，得

$$I_m e^{j(\omega t + \phi_i)} = I_m \cos(\omega t + \phi_i) + jI_m \sin(\omega t + \phi_i)$$

其中

$$I_m \cos(\omega t + \phi_i) = R_e\left[I_m e^{j(\omega t + \phi_i)}\right]$$

可见，正弦信号 $i = I_m \cos(\omega t + \phi_i)$ 恰为复数 $I_m e^{j(\omega t + \phi_i)}$ 的实部，即

$$i(t) = R_e \left[I_m e^{j(\omega t + \phi_i)} \right] = R_e \left[I_m e^{j\phi_i} e^{j\omega t} \right] = R_e \left[\dot{I}_m e^{j\omega t} \right]$$

式中
$$\dot{I}_m = I_m e^{j\phi_i} = I_m \angle \phi_i \tag{4-11}$$

$\dot{I}_m$ 称为电流振幅值的相量，其模值为正弦电流的振幅，幅角为正弦电流的初相。在给定频率时，相量完全可以确定一个正弦电流。同理，电压相量为 $\dot{U}_m$，$\dot{U}_m = U_m \angle \phi_u$。相量的模也可以为有效值，称为有效值相量，用 $\dot{I}$、$\dot{U}$ 表示，关系为

$$\dot{I}_m = \sqrt{2}\, \dot{I} \qquad \dot{U}_m = \sqrt{2}\, \dot{U}$$

需要注意的是，相量只能"表征"正弦量，并不等于正弦量。即 $i = 4\cos(\omega t + 30°) \neq 4\angle 30°$，只能说 $4\angle 30°$ 可表征正弦量 $i = 4\cos(\omega t + 30°)$。

相量 $\dot{I}_m$ 在数学上是个复数，所以，在复平面上用一个有向线段来表示相量，称为相量图。$\dot{I}_m e^{j\omega t}$ 可以看成是一个从 ϕ 初相位，以恒定角速度 ω 逆时针旋转的相量，它在实轴上的投影就是正弦量 $i(t)$，其对应关系如图 4-4 所示。

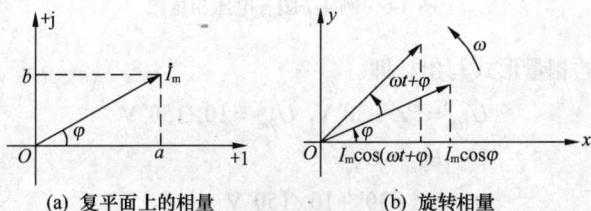

(a) 复平面上的相量　　　　(b) 旋转相量

图 4-4　复平面上的相量、旋转相量

【例 4-5】 若
$$i_1 = 2\cos(200t + 60°)\text{A}, \quad i_2 = 4\cos(200t + 150°)\text{A},$$
$$i_3 = -8\cos(200t + 60°)\text{A}$$
试写出这 3 个电流相量，并绘出相量图。

解：
$$\dot{I}_{m1} = 3\angle 60°\,\text{A}$$
$$\dot{I}_{m2} = 4\angle 150°\,\text{A}$$
$$\dot{I}_{m3} = 8\angle -120°\,\text{A}$$

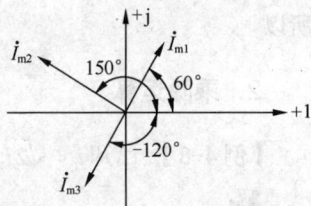

图 4-5　例 4-5 相量图

4.3.3　同频率正弦量的运算

对于同频率正弦量的运算，分别用相量表示它们，使复杂的三角函数运算转换为复数运算。对于用三角函数形式表示正弦交流信号，在运算时可先写出它们对应的相量，用复数进行中间运算后，然后再根据运算结果将相量转换为对应的正弦信号。

1. 加减运算

【例 4-6】 $i_1 = \sqrt{2}\,I_1 \cos(\omega t + \phi_1)$，$i_2 = \sqrt{2}\,I_2 \cos(\omega t + \phi_2)$，求 $i = i_1 + i_2$。

解：
$$\dot{I}_1 = I_1 \angle \phi_1, \quad \dot{I}_2 = I_2 \angle \phi_2$$
$$\dot{I}_1 = \dot{I}_1 + \dot{I}_2 = I_1(\cos\phi_1 + j\sin\phi_1) + I_2(\cos\phi_2 + j\sin\phi_2)$$

令 $a_1 = I_1 \cos\phi_1$，$b_1 = I_1 \sin\phi_1$，$a_2 = I_2 \cos\phi_2$，$b_2 = I_2 \sin\phi_2$
则原式 $= a_1 + jb_1 + a_2 + jb_2 = (a_1 + a_2) + j(b_1 + b_2) = a + jb$

$$= \sqrt{a^2 + b^2} \angle \arctan \frac{b}{a} = I \angle \phi$$

所以 $\qquad i = \sqrt{2} I \cos(\omega t + \phi)$

【例 4-7】 电路如图 4-6（a）所示，$u_1 = 5\cos(314t - 30°)\text{V}$，$u_2 = 10\cos(314t + 150°)\text{V}$，求总电压 u，并画出 u_1、u_2、u 的相量图。

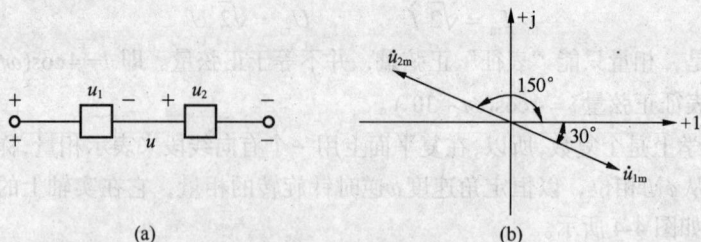

图 4-6　例 4-7 图、电压相量图

解：先将 u_1、u_2 的相量形式写出，即

$$\dot{U}_{1m} = 5 \angle -30° \text{V}, \quad \dot{U}_{2m} = 10 \angle 150° \text{V}$$

$$\dot{U} = \dot{U}_{1m} + \dot{U}_{2m}$$

$$= 5 \angle -30° + 10 \angle 150° \text{V}$$

$$= 4.33 - j2.5 + (-8.66) + j5$$

$$= -4.33 + j25$$

$$= 5 \angle 150° \text{V}$$

所以 $\qquad u = 5\cos(314t + 150°)\text{V}$

2．乘除运算

【例 4-8】 已知 $i_1 = \sqrt{2} I_1 \cos(\omega t + \varphi_1)$，$\quad i_2 = \sqrt{2} I_2 \cos(\omega t + \varphi_2)$，求 $i_1 \cdot i_2$、i_1/i_2。

解： $\qquad \dot{I}_1 = I_1 \angle \varphi_1, \quad \dot{I}_2 = I_2 \angle \varphi_2$

$$\dot{I} = \dot{I}_1 \cdot \dot{I}_2 = I_1 \cdot I_2 \angle \varphi_1 + \varphi_2 = I \angle \varphi$$

对应写出 $\qquad i = \sqrt{2} I \cos(\omega t + \phi)$

$$\dot{I}' = \frac{\dot{I}_1}{\dot{I}_2} = \frac{I_1}{I_2} \angle \varphi_1 - \varphi_2 = I' \angle \varphi'$$

对应写出 $\qquad i' = \sqrt{2} I' \cos(\omega t + \phi')$

4.4　基尔霍夫定律的相量形式

基尔霍夫电流定律 KCL 说明，在任意时刻，流过电路节点电流的代数和为零。用数学表达式写出任意节点的电流关系为 $\sum\limits_{k=1}^{n} i_k(t) = 0$，这里 $i_k(t)$ 是任意时刻流入（或流出）某节点的电流。

对于同频率的正弦稳态电路，各支路电流可以用相量表示，对电路中任意节点，基尔霍夫电流定律 KCL 的形式便可以写为

$$\sum_{k=1}^{n} \dot{I}_{km} = 0 \qquad\qquad （4-12）$$

或写为

$$\sum_{k=1}^{n} \dot{I}_k = 0 \qquad\qquad (4\text{-}13)$$

式中 $\dot{I}_{km}$ 和 $\dot{I}_k$ 分别表示第 k 条支路电流的振幅值相量和有效值相量。式（4-12）和式（4-13）即是基尔霍夫电流定律 KCL 的相量形式。

同理，基尔霍夫电压定律 KVL 在正弦稳态电路中的一般形式为 $\sum_{k=1}^{n} u_k(t) = 0$。

上式可改写成相量形式

$$\sum_{k=1}^{n} \dot{U}_{km} = 0$$
$$\qquad\qquad (4\text{-}14)$$
$$\sum_{k=1}^{n} \dot{U}_k = 0$$

式（4-14）便是基尔霍夫电压定律 KVL 的相量形式。以上 $\dot{U}_{km}$ 和 $\dot{U}_k$ 分别为回路中第 k 条支路的电压振幅相量及电压有效值相量。

需要注意的是，以上各式给出的是瞬时值或相量之间的关系，而正弦交流电的有效值不符合以上关系，即

$$\sum_{k=1}^{n} U_k \neq 0$$
$$\sum_{k=1}^{n} I_k \neq 0$$

【例 4-9】 如图 4-7 所示，$i_1 = 10\sqrt{2}\cos(\omega t + 60°)\text{A}$，$i_2 = 5\sqrt{2}\cos(\omega t + 30°)\text{A}$，求：$i_3$ 与 $\dot{I}_3$。

解：
$$\dot{I}_1 = 10\angle 60°, \quad \dot{I}_2 = 5\angle 30°$$

由 KCL 得

$$\dot{I}_3 = \dot{I}_1 - \dot{I}_2 = 10\angle 60° - 5\angle 30° = 5 + \text{j}8.66 - 4.33 - \text{j}2.5$$
$$= 0.67 + \text{j}6.16 = 6.2\angle 83.8°(\text{A})$$

所以

$$i_3 = 6.2\sqrt{2}\cos(\omega t + 83.8°)\text{A}$$
$$\dot{I}_3 = 6.2\text{A}$$

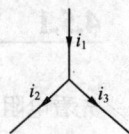

图 4-7　例 4-9 图

【例 4-10】 如图 4-8 所示，$A_1 A_2$ 为电流表指示的电流值，求电流表 A 的读数。

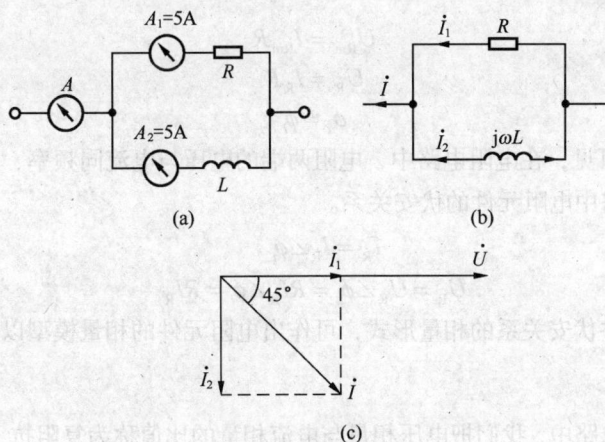

图 4-8　例 4-10 图

解：我们首先可以从相量模型入手，如图 4-8（b）所示。

设
$$\dot{U} = U\angle 0°\,\mathrm{V}$$

则

$$\dot{I}_1 = \frac{\dot{U}}{R} = I_1\angle 0°\,\mathrm{A}$$

$$\dot{I}_2 = \frac{\dot{U}}{\mathrm{j}X_L} = I_2\angle -90°\,\mathrm{A}$$

$$\dot{I} = \dot{I}_1 + \dot{I}_2 = 5 - \mathrm{j}5 = \sqrt{50}\angle -45° = 5\sqrt{2}\angle -45°\,\mathrm{A}$$

由计算可知电流表读数为 7.07A。

我们还可从该电路的相量图考虑，如图 4-8（c）所示。设电压 $\dot{U}$ 为参考相量，电阻支路电流 $\dot{I}_1$ 与 $\dot{U}$ 相同，而电感支路电流 $\dot{I}_2$ 滞后电压 90°。

据矢量合成法则可得

$$I = \sqrt{I_1^2 + I_2^2} = \sqrt{5^2 + 5^2} = 5\sqrt{2}\,\mathrm{A}$$

4.5 3种电路基本元件伏安关系的相量形式

在前面已对电阻、电感、电容元件的伏安特性进行了讨论。本节主要分析以它们作为负载在正弦交流电路中的情况。

4.5.1 电阻元件

先看电阻元件电压、电流的关系，然后导出电阻元件电压与电流关系的相量形式。

设电阻元件接入正弦稳态电路中，如图 4-9（a）所示，设其端电流为

$$i_R(t) = I_m \cos(\omega t + \phi_i)$$

则端电压
$$u_R(t) = i_R R = I_m R\cos(\omega t + \phi_i) = U_{Rm}\cos(\omega t + \phi_u)$$

电阻电路电压、电流瞬时值关系如图 4-9（b）所示。

由上式可总结出：

$$U_{Rm} = I_{Rm}R$$
$$U_R = I_R R$$
$$\phi_u = \phi_i$$

因为 R 是常数，可见，在电阻电路中，电阻两端的电压与电流同频率、同相位。

用相量来表示电路中电阻元件的伏安关系。

若
$$\dot{I}_R = I_R\angle\phi_i,$$

则
$$\dot{U}_R = U_R\angle\phi_u = RI_R\angle\phi_i = R\dot{I}_R \qquad (4\text{-}15)$$

根据以上电阻元件伏安关系的相量形式，可作出电阻元件的相量模型以及相量图，如图 4-9（c）、（d）所示。

在正弦交流稳态电路中，我们把电压相量与电流相量的比值称为复阻抗，用 Z 表示，$Z = \dfrac{\dot{U}}{\dot{I}}$。

在电阻电路中，$Z = \dfrac{\dot{U}}{\dot{I}} = \dfrac{U\angle\phi_u}{I\angle\phi_i} = \dfrac{U}{I}\angle\phi_u - \phi_i$，$Z$ 为纯实数 R。

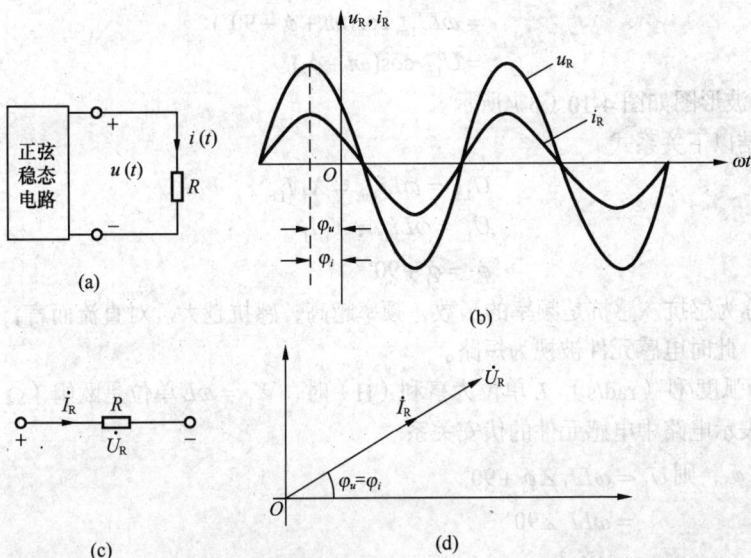

图 4-9　正弦稳态电路电阻元件电压电流瞬时关系、相量模型、相量图

式（4-15）是要求的电阻元件伏安关系的相量形式。

其中有
$$U = RI$$
$$\phi_u = \phi_i$$

前者表明电压有效值和电流有效值符合欧姆定律，后者表明电压与电流是同相的。

【例 4-11】　如图 4-9 所示，若 $R=3\Omega$，其两端的电压为 $u = 9\sqrt{2}\cos(314t + 30°)\text{V}$，求 i。

解：用相量关系式解。

第一步，先写出已知正弦量对应的相量
$$\dot{U} = 9\angle 30° \text{V}$$

第二步，利用相量关系式进行计算
$$\dot{I} = \frac{\dot{U}}{R} = \frac{9\angle 30°}{3} = 3\angle 30° \text{A}$$

第三步，根据算得的相量写出与之对应的正弦量
$$i = 3\sqrt{2}\cos(314t + 30°)\text{A}$$

4.5.2　电感元件

先看电感元件电压、电流的关系，然后导出电感元件电压与电流关系的相量形式。

设电感元件接入正弦稳态电路中，如图 4-10（a）所示，其端电流可表示为
$$i_L(t) = I_m\cos(\omega t + \phi_i) \tag{4-16}$$

当电压、电流参考方向为关联方向时，电感元件的伏安关系有

$$u_L(t) = L\frac{di_L(t)}{dt}$$
$$= -\omega L I_{Lm}\sin(\omega t + \phi_i)$$
$$= \omega L I_{Lm}\cos(\omega t + \phi_i + 90°)$$
$$= U_{Lm}\cos(\omega t + \phi_u)$$

$u_L(t)$、$i_L(t)$ 的波形图如图 4-10（b）所示。

综上可总结以下关系式

$$U_{Lm} = \omega L I_{Lm} = X_L I_{Lm}$$
$$U_L = \omega L I_L = X_L I_L \tag{4-17}$$
$$\phi_u = \phi_i + 90°$$

式中 $X_L = \omega L$ 称为感抗。感抗是频率的函数，频率越高，感抗越大。对直流而言，因频率 ω 为零，所以感抗为零，此时电感元件被视为短路。

当 ω 单位为弧度/秒（rad/s），L 单位为亨利（H）时，$X_L = \omega L$ 单位是欧姆（Ω）。

用相量来表示电路中电感元件的伏安关系。

若 $\dot{I}_L = I_L\angle\phi_i$，则 $\dot{U}_L = \omega L I_L\angle\phi_i + 90°$
$$= \omega L \dot{I}_L\angle 90°$$
$$= jX_L\dot{I}_L$$
$$= Z_L\dot{I}_L$$

所以
$$\dot{U} = j\omega L\dot{I} \tag{4-18}$$

式（4-18）就是电感元件伏安关系的相量关系。式中 $Z_L = j\omega L = jX_L$，称为复感抗，是电感元件对电路呈现的复阻抗。

根据式（4-18）电感元件伏安关系相量式，可得出电感元件相量模型，如图 4-10（c）所示。其中电感元件相量模型用复阻抗 $Z = j\omega L$ 表示。

从图 4-10（d）相量图可以看出电感上的电流滞后电压 90°。

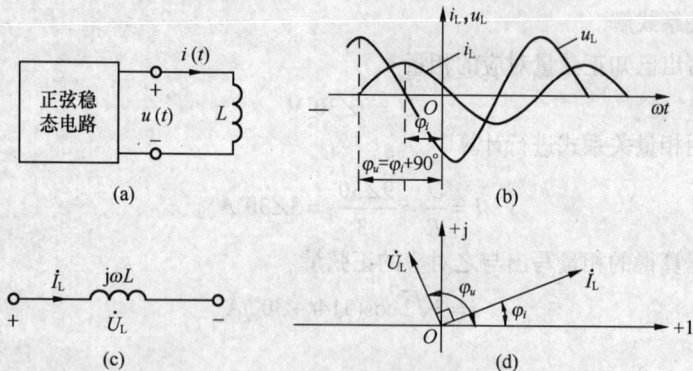

图 4-10　正弦稳态电路电感元件电压电流瞬时关系、相量模型、相量图

4.5.3　电容元件

电容元件与电感元件存在对偶关系。

先看电容元件电压、电流的关系，然后导出电容元件电压与电流关系的相量形式。

如图 4-11（a）所示，设电容元件两端的电压为

$$u_C(t) = U_m \cos(\omega t + \phi_u) \qquad (4\text{-}19)$$

当 $u_L(t)$、$i_L(t)$ 为关联方向时，由电容元件的伏安关系有

$$
\begin{aligned}
i_C(t) &= C\frac{\mathrm{d}u_C(t)}{\mathrm{d}t} \\
&= -\omega C U_{Cm} \sin(\omega t + \phi_u) \\
&= \omega C U_{Cm} \cos(\omega t + \phi_u + 90°) \\
&= I_{Cm} \cos(\omega t + \phi_i)
\end{aligned}
$$

$u_C(t)$、$i_C(t)$ 的波形图如图 4-11（b）所示。

综上可总结以下关系式

$$I_{Cm} = \omega C U_{Cm} = \frac{U_{Cm}}{X_C}$$

$$I_C = \frac{U_C}{X_C}$$

$$\phi_i = \phi_u + 90°$$

式中 $X_C = \dfrac{1}{\omega C}$ 称为电容元件的容抗。容抗是频率的函数，频率越高，容抗越小。对直流而言，因频率 ω 为零，所以容抗为无穷，此时电容元件被视为断路。

当 ω 单位为弧度/秒（rad/s），C 单位为法拉（F）时，$X_C = \dfrac{1}{\omega C}$ 单位是欧姆（Ω）。

用相量来表示电路中电容元件的伏安关系。

若 $\dot{I}_C = I_C \angle \phi_i$，则

$$\dot{U}_C = X_C \dot{I}_C \angle \phi_i - 90° = -\mathrm{j}X_C \dot{I}_C = Z_C \dot{I}_C$$

所以

$$\dot{I} = \mathrm{j}\omega C \dot{U} \qquad (4\text{-}20)$$

式（4-20）就是电容元件伏安关系的相量形。式中 $Z_C = \dfrac{1}{\mathrm{j}\omega C} = -\mathrm{j}X_C$，称为复容抗，是电容元件对电路呈现的复阻抗。电容元件的相量模型、相量图如图 4-11（c）、（d）所示。从图 4-11（d）中可以看出电容上的电流超前电压 90°。

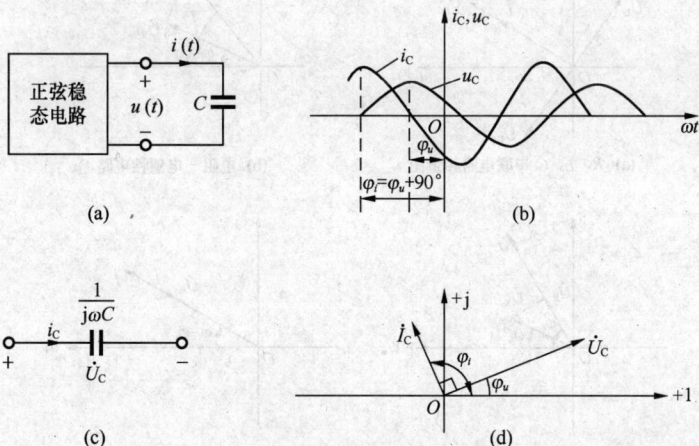

图 4-11　正弦稳态电路电容元件电压电流瞬时关系、相量模型、相量图

电容元件相量模型为复阻抗 $Z = \dfrac{1}{j\omega C}$。

4.6 正弦交流电路的分析计算——阻抗和导纳

将电阻、电感、电容元件串联、并联或混合结合便构成各种形式电路。电路形式不同，其电路的性质也各不相同，下面分别进行讨论。

4.6.1 RLC串联电路分析——阻抗

1. 复阻抗 阻抗

对于任何复杂的正弦交流电路，其端口电压相量、电流相量的比值可以表达为

$$Z = \frac{\dot{U}}{\dot{I}} = \frac{\dot{U}_m}{\dot{I}_m} = \frac{U}{I} \angle \phi_u - \phi_i = z \angle \phi \tag{4-21}$$

式中 Z 称为端口复阻抗，如图 4-12（a）所示。

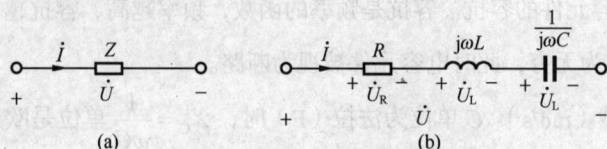

图 4-12 R、L、C 串联电路

其模值等于电压与电流的最大值或有效值的比值，该比值称为电路阻抗，用 z 表示。复阻抗的幅角等于电压的初相角减去电流的初相角，用 ϕ 表示。

2. R、L、C 串联电路分析

图 4-12（b）给出的是 RLC 串联电路，它们的相量图如图 4-13 所示。根据 KVL，

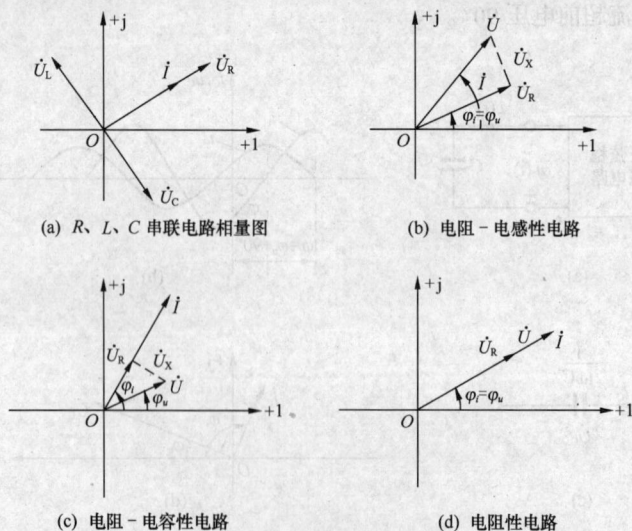

(a) R、L、C 串联电路相量图

(b) 电阻-电感性电路

(c) 电阻-电容性电路

(d) 电阻性电路

图 4-13 R、L、C 串联电路相量图

$$\dot{U} = \dot{U}_R + \dot{U}_L + \dot{U}_C = \dot{I}\left[R + j\omega L + \frac{1}{j\omega C}\right] = \dot{I}Z \tag{4-22}$$

式（4-22）中

$$Z = R + j\left(\omega L - \frac{1}{\omega C}\right) \tag{4-23}$$

$$= \sqrt{R^2 + \left(\omega L - \frac{1}{\omega C}\right)^2} \angle \arctan\frac{\omega L - \frac{1}{\omega C}}{R}$$

$$= z\angle\phi$$

$$z = \sqrt{R^2 + \left(\omega L - \frac{1}{\omega C}\right)^2} \quad \text{称为阻抗值,}$$

$$\phi = \arctan\frac{\omega L - \frac{1}{\omega C}}{R} \quad \text{称为阻抗角。}$$

又由 $Z = \dfrac{\dot{U}}{\dot{I}} = \dfrac{U}{I}\angle\phi_u - \phi_i$ 得出

$$z = \frac{U}{I}$$

$$\phi = \phi_u - \phi_i$$

从式（4-23）可以看出，复阻抗 Z 完全取决于元件的参数和电路的频率，而与电路的电压、电流大小无关，它的实部是电路的电阻 R，虚部是感抗 X_L 与容抗 X_C 的差值，称为电路的电抗，用 X 表示，即

$$X = \omega L - \frac{1}{\omega C} = X_L - X_C$$

在电路参数一定的情况下，电路频率变化使得电抗和阻抗随之变化，电路电抗的变化会出现以下几种情况。

（1）若 $X_L > X_C$，即 $U_L > U_C$，则该串联电路 $\phi_u > \phi_i$，电路阻抗角大于零，电压相位超前电流，这种电路可等效为电阻和电感元件串联的形式，故称为电阻—电感性电路（简称感性电路），其相量图如图 4-13（b）所示。

（2）若 $X_C > X_L$，即 $U_C > U_L$，则该串联电路 $\phi_u < \phi_i$，电路阻抗角小于零，电流相位超前电压，这种电路可等效为电阻和电容元件串联的形式，故称为电阻—电容性电路，其相量图如图 4-13（c）所示。

（3）若 $X_L = X_C$，即 $U_L = U_C$，这时 $\dot{U}$ 与 $\dot{I}$ 同相，$\phi_i = \phi_u$，阻抗角等于零，电路呈纯电阻性，其相量如图 4-13（d）所示。这种情况称为串联谐振。

（4）$z = \sqrt{R^2 + \left(\omega L - \dfrac{1}{\omega C}\right)^2}$，式中 z、R 及 $\left(\omega L - \dfrac{1}{\omega C}\right)$ 三者数值关系构成一个直角三角形，如图 4-14 所示，图 4-14（a）为感性电路，图 4-14（b）为容性电路。由于此三角形表达了电路的阻抗数值关系，所以被称为阻抗三角形。

（5）同理，$U = Iz = I\sqrt{R^2 + \left(\omega L - \dfrac{1}{\omega C}\right)^2} = \sqrt{U_R^2 + (U_L - U_C)^2}$，式中 U、U_R 及 $(U_L - U_C)$ 三者数值关系也可以构成一个直角三角形，如图 4-15 所示，称之为电压三角形。

【例 4-12】已知 R、L、C 串联电路如图 4-16（a）所示，其中 $R = 15\Omega$，$L = 12\text{mH}$，$C = 5\mu\text{F}$，

端电压 $u = 100\sqrt{2}\sin 5\,000t\,V$。试求电路中的电流和各元件上的电压的瞬时值表达式。

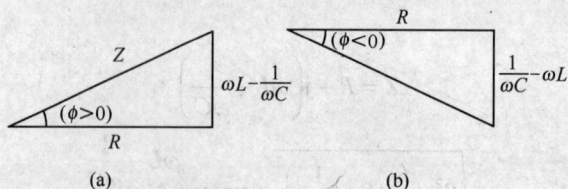

图 4-14 串联电路阻抗三角形

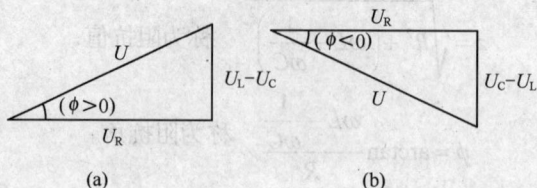

图 4-15 串联电路电压三角形

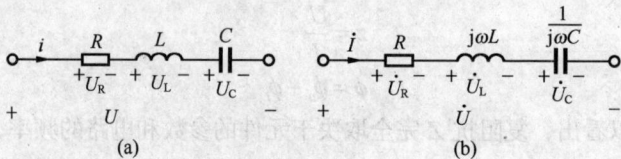

图 4-16 例 4-12 图 R、L、C 串联电路

解：用相量法。

先写出已知正弦量的相量以及电路的阻抗。

电路的电压相量为

$$\dot{U} = 100\angle 0°\,V$$

电路的复阻抗为

$$
\begin{aligned}
Z &= R + j\left(\omega L - \frac{1}{\omega C}\right) \\
&= 15 + j\left(5\,000 \times 12 \times 10^{-3} - \frac{1}{1000 \times 5 \times 10^{-6}}\right) \\
&= 15 + j(60 - 40) \\
&= 15 + j20 \\
&= 25\angle 53.13°\,\Omega
\end{aligned}
$$

设电路中的电流相量为 $\dot{I}$，根据式（4-21）得

$$\dot{I} = \frac{\dot{U}}{Z} = \frac{100\angle 0°}{25\angle 53.13°} = 4\angle -53.13°\,A \quad （电流滞后电压 53.13°）$$

各元件上的电压相量分别为

$$\dot{U}_R = R\dot{I} = 15 \times 4\angle -53.13° = 60\angle -53.13°\,V$$

$$\dot{U}_L = j\omega L\dot{I} = j60 \times 4\angle -53.13° = 240\angle 36.87°\,V$$

$$\dot{U}_C = -j\frac{1}{\omega C}\dot{U} = -j40 \times 4\angle -53.13° = 160\angle -143.13°\,V$$

根据已求得的电流、电压的相量，可以求出它们对应的正弦量瞬时值表达式分别为

$$i = 4\sqrt{2}\sin(5\,000t - 53.13°)\text{A}$$

$$u_R = 60\sqrt{2}\sin(5\,000t - 53.13°)\text{V}$$

$$u_L = 240\sqrt{2}\sin(5\,000t + 36.87)\text{V}$$

$$u_C = 160\sqrt{2}\sin(5\,000t - 143.13°)\text{V}$$

4.6.2　*RLC* 并联电路分析——导纳

1．复导纳和导纳

正弦交流电路的端口除了用复阻抗 $Z = \dfrac{\dot{U}}{\dot{I}}$ 表示外，还可以用复导纳的形式，即

$$Y = \frac{\dot{I}}{\dot{U}} = \frac{I}{U}\angle\phi_i - \phi_u = y\angle\phi_y , \quad \left(Y = \frac{1}{Z}\right) \tag{4-24}$$

式中 Y 为端口的复导纳，如图 4-17（a）所示。y 为复导纳 Y 的模值，它等于电路的电流与电压最大值或有效值的比值，称之为电路的导纳，复导纳的幅角 ϕ_y 等于电流的初相角减去电压的初相角。

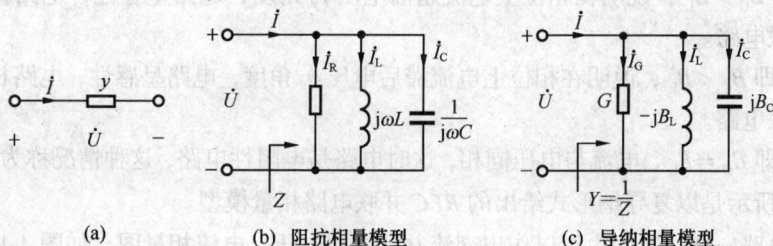

(a)　　　(b) 阻抗相量模型　　　(c) 导纳相量模型

图 4-17　R、L、C 并联电路

2．*RLC* 并联电路分析

如图 4-17（b）所示，各支路电流、电压的关系式为

$$\dot{I} = \dot{I}_R + \dot{I}_L + \dot{I}_C$$

$$= \frac{\dot{U}}{R} + \frac{\dot{U}}{j\omega L} + \frac{\dot{U}}{\dfrac{1}{j\omega C}}$$

$$= \dot{U}\left[\frac{1}{R} + j\left(\omega C - \frac{1}{\omega L}\right)\right] \tag{4-25}$$

$$= \dot{U}[G + j(B_C - B_L)]$$

$$= \dot{U}Y$$

其中

$$Y = G + j(B_C - B_L)$$

$$= \sqrt{G^2 + (B_C - B_L)^2}\angle\arctan\frac{B_C - B_L}{G}$$

$$= y\angle\phi_y$$

$y = \sqrt{G^2 + (B_C - B_L)^2}$ 为导纳值，$\phi_y = \arctan\dfrac{B_C - B_L}{G}$ 为导纳角，与阻抗角的关系为 $\phi_y = -\phi$，$B_L = \dfrac{1}{\omega L}$ 为感纳，$B_C = \omega C$ 为容纳。

又由 $Y = \dfrac{\dot{I}}{\dot{U}} = \dfrac{I}{U}\angle\phi_i - \phi_u$，得出

$$y = \dfrac{I}{U}$$
$$\phi_y = \phi_i - \phi_u$$

从式（4-25）可以看出，复导纳 Y 完全取决于元件的参数和电源的频率，而与电路的电压、电流的大小无关，它的实部是电路的电导 G，虚部是容纳 B_C 与感纳 B_L 的差值，称为电路的电纳，用 B 表示

$$B = \omega C - \dfrac{1}{\omega L}$$

复导纳、容纳及电纳的单位都是西门子（S）。

在电路参数一定的情况下，电路频率变化使得容纳和感纳随之变化，而电路电纳、导纳角 $\phi_y = \arctan\dfrac{B_C - B_L}{G}$ 可能出现以下 3 种情况。

（1）$\phi_y > 0$，$B_C > B_L$，说明在相位上电流超前电压 ϕ_y 角度，电路呈容性，电路相当于电阻和等效电容的并联电路。

（2）$\phi_y < 0$，即 $B_C < B_L$，说明在相位上电流滞后电压 ϕ_y 角度，电路呈感性，电路相当于电阻与等效电感的并联电路。

（3）$\phi_y = 0$，即 $B_C = B_L$，电流与电压同相，这时电路是电阻性电路，这种情况称为并联谐振。

图 4-17（c）所示是以复导纳形式给出的 RLC 并联电路相量模型。

与交流串联电路一样，我们也可以作出交流并联电路电压、电流相量图，如图 4-18 所示。

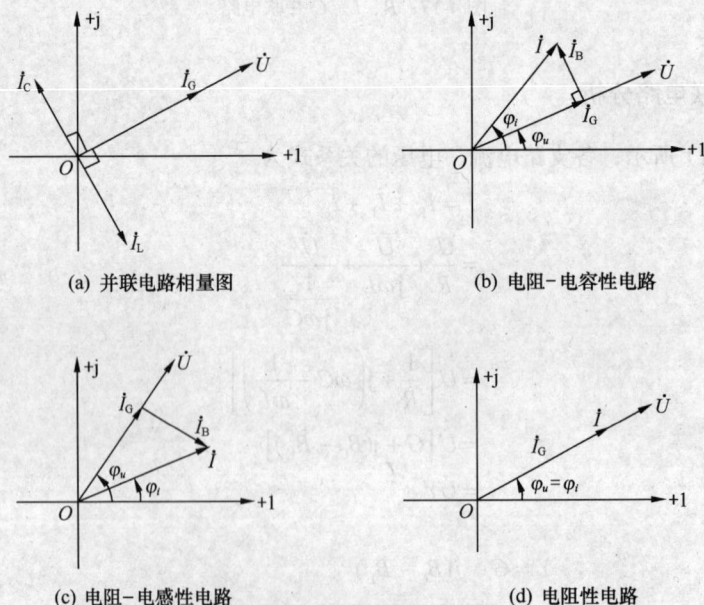

(a) 并联电路相量图　　　　　　　　　　(b) 电阻-电容性电路

(c) 电阻-电感性电路　　　　　　　　　　(d) 电阻性电路

图 4-18　RLC 并联电路相量图

显然，y、G、(B_C-B_L) 三者数值关系也可构成一个直角三角形，如图 4-19（a）所示，该三

角形称为导纳三角形。在导纳三角形的各边同乘以 U，便可得到 I、I_G、I_B 三边构成的电流三角形，如图 4-19（b）所示。导纳三角形与电流三角形是相似三角形。

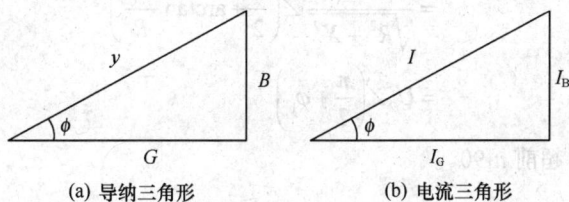

(a) 导纳三角形　　　　　(b) 电流三角形

图 4-19　并联电路导纳三角形、电流三角形

【例 4-13】 电路如图 4-20（a）所示，已知 $G=1s$，$L=2H$，$C=0.5F$，$i_s = 3\sqrt{2}\cos 2t A$，求 I_G、U_o。

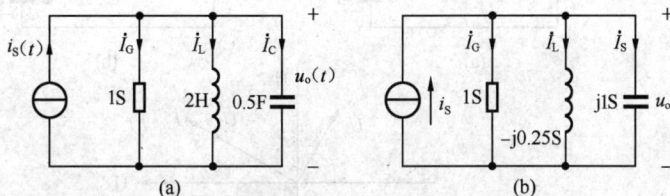

图 4-20　例 4-13 图

解：（1）作出相量模型如图 4-20（b）所示。

$$jB_C = j\beta\omega C = j1s, \quad -jB_L = \frac{1}{j\omega L} = -j0.25s$$

$$\dot{I}_S = 3\angle 0^\circ$$

（2）计算。

$$Y = G + j(B_C - B_L) = 1 + j1 - j0.25 = 1.25\angle 36.9^\circ s$$

$$\dot{U}_o = \frac{\dot{I}_S}{Y} = \frac{3\angle 0^\circ}{1.25\angle 36.9^\circ} = 2.4\angle -36.9^\circ V$$

$$\dot{I}_G = \dot{U}_o G = 2.4\angle -36.9^\circ A$$

$$U_o = 2.4\sqrt{2}\cos(2t - 36.9^\circ)V$$

$$i_G = 2.4\sqrt{2}\cos(2t - 36.9^\circ)A$$

$$\varphi_y = \varphi_i - \varphi_u = 36.9^\circ$$

电压滞后电流 36.9°，该电路具有电阻—电容性质。

【例 4-14】 电路如图 4-21（a）所示，求 u_1、u_2 的相位差。

解： 作出该电路相量模型如图 4-21（b）所示。

$$\dot{I} = \frac{\dot{U}}{R - jX_C}$$

$$\dot{U}_1 = \dot{I}R = \frac{\dot{U}R}{R - jX_C}$$

$$= \frac{U_R}{\sqrt{R^2 + X_C^2}}\angle\arctan\frac{X_C}{R}$$

$$= U_1\angle\varphi_1$$

$$\dot{U}_2 = -\dot{I}(-jX_C) = \frac{\dot{U}}{R - jX_C} \cdot jX_C$$

$$= \frac{U \cdot X_C}{\sqrt{R^2 + X_C^2}} \angle \left(\frac{\pi}{2} + \arctan \frac{X_C}{R} \right)$$

$$= U_2 \angle \left(\frac{\pi}{2} + \varphi_1 \right)$$

由以上计算可知 u_2 超前 u_1 90°。

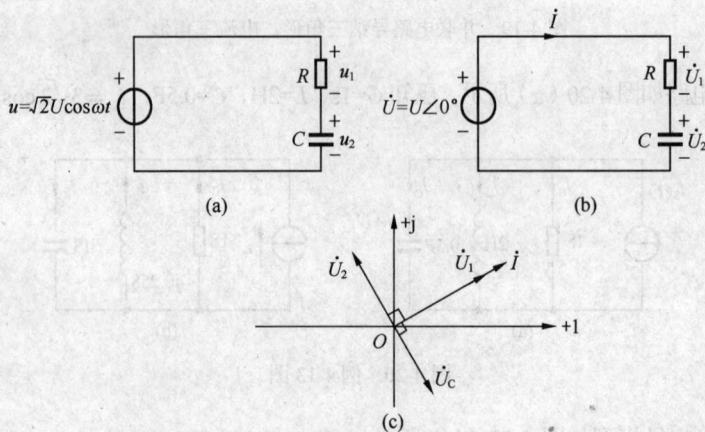

图 4-21 例 4-14 图

4.6.3　一般正弦交流电路的分析计算

由前面的讨论可知，在正弦稳态电路分析中，只要把正弦交流电路用相量模型表示，根据电路定律的相量形式，直流电阻电路所有的电路定理、电路定律以及网络分析方法都能直接用于正弦稳态电路分析，只是在分析过程中由代数运算变成了复数运算。这种对电路相量模型进行分析的方法称为相量分析法，相量分析法是正弦稳态电路的主要分析方法。本节将讨论相关内容。

1．复阻抗的串联和并联

正弦交流电路的分析计算，在应用相量法后，形式上完全与电阻电路一样，复阻抗可以与电阻对应，复导纳可以与电导对应。

例如：几个复阻抗串联的电路如图 4-22（a）所示，其等效复阻抗为：

$$Z = Z_1 + Z_2 + Z_3 + \cdots + Z_n$$

若几个复导纳并联电路，如图 4-22（b）所示，其等效复导纳为：

$$Y = Y_1 + Y_2 + Y_3 + \cdots + Y_n$$

当只有两个复阻抗并联时，如图 4-22（c）所示，其等效复阻抗为：

$$Z = \frac{Z_1 Z_2}{Z_1 + Z_2}$$

根据相量形式的 KCL 和 KVL 便可导出相量形式的分压、分流关系。图 4-23（a）、（b）分别为两个阻抗元件的串联和并联电路，由图 4-23（a）可得分压规律为：

$$\dot{U}_1 = \dot{U}\frac{Z_1}{Z_1 + Z_2} \qquad \dot{U}_2 = \dot{U}\frac{Z_2}{Z_1 + Z_2}$$

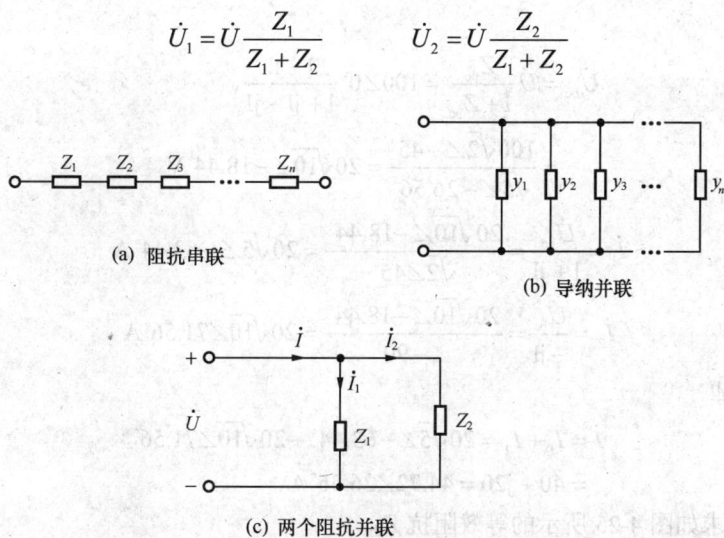

(a) 阻抗串联

(b) 导纳并联

(c) 两个阻抗并联

图 4-22　阻抗、导纳的串、并联

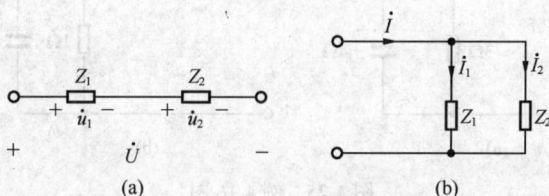

图 4-23　两阻抗元件的分压、分流关系

由图 4-23（b）可得分流规律为：

$$\dot{I}_1 = \dot{I}\frac{Z_2}{Z_1 + Z_2} \qquad \dot{I}_2 = \dot{I}\frac{Z_1}{Z_1 + Z_2}$$

相量形式的分流、分压公式与直流电阻电路完全相同，只是直流电路中进行的是代数运算，而交流电路中则是复数运算。

2. 运用相量法分析正弦交流电路的一般步骤

（1）作出电路的相量模型，即将电路中的电压、电流都写成相量形式，每个元件用复阻抗或复导纳表示。

（2）仿照直流电路的分析方法，应用复数的运算法则，求得待求正弦量的相量。

（3）根据求得的相量，写出与之对应的正弦量。

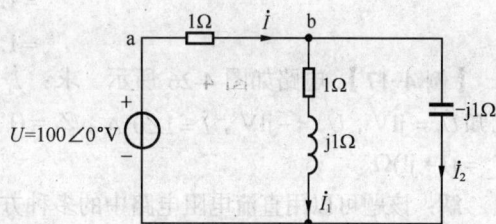

图 4-24　例 4-15 图

【例 4-15】电路如图 4-24 所示，求：$\dot{I}_1$、$\dot{I}_2$、$\dot{I}$。

解：

$$Z_{bc} = \frac{(1 + j1)\cdot(-j1)}{1 + j1 - j1} = 1 - j1\,\Omega$$

由分压公式得

$$\dot{U}_{bc} = \dot{U}\frac{Z_{bc}}{1+Z_{bc}} = 100\angle 0°\frac{1-j1}{1+j1-j1}$$

$$= \frac{100\sqrt{2}\angle -45°}{\sqrt{5}\angle -26.56°} = 20\sqrt{10}\angle -18.44°\,V$$

$$\dot{I}_1 = \frac{\dot{U}_{bc}}{1+j1} = \frac{20\sqrt{10}\angle -18.44°}{\sqrt{2}\angle 45°} = 20\sqrt{5}\angle -63.44°\,A$$

$$\dot{I}_2 = \frac{\dot{U}_{bc}}{-j1} = \frac{20\sqrt{10}\angle -18.44°}{\angle -90°} = 20\sqrt{10}\angle 71.56°\,A$$

根据节点电流定律

$$\dot{I} = \dot{I}_1 + \dot{I}_2 = 20\sqrt{5}\angle -63.44° + 20\sqrt{10}\angle 71.56°$$

$$= 40 + j20 = 44.72\angle 26.56°\,A$$

【例 4-16】 求如图 4-25 所示的等效阻抗 Z_{ab}。

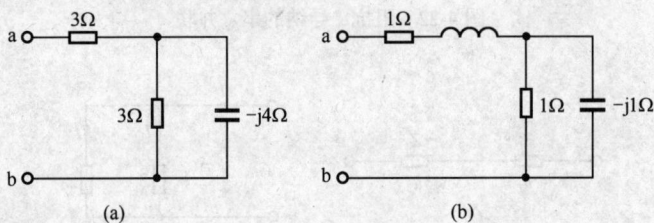

图 4-25 例 4-16 图

解：图 4-25（a）中，

$$Z_{ab} = 3 + \frac{3\times(-j4)}{3-j4}$$

$$= 4.92 - j1.44$$

$$= 5.13\angle -16.3°\,\Omega$$

图 4-25（b）中，

$$Z_{ab} = 1 + j1 + \frac{-j1}{1-j1}$$

$$= 1.5 + j0.5$$

$$= 1.58\angle 18.43°\,\Omega$$

【例 4-17】 电路如图 4-26 所示，求：$\dot{I}_1$、$\dot{I}_2$。已知 $\dot{U}_1 = j1V$，$\dot{U}_2 = -j1V$，$\dot{I} = 1\angle 0°A$，$Z_1 = (1-j1)\Omega$，$Z_2 = (1+j1)\Omega$。

解：该题可以用直流电阻电路中的多种方法来求解，下面分别讨论。

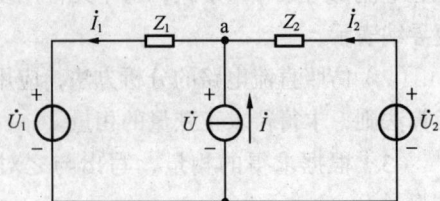

图 4-26 例 4-17 图

（1）支路电流法

设支路电流如图 4-26 所示，列 KVL、KCL 方程

$$\begin{cases} Z_1\dot{I}_1 = \dot{U} - \dot{U}_1 & (1) \\ Z_2\dot{I}_2 = \dot{U}_2 - \dot{U} & (2) \\ \dot{I}_1 - \dot{I}_2 = \dot{I} & (3) \end{cases}$$

解得

$$\dot{I}_1 = \frac{1}{2} - j\frac{1}{2} = \frac{\sqrt{2}}{2} \angle -45°\,A$$

$$\dot{I}_2 = -\frac{1}{2} - j\frac{1}{2} = \frac{\sqrt{2}}{2} \angle -135°\,A$$

（2）叠加定理

将图 4-26 所示电路分解为两个分电路，如图 4-27 所示。

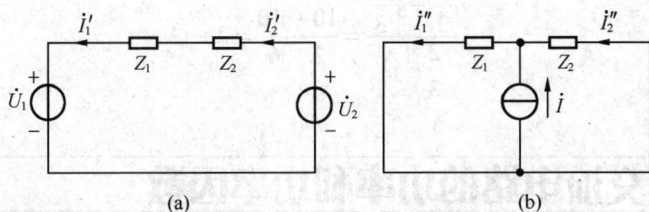

图 4-27　用叠加定理分解的图

在图 4-27（a）中，

$$\dot{I}' = \frac{\dot{U}_2 - \dot{U}_1}{Z_1 + Z_2} = \frac{-j1 - j1}{1 - j1 + 1 + j1} = \frac{-j2}{2} = -j1\,A$$

在图 4-27（b）中，用分流公式求 $\dot{I}_1''$，$\dot{I}_2''$

$$\dot{I}_1'' = \dot{I}\frac{Z_2}{Z_1 + Z_2} = \frac{1 + j1}{1 - ji + 1 + j1} = \frac{1}{2} + j\frac{1}{2} = \frac{\sqrt{2}}{2} \angle 45°\,A$$

$$\dot{I}_2'' = -\dot{I}\frac{Z_1}{Z_1 + Z_2} = -1 \times \frac{1 - j1}{1 + j1 + 1 - j1} = -\frac{1}{2} + j\frac{1}{2} = \frac{\sqrt{2}}{2} \angle 135°\,A$$

所以

$$\dot{I}_1 = \dot{I}_1' + \dot{I}_1'' = -j1 + \frac{1}{2} + j\frac{1}{2} = \frac{\sqrt{2}}{2} \angle -45°\,A$$

$$\dot{I}_2 = \dot{I}_2' + \dot{I}_2'' = -j1 - \frac{1}{2} + j\frac{1}{2} = \frac{\sqrt{2}}{2} \angle -135°\,A$$

【例 4-18】　电路的相量模型如图 4-28 所示，试用戴维南定理求解 $\dot{I}$。

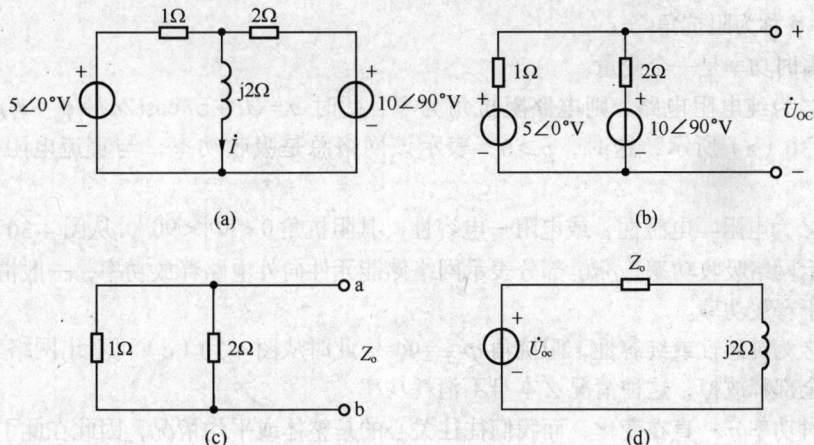

图 4-28　例 4-18 图

解：（1）根据图 4-28（b）所示电路求戴维南等效电路的开路电压 $\dot{U}_{oc}$，

$$\dot{U}_{oc} = \frac{5-j10}{3} \times 2 + j10 = \frac{10}{3} + j\frac{10}{3} V$$

（2）根据图 4-28（c）求等效阻抗 Z_o，

$$Z_o = \frac{1 \times 2}{1+2} = \frac{2}{3} \Omega$$

（3）根据求出的戴维南等效电路如图 4-28（d）所示，求得

$$\dot{I} = \frac{\dfrac{10}{3} + j\dfrac{10}{3}}{\dfrac{2}{3} - j2} = \frac{10 + j10}{2 + j6} = 2 - jA$$

4.7 正弦交流电路的功率和功率因数

本节讨论正弦稳态电路的功率和能量。传递能量是电路的一项重要任务。在正弦稳态电路中，功率是一个随时间变化的量。而在实际工程中，电路消耗的功率、存储的功率以及电路利用电能的效率和设备的容量等是不能用功率瞬时值来衡量的。为此，我们要引入功率的新内容。

4.7.1 有功功率

1. 瞬时功率 p

如图 4-29 所示，无源单口网络 N_0，其等效阻抗为 $Z = R + jX$，外加电压和电流取关联参考方向，设 $i = I_m \cos(\omega t + \phi_i)$，$u = U_m \cos(\omega t + \phi_u)$，则该电路瞬时吸收的功率 p 为

$$
\begin{aligned}
p &= u \cdot i \\
&= U_m \cos(\omega t + \phi_u) \cdot I_m \cos(\omega t + \phi_i) \\
&= \frac{1}{2} U_m I_m \left[\cos(\phi_u - \phi_i) + \cos(2\omega t + \phi_u + \phi_i) \right] \\
&= UI \cos\Phi + UI \cos(2\omega t + \phi_u + \phi_i)
\end{aligned}
$$

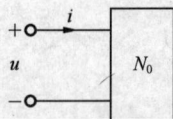

图 4-29　无源单口网络

$\Phi = \phi_u - \phi_i$ 称为阻抗角。

显然，瞬时功率是一个变量。

（1）若 Z 为纯电阻电路，则电路阻抗角为零，此时 $p = UI + UI \cos(2\omega t + \phi_u + \phi_i)$ 作出 $p - \omega t$ 曲线如图 4-30（a）所示，这时，$p \geq 0$，表示该网络总是吸收功率，与直流电阻电路功率情况相同。

（2）若 Z 为电阻—电感性，或电阻—电容性，其阻抗角 $0 < |\Phi| < 90°$，从图 4-30（b）中看出 $p>0$ 部分表示网络吸收功率，$p<0$ 部分表示网络储能元件向外电路释放功率，一般情况下，网络吸收功率大于释放功率。

（3）若 Z 为纯感性或纯容性，阻抗角 $\Phi = \pm90°$，此时从图 4-30（c）可看出网络先吸收功率，然后又向外全部释放掉，这种情况 Z 本身不消耗功率。

由于瞬时功率 p 一直在变化，而我们往往关心的是整体或平均情况，因此在此引入有功功率的概念。

(a) 电阻性电路瞬时功率

(b) 电阻-电感或电阻-电容电路瞬时功率

(c) 电抗性电路瞬时功率

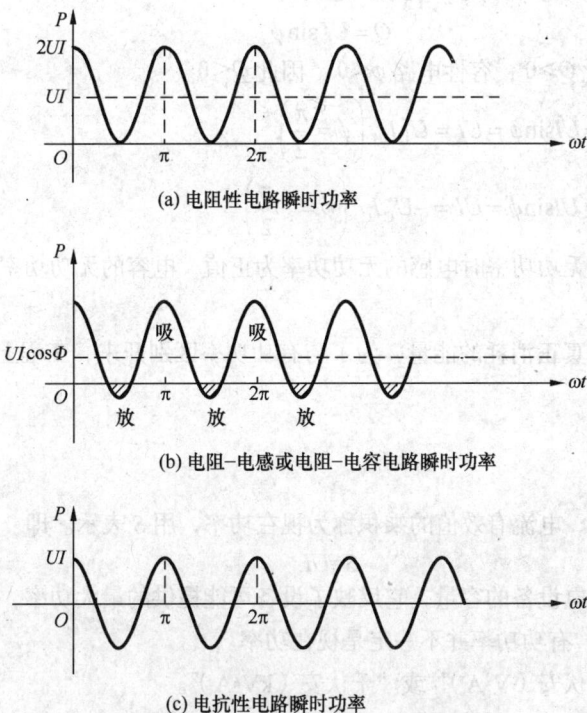

图 4-30　多元件电路瞬时功率

2．有功功率 P（又叫平均功率）

有功功率是指瞬时功率在一个周期内的平均值。通常把有功功率称为正弦交流电路的功率，用 P 表示。

$$P = \frac{1}{T}\int_0^T p(t)\mathrm{d}t = \frac{1}{T}\int_0^T \left[UI\cos\phi_u - UI\cos(2\omega t + \phi_u)\right]\mathrm{d}t \tag{4-26}$$
$$= UI\cos\phi$$

式中 $\cos\phi$ 为无源二端电路的功率因数。由于 $\cos\phi$ 是偶函数，$0<\cos\phi<1$，功率因数的值取决于电压与电流的相位差，$\phi = |\phi_u - \phi_i|$，ϕ 也叫功率因数角，它与单口网络的阻抗角相等。

对多元件正弦交流电路，等效阻抗 $Z = R + \mathrm{j}X$，有功功率是指在等效电阻 R 上吸收的功率，或者说有功功率是该电路中所有电阻上吸收的功率之和。因此，求有功功率有两种办法：

（1）$P = UI\cos\phi$

（2）$P = \sum_{k=1}^{n} I_k^2 R_k$

其中 I_k 为第 k 条支路电流的有效值，R_k 为第 k 条支路的电阻值。

4.7.2　无功功率和视在功率

1．无功功率

为衡量储能元件储存和交换能量的情况，引入无功功率概念，它实际上表达了储能元件与电

源之间进行能量交换的最大速率，用 Q 表示，定义为

$$Q = UI \sin \phi$$

感性电路 $\varphi > 0$，因此 $Q > 0$；容性电路 $\varphi < 0$，因此 $Q < 0$。

对于电感元件，$Q_L = UI\sin\phi = UI = U_L I_L \left(\phi = \dfrac{\pi}{2} \right)$

对于电容元件，$Q_C = UI\sin\phi = UI = -U_C I_C \left(\phi = -\dfrac{\pi}{2} \right)$

在同一电路中，求总无功功率时电感的无功功率为正值，电容的无功功率为负值，两者代数和即为电路总无功功率。

由于无功功率不代表真正消耗的能量，为了与有功功率区别开来，工程上采用"乏（var）"作其单位。

2．视在功率

通常将电路的端电压、电流有效值的乘积称为视在功率，用 S 表示。即

$$S = UI$$

视在功率表示发、配电设备的容量，它反映了设备可能提供的最大功率，但实际向负载提供的平均功率与 $\cos\varPhi$ 有关，有功功率并不一定是视在功率。

视在功率的单位用"伏安（V·A）"或"千伏安（kV·A）"。

若一个线性无源单口网络用电阻和电抗的串联组合来等效，如图 4-31 所示，则根据串联电路的电压三角形有：

$$U_R = U \cos \varPhi \ , \ U_X = U \sin \varPhi$$

它们可以看成电压 U 的两个分量，U_R 与电流 I 同相，称之为有功分量，U_X 与电流 I 正交，称之为无功分量，将它们分别乘以电流的有效值 I，就可以得到电路的有功功率 P、无功功率 Q 和视在功率 S：

$$\begin{aligned} P &= IU_R = UI \cos \varPhi \\ Q &= IU_X = UI \sin \varPhi \\ S &= UI \end{aligned}$$

（4-27）

由 P、Q、S 三者构成一个与电压三角形相似的三角形，称为功率三角形。S 与 P 之间的夹角就是前面说的功率因数角，即阻抗角，如图 4-32 所示。

图 4-31　线性无源单口网络

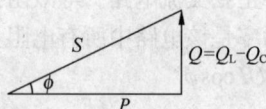

图 4-32　串联电路功率三角形

4.7.3　功率因数

电路的功率因数等于电路的有功功率与视在功率之比。它说明了电源功率被利用的程度，符号用 λ 表示，即

$$\lambda = \frac{P}{S} = \cos\phi$$

（4-28）

端钮电压与电流之间的相位差角 ϕ 又称为功率因数角。

（1）对纯电阻性电路，电压与电流同相，$\phi = 0$，即 $\cos\phi = 1$，该电路 $P = UI\cos\phi = UI = S$，$Q = UI\sin\phi = 0$，这种情况电源发出的能量全部被负载利用，有功功率与视在功率相等，无功功率为零。

（2）对纯电抗性电路（指纯电感性或纯电容性），$\phi = \pm\dfrac{\pi}{2}$，$\cos\phi = 0$，$\sin\phi = 1$，该电路 $P = 0$，$Q = \pm UI = S$，这种情况负载与电源之间只进行能量交换，并不真正消耗电能，因此，有功功率为零。

在电力系统中，为充分利用电能，发电机提供的视在功率要尽可能地转为负载的有功功率，因而，功率因数就成为重要的参考指标。在实际中，通常通过调整电抗元件参数来提高电路的功率因数，使电源供出的视在功率尽可能多地转换为有功功率。

【例 4-19】 电路如图 4-33 所示，$i_s = 10\cos10^3 t\,(\text{mA})$，求该电路的有功功率 P，无功功率 Q，视在功率 S 及功率因数 $\cos\phi$。

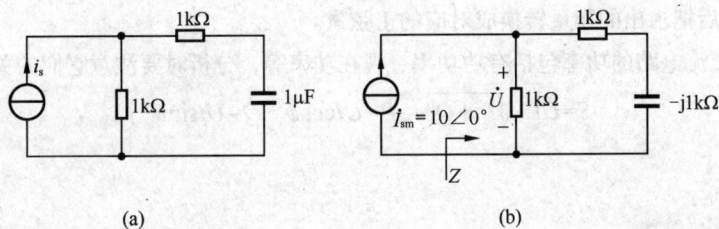

图 4-33　例 4-19 图

解： 先作出相量模型如图 4-33（b）所示，

$$Z = \frac{1 - j1}{2 - j1} = \frac{(1 - j1)(2 + j1)}{5} = 0.6 - j0.2 = 0.632\angle -18.4°\,\text{k}\Omega$$

$$P = I^2 R = \left(\frac{10}{\sqrt{2}} \times 10^{-3}\right)^2 \times 0.6 \times 10^3 = 30\,\text{mW}$$

$$Q = Q_C = -I^2 \cdot X = -\left(\frac{10}{\sqrt{2}} \times 10^{-3}\right)^2 \times 0.2 \times 10^3 = -10 \times 10^{-3}\,\text{var}$$

$$S = \sqrt{P^2 + Q^2} = \sqrt{30^2 + 10^2} = 31.62 \times 10^{-3}\,\text{VA}$$

$$\cos\phi = \cos18.4° = 0.95$$

小结

1．正弦稳态电路是指电路中的激励和响应均按正弦规律变化的电路，只要知道了最大值（或有效值）、频率、初相角就能确定一个正弦量，故三者称为正弦交流电的三要素，它们表达了正弦交流电的主要特征。

2．同频率正弦量之间比较变化进程的量是它们之间的相位差角，相位差等于两个同频率正弦交流电初相角之差。

3. 用一个复数表示一个正弦交流电流，复数的模值等于正弦交流电的最大值（或有效值），幅角等于正弦交流电的初相角，这个复数称为对应正弦交流电的相量，在分析计算正弦交流电路时，将所有同频率正弦量转换成与之对应的相量，按照复数的运算法则，可将烦琐的三角运算变为复数的代数运算，这种方法称为正弦交流电路的相量法。

4. 运用相量法，电阻、电感、电容元件的电流与电压要用相量来表示，这样，正弦交流电路就可以用直流电路的方法来处理，只不过电流、电压要用相量，而且要特别注意理解感抗、容抗的含义，这也是正弦交流电路的一个重要特点。

5. RLC 串联电路和 RLC 并联电路是正弦交流电路的两个典型电路，要求掌握电路的电压与电流的关系，以及功率的关系。

6. 正弦稳态电路的感抗和容抗都是频率的函数，当电路参数一定时，其电路性质随着频率的变化而变化，分别会呈现感性或容性或电阻性。

7. 计算正弦交流电路时要应用相量法建立相量模型，然后套用直流电路规律分析、计算各电流相量或电压相量，最后把求出的相量转换成对应的正弦量。

8. 正弦稳态交流电路的功率包括有功功率、视在功率等，分析时要注意它们的关系。

$$S=UI=\sqrt{P^2+Q^2} \quad P=UI\cos\phi \quad Q=UI\sin\phi$$

习题 4

一、填空题

1. 正弦交流电的三要素是_____，相量法讨论正弦稳态交流电路的好处是_____。

2. 正弦电流 $i = 0.2\cos(10^3\pi t + 30°)$A 的周期是_____，频率是_____，角频率是_____，初相位是_____。

3. 如果 I_1、I_2、I_3 分别为汇聚正弦交流电路某节点的 3 个正弦交流电流的有效值，这 3 个有效值满足_____定律。

4. 设电压 $u = 50\cos(314t + 45°)$，若将纵轴坐标左移 60°，其表达式为_____，右移 60°，其表达式为_____。

5. 在正弦稳态交流电路中，对于单一元件，判断以下各式的正确与否。（填正确或不正确）

（1）$i_C = \dfrac{u_C}{X_C}$（　　）　　（2）$u_L = j\omega L\dot{I}$（　　）

（3）$I_C = \omega C U_C$（　　）　　（4）$\dot{I}_L = -j\dfrac{U_L}{X_L}$（　　）

6. 在 RLC 串联电路中，阻抗、电抗、复阻抗是指_____，电流与电压的相位关系由_____确定，感性电路其电流与电压相位的特点是_____，容性电路其电流与电压的特点是_____。

7. 设某元件上的电流 $i=100\sin(314t+45°)\text{A}$ ，$u=-10\cos(314t-135°)\text{V}$ ，该元件的性质为＿＿＿＿＿，其元件值为＿＿＿＿＿。

8. 电路如题图 4-1 所示，设各图中电流表都是 1A，$R=X_\text{L}+X_\text{C}=4\Omega$ ，图中各电压表数值为＿＿＿＿＿。

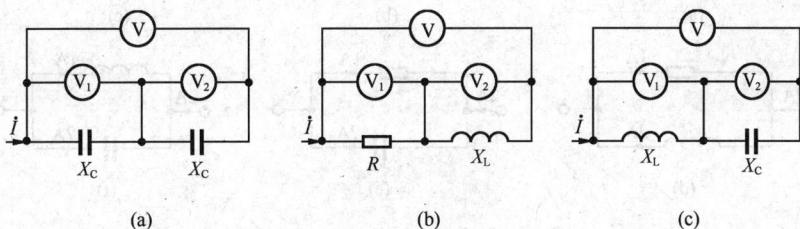

题图 4-1

9. 如果某电路中的导纳是 $Y=\dfrac{1}{3}+\text{j}\dfrac{1}{5}$ ，则其阻抗 $Z=3+\text{j}5$ ，这种说法对吗？＿＿＿＿＿。

10. 视在功率功率的意义是＿＿＿＿＿。

11. 试说明如题图 4-2 所示电路在＿＿＿＿＿条件下有：$U=U_1+U_2+U_3$ 。

12. 电路如题图 4-3 所示，该电路为一阻抗可变的无源二端网络，求出未知数填入空格。

（1）$\dot{U}=100\angle0°\text{V}$ ，$\dot{I}=(8-\text{j}6)\text{A}$ ，$\cos\phi=$＿＿＿＿＿，$P=$＿＿＿＿＿。

（2）$\dot{U}=24\angle30°\text{V}$ ，$\dot{I}=0.5\angle-60°\text{A}$ ，$S=$＿＿＿＿＿，$Q=$＿＿＿＿＿。

（3）$\dot{U}=10\angle0°\text{V}$ ，$Z=100\angle45°\Omega$ ，$\cos\phi=$＿＿＿＿＿。

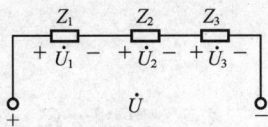

题图 4-2

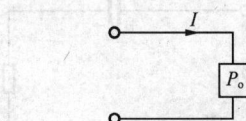

题图 4-3

二、计算题

1. 求如题图 4-4 所示各波形的周期频率。

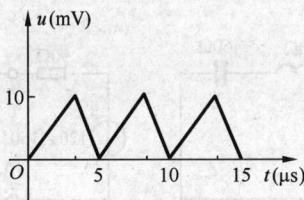 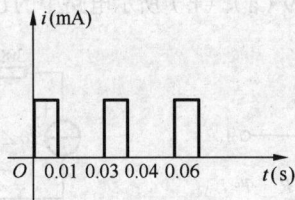

题图 4-4

2. 指出下列各式的正误，并将错误的表达式改正（设电压、电流的方向为关联方向）。

（1）$u_\text{R}=R_i$ ，$u_\text{L}=X_\text{L}$ ，$u_\text{C}=\omega C i_\text{C}$

（2）$\dot{U}_\text{R}=R\dot{I}$ ，$\dot{U}_\text{L}=X_\text{L}\dot{I}$ ，$\dot{U}_\text{C}=-X_\text{C}\dot{I}_\text{C}$

（3）$\dot{U}_\text{LM}=\text{j}\omega LI_\text{M}$ ，$\dot{U}_\text{CM}=\dfrac{1}{\omega C}I_\text{M}\angle\phi_i$

3. 电路如题图 4-5 所示，求各未知电流、电压的有效值与阻抗值。

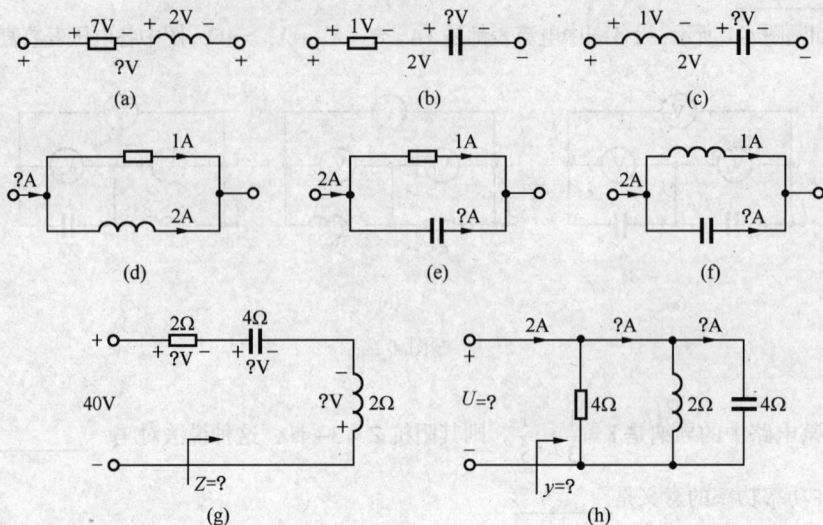

题图 4-5

4. 如题图 4-6 所示，已知 $u_2 = 44.6\cos(10^3 t - 60°)\text{V}$，$R = 20\Omega$，$C = 100\mu\text{F}$，求 u_1。

5. 如题图 4-7 所示电路中，$R = 10\Omega$，$L = 0.05\text{H}$，$C = 100\mu\text{F}$，求 f=50Hz 时的阻抗，电路是感性的还是容性的？若 f=200Hz，电路呈现什么性质？

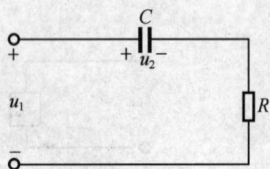

题图 4-6

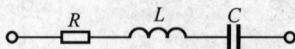

题图 4-7

6. 电路如题图 4-8 所示，已知 $R = 1\text{k}\Omega$，$L = 3.2\text{mH}$，输入电压 u_s 的有效值为 280V，频率为 50Hz，求输出电压 u_o。

7. 试求如题图 4-9（a）、（b）所示电路中的 $\dot{U}_1$、$\dot{U}_2$。

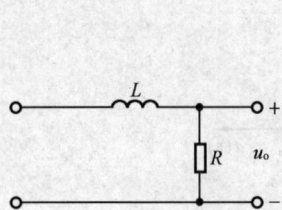

题图 4-8

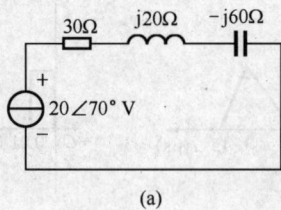
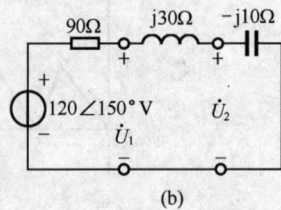

(a)   (b)

题图 4-9

8. 如题图 4-10 所示电路，已知 G_1=0.3S，B_1=0.4S，G_2=0.1S，B_2=0.1S，试求：ab 端的等效阻抗。

9. 某些测量仪器，要求电流与电压有 $\dfrac{\pi}{2}$ 的相位差，在如题图 4-11 所示电路中 $Z_1 = 200 + \text{j}1000\Omega$，

$Z_2 = 500 + \text{j}1500\Omega$。如果要求 $\dot{I}_2$ 与 $\dot{U}$ 的相位差 $\dfrac{\pi}{2}$，R 应为多少欧姆？

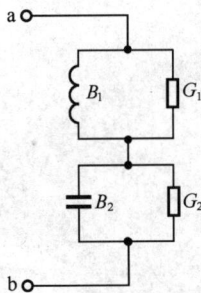

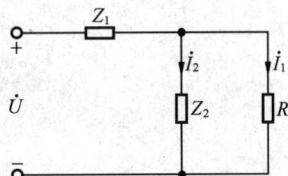

题图 4-10　　　　　　　　　　　　题图 4-11

10. 电路如题图 4-12 所示，求图（a）的 $\dot{U}_{ab}$ 和图（b）的 $\dot{I}_2$ 及图（a）、（b）的 $\dot{U}$ 与 $\dot{I}$ 的相位差。

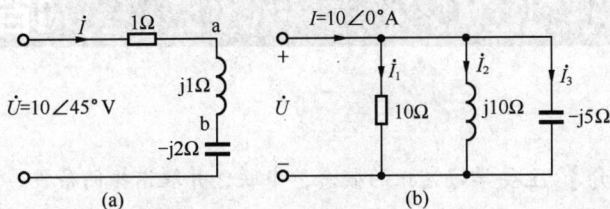

（a）　　　　　　　　　　（b）

题图 4-12

11. 电路如题图 4-13 所示，求其戴维南等效电路。

12. 如题图 4-14 所示，试用网孔法、节点法、叠加定理、戴维南定理求解电流 $\dot{I}$。

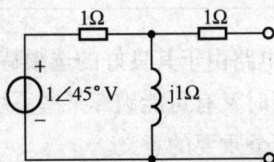

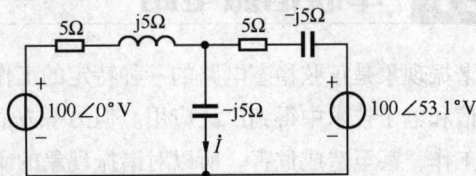

题图 4-13　　　　　　　　　　题图 4-14

13. 电路如题图 4-15 所示，求有功功率 P，无功功率 Q，视在功率 S。

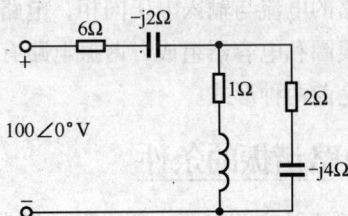

题图 4-15

第 5 章

谐振电路

【本章内容简介】 主要学习谐振的概念，串联、并联谐振的条件、基本特征及频率特性等。

【本章重点难点】 重点掌握串联、并联电路的谐振条件，谐振频率、谐振电路的基本特征。

5.1 串联谐振电路

谐振现象是正弦稳态电路的一种特定的工作状态。谐振电路由于其良好的选频特性，在通信和电子技术中得到广泛应用。但另一方面，发生谐振时又有可能破坏某些系统的正常工作，甚至造成危害。所以对谐振现象的研究，具有十分重要的意义。

5.1.1 谐振现象

在正弦交流电路中，只要同时存在着电感和电容元件，在一定条件下，总会出现电路的电抗为零，这时通过电路的电流与输入电压同相，电路的这种工作状态叫做谐振。实际的谐振电路一般由电感线圈和电容器组成，谐振电路有串联谐振、并联谐振和耦合谐振 3 种形式，本章主要讨论前两种形式。

5.1.2 *RLC*串联电路谐振的条件

如图 5-1 所示的 *RLC* 串联正弦交流电路，其复阻抗为

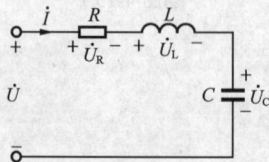

图 5-1　串联谐振电路

$$Z=R+\text{j}\left(\omega L-\frac{1}{\omega C}\right)=R+\text{j}\ (X_\text{L}-X_\text{C})=|Z|\ /\varphi$$

其中
$$|Z|=\sqrt{R^2+(X_\text{L}-X_\text{C})^2}\qquad \varphi=\arctan\frac{X_\text{L}-X_\text{C}}{R}$$

若：$X_\text{L}>X_\text{C}$ 时，则电路呈感性，电路的输入电压超前输入电流 φ。

$X_\text{L}<X_\text{C}$ 时，则电路呈容性，电路的输入电压滞后输入电流 φ。

$X_\text{L}=X_\text{C}$ 时，即 $X=0$，电路呈纯电阻特性，电路的输入电压与电流同相，这时称电路发生谐振。

显然，使 RLC 串联电路发生谐振的条件就是电路的感抗等于电路的容抗，或总电抗等于零，即

$$X_\text{L}=X_\text{C}\ \text{或}\ \omega L=\frac{1}{\omega C}\tag{5-1}$$

则
$$\omega=\frac{1}{\sqrt{LC}}=\omega_0\ \text{或}\ \ f=\frac{1}{2\pi\sqrt{LC}}=f_0\tag{5-2}$$

ω_0 称为谐振角频率，f_0 称为谐振频率。

由式（5-2）可看出，谐振频率完全是由电路的参数 L、C 决定，它是电路本身的一种固有特性，所以又称之为电路的"固有频率"。

对于每一个 RLC 串联电路，总存在一个固有谐振频率 f_0，只有当电源的频率与固有频率 f_0 相等时，电路才能发生谐振。通过改变 ω、L、C 3 个量中的任何一个量，既可使电路发生谐振，也可使电路不发生谐振或者消除谐振。

【例 5-1】 在收音机串联谐振电路中，若 $C=100\text{pF}$，$L=25\mu\text{H}$，试求该电路发生谐振的频率。

解：由式（5-2）可得谐振频率为

$$\omega_0=\frac{1}{\sqrt{LC}}=\frac{1}{\sqrt{100\times10^{-12}\times25\times10^{-6}}}=2\times10^7\,\text{rad/s}$$

$$f_0=\frac{\omega_0}{2\pi}=\frac{2\times10^7}{2\times3.14}=3.18\times10^6\,\text{Hz}=3.18\text{MHz}$$

5.1.3　串联谐振电路的基本特征

（1）谐振时，电路的电抗为零，感抗与容抗相等，谐振阻抗最小，且为纯电阻性。

$$Z_0=R\ （最小）\tag{5-3}$$

谐振时电路中的感抗或容抗称为串联谐振电路的特性阻抗，用 ρ 表示，单位为 Ω。即

$$\rho=\frac{1}{\omega_0 C}=\omega_0 L=\sqrt{\frac{L}{C}}\tag{5-4}$$

ρ 由电路的参数 L、C 决定，是衡量电路特性的重要参数。

（2）谐振时，电路中的电流最大，且与外加电压同相。

若外加电源电压一定时，由于谐振阻抗最小，因此谐振电流最大，谐振电流为

$$\dot I_0=\frac{\dot U_\text{S}}{Z_0}=\frac{\dot U_\text{S}}{R}\ \ \text{或}\ \ I_0=\frac{U_\text{S}}{R}\tag{5-5}$$

（3）谐振时，电感电压与电容电压大小相等，相位相反，其大小是电源电压的 Q 倍。关系为

$$U_\text{L0}=U_{c0}=I_0\rho=\frac{\rho}{R}U_\text{s}=QU_\text{s}\tag{5-6}$$

$$U_{R0}=U_S \tag{5-7}$$

式中

$$Q=\frac{\rho}{R}=\frac{\omega_0 L}{R}=\frac{1}{\omega_0 CR}=\frac{1}{R}\sqrt{\frac{L}{C}} \tag{5-8}$$

Q 称为谐振电路（或谐振回路）的品质因数，它是一个无量纲的量，完全由电路本身决定，其大小影响谐振电路的选频性能。

由式（5-6）可看出，若 $Q\gg 1$，则电容或电感两端的电压将远远超过电源的电压，因此，串联谐振又称为电压谐振。利用串联谐振这一特性，可以将无线传输中微弱的电压信号加以放大，这也是谐振电路被广泛应用的主要原因。在电力系统中，电源本身电压很高，若出现谐振现象，就会产生过高压，损坏电气设备，甚至发生危险，因此必须绝对避免在强电线路中发生谐振，以保证设备和系统的安全运行。

（4）谐振时的相量图，如图 5-2 所示。

（5）谐振时，电路的无功功率为零，电源供给电路的能量全部消耗在电阻上。

电路发生谐振时，由于感抗等于容抗，因此感性无功功率与容性无功功率相等，即电路的无功功率为零，这说明电路谐振时，电感与电容之间的能量交换达到完全补偿的状态，不再与电源进行能量交换，电源供给的能量全部消耗在电阻上。

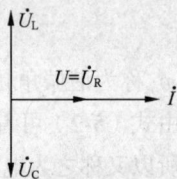

图 5-2 串联谐振电路相量图

【例 5-2】如图 5-1 所示 RLC 串联谐振电路，已知 $R=5\Omega$，$L=30\mu H$，$C=211pF$，电源电压 $U_S=1mV$。试求该谐振电路的谐振频率 f_0、电路的特性阻抗 ρ、品质因数 Q 及电容上的电压 U_{C0}。

解： 电路的谐振频率

$$f_0=\frac{1}{2\pi\sqrt{LC}}=\frac{1}{2\times 3.14\sqrt{30\times 10^{-6}\times 211\times 10^{-12}}}=2\times 10^6\,Hz=2MHz$$

电路的特性阻抗

$$\rho=\sqrt{\frac{L}{C}}=\sqrt{\frac{30\times 10^{-6}}{211\times 10^{-12}}}=377\,\Omega$$

电路的品质因数

$$Q=\frac{1}{R}\sqrt{\frac{L}{C}}=\frac{\rho}{R}=\frac{377}{5}=75.4$$

电容两端电压

$$U_{C0}=QU_S=75.4\times 1mV=75.4mV$$

【例 5-3】RLC 串联谐振电路的电源为 $u_S=\sin 2\pi ft$，频率 $f=1MHz$，调节电容 C，使电路发生谐振后，有 $I_0=100\mu A$，$U_{C0}=100mV$。试求电路的 R、L、C 及 Q 值。

解： 电源电压有效值 $U_S=\frac{1}{\sqrt{2}}=0.707mV$

所以

$$R=\frac{U_S}{I_0}=\frac{0.707\times 10^{-3}}{100\times 10^{-6}}=7.07\Omega$$

$$C=\frac{I_0}{U_{C0}\omega_0}=\frac{100\times 10^{-6}}{100\times 10^{-3}\times 2\times 3.14\times 1\times 10^6}=159\times 10^{-12}\,F=159\,pF$$

$$L=\frac{1}{\omega_0^2 C}=\frac{1}{(6.28\times10^6)^2\times159\times10^{-12}}=159\times10^{-6}\text{H}=159\,\mu\text{H}$$

回路的品质因数
$$Q=\frac{U_{C0}}{U_{\text{S}}}=\frac{100}{0.707}=141$$

5.2 并联谐振电路

实际的并联谐振电路是由电感线圈和电容器并联组成的。由于电容器的损耗很小，可以忽略，而线圈的损耗可用其内阻来表示。其电路模型如图 5-3（a）所示。

5.2.1 RLC 并联电路的谐振条件

对于并联电路，一般用复导纳分析较方便。如图 5-3（a）所示的并联电路的复导纳为

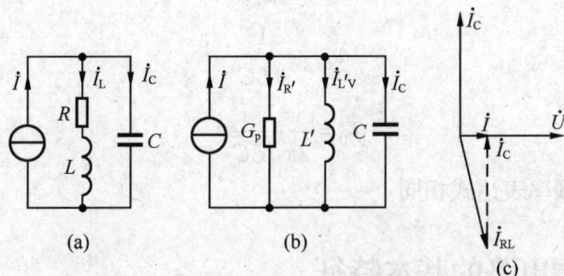

图 5-3 RLC 并联谐振电路

$$Y=\frac{1}{R+\text{j}\omega L}+\text{j}\omega C=\frac{R}{R^2+(\omega L)^2}+\text{j}\left[\omega C-\frac{\omega L}{R^2+(\omega L)^2}\right]$$

$$=G_{\text{P}}+\text{j}\left(\omega C-\frac{1}{\omega L'}\right)=G_{\text{P}}+\text{j}(B_{\text{C}}-B_{\text{L}}')\tag{5-9}$$

其中

$$G_{\text{P}}=\frac{R}{R^2+(\omega L)^2}\,,\quad B_{\text{C}}=\omega C\,,\quad B_{\text{L}}'=\frac{1}{\omega L'}=\frac{\omega L}{R^2+(\omega L)^2}$$

由式（5-9）可将图 5-3（a）所示电路等效为如图 5-3（b）所示的电路。

若 $B_{\text{C}}>B_{\text{L}}'$ 时，电路呈容性，即输入电压滞后输入电流的相位。

$B_{\text{C}}<B_{\text{L}}'$ 时，电路呈感性，即输入电压超前输入电流的相位。

$B_{\text{C}}=B_{\text{L}}'$ 时，电路呈纯电阻特性，这时输入电压与输入电流同相，电路处于谐振状态。即要使 RLC 并联电路发生谐振的条件为

$$\omega C=\frac{\omega L}{R^2+(\omega L)^2}\tag{5-10}$$

可以推出并联谐振角频率为

$$\omega_0=\sqrt{\frac{1}{LC}-\frac{R^2}{L^2}}=\frac{1}{\sqrt{LC}}\sqrt{1-\frac{CR^2}{L}}\tag{5-11}$$

谐振频率为

$$f_0 = \frac{1}{2\pi\sqrt{LC}}\sqrt{1-\frac{CR^2}{L}} \qquad (5\text{-}12)$$

由式（5-12）可以看出，电路的谐振频率完全由电路本身的参数 R、L、C 决定。

（1）当 $1-\dfrac{CR^2}{L}>0$，即 $R<\sqrt{\dfrac{L}{C}}$ 时，ω_0 是一个实数，也就是谐振频率存在，电路能发生谐振。

（2）当 $1-\dfrac{CR^2}{L}<0$，即 $R>\sqrt{\dfrac{L}{C}}$ 时，ω_0 是一个虚数，谐振频率将不存在，即电路不会发生谐振。

（3）当 $1-\dfrac{CR^2}{L}=0$，即 $R=\sqrt{\dfrac{L}{C}}$ 时，电路处于临界谐振状态。

实际应用的并联谐振电路中，线圈本身的内阻很小，一般都能满足 $R\ll\omega_0 L$ 或 $\dfrac{R^2}{L^2}\ll\dfrac{1}{LC}$，所以式（5-10）、式（5-11）和式（5-12）可简化为

$$\omega_0 C \doteq \frac{1}{\omega_0 L} \qquad (5\text{-}13)$$

$$\omega_0 \doteq \frac{1}{\sqrt{LC}} \qquad (5\text{-}14)$$

$$f_0 \doteq \frac{1}{2\pi\sqrt{LC}} \qquad (5\text{-}15)$$

与串联电路的谐振频率表达式相同。

5.2.2 并联谐振电路的基本特征

（1）当电路发生谐振时，回路导纳最小，即谐振阻抗最大，且相当于一个纯电阻，回路端电压与总电流同相。

导纳 $\qquad Y_0 = G_P = \dfrac{R}{R^2+(\omega_0 L)^2}$ （最小）

阻抗 $\qquad Z_0 = \dfrac{R^2+(\omega_0 L)^2}{R}$ （最大）

由谐振时满足的条件式（5-10）可得 $R^2+(\omega_0 L)^2 = \dfrac{L}{C}$ 代入上式得

$$Z_0 = \frac{L}{RC} = R_P = \frac{1}{G_P} \qquad (5\text{-}16)$$

R_P 称为并联谐振电路的谐振阻抗。式（5-16）表明，线圈的电阻越小，谐振时电路呈现的等效阻抗越大。当总电流一定时，发生并联谐振时可获得较高的端电压。因此并联谐振适用于具有恒流源性质的信号选择。

（2）并联谐振电路的品质因数 Q 定义为谐振时电容支路的容纳（或电感支路的感纳）与输入导纳 G_P 的比值，即

$$Q = \frac{\omega_0 C}{G_P} = \frac{\omega_0 C}{\dfrac{RC}{L}} = \frac{\omega_0 L}{R} = \frac{1}{R}\sqrt{\frac{L}{C}} \qquad (5\text{-}17)$$

由式（5-17）可看出关系式 $R\ll\omega_0 L$ 与 $Q\gg 1$ 的含义是相同的。并联谐振电路与串联谐振电

路的品质因数表达式相同。

（3）谐振时电感支路电流与电容支路电流近似相等并为总电流的 Q 倍

由图 5-3 可得各支路电流为

$$I_L=\frac{U}{\sqrt{R^2+\left(\omega_0 L\right)^2}}\doteq QI$$

$$I_C=U\omega_0 C=QI \tag{5-18}$$

总电流

$$I=I_0=UG_P=\frac{UCR}{L}=\frac{U\omega_0 C}{\frac{\omega_0 L}{R}}\doteq\frac{I_C}{Q} \tag{5-19}$$

当满足 $R\ll\omega_0 L$ 时，$\omega_0 C\doteq\dfrac{1}{\omega_0 L}$，则可得 $I_L\doteq I_C=QI_0$，即电路发生谐振时两并联支路的电流近似相等，且比总电流大 Q 倍。因此并联谐振也称为电流谐振。

（4）并联电路谐振时的相量图如图 5-3（c）所示。

【例 5-4】已知 RLC 并联谐振电路的 $R=10\,\Omega$，$L=200\,\mu H$，$C=50pF$，谐振时总电流 $I_0=100\,\mu A$。试求：（1）电路的谐振频率和谐振阻抗；（2）谐振时电感支路和电容支路的电流。

解：① 该回路的品质因数为

$$Q=\frac{1}{R}\sqrt{\frac{L}{C}}=\frac{1}{10}\sqrt{\frac{200\times10^{-6}}{50\times10^{-12}}}=200$$

由于电路的品质因数 $Q\gg 1$，所以该电路的谐振频率

$$f_0\doteq\frac{1}{2\pi\sqrt{LC}}=\frac{1}{2\times3.14\sqrt{200\times10^{-6}\times50\times10^{-12}}}=1.6\times10^6\,Hz$$

谐振阻抗

$$Z_0=\frac{L}{RC}=\frac{200\times10^{-6}}{10\times50\times10^{-12}}=4\times10^5\,\Omega=400k\Omega$$

② 谐振时电感支路和电容支路的电流近似相等，且为

$$I_{L0}\doteq I_{C0}=QI_0=200\times100\times10^{-6}=2\times10^{-2}\,A=20mA$$

由于串联谐振电路的谐振阻抗较小，因此适用于内阻较小的信号源；当信号源内阻较大时，信号源内阻与谐振电路相串联后，会使谐振回路的品质因数大大降低，从而影响电路的选择性，所以，对于内阻较大的信号源，宜采用并联谐振电路。

*5.3　谐振电路的频率特性

当电路中包含电感、电容元件时，由于阻抗是频率的函数，将导致同一电路对不同频率的信号有不同的响应，这种现象称为电路的频率特性或频率响应。

本节主要讨论 RLC 谐振电路的频率特性。

5.3.1　串联谐振电路的频率特性

在 RLC 串联谐振电路中，其感抗和容抗会随信号频率的变化而改变，所以，电路的复阻抗、电流、电压等各量都将随频率而变化，这种变化关系称为电路的频率特性。

1．阻抗的频率特性

RLC 串联电路的复阻抗为

$$Z=R+\mathrm{j}\left(\omega L-\frac{1}{\omega C}\right)=R+\mathrm{j}X(\omega)=|Z|\underline{/\varphi} \tag{5-20}$$

阻抗的模随 ω 变化的关系式为

$$|Z|=\sqrt{R^2+\left(\omega L-\frac{1}{\omega C}\right)^2}=\sqrt{R^2+X^2(\omega)} \tag{5-21}$$

通常把阻抗的模随频率而变化的关系
（曲线）叫阻抗的幅频特性（曲线），如图 5-4
（a）所示。图中同时还给出了感抗、容抗、
电抗的频率特性曲线。

由图 5-4 可看出，

当 $\omega<\omega_0$ 时，$X<0$，电路呈容性；

当 $\omega>\omega_0$ 时，$X>0$，电路呈感性；

当 $\omega=\omega_0$ 时，$X=0$，电路呈纯电阻性，
且 $|Z|$ 出现最小值。

图 5-4　阻抗与导纳的频率特性

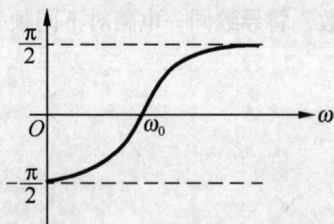

阻抗角随 ω 变化的关系为

$$\varphi(\omega)=\arctan\frac{X(\omega)}{R} \tag{5-22}$$

表征阻抗角随频率而变化的关系（曲线）叫阻抗的相频特性（曲线），如图 5-5 所示。

2．电流的频率特性

为了分析电流的频率特性，先作出导纳的频率特性曲线，根据 $|Y(\omega)|=\dfrac{1}{|Z(\omega)|}$ 可得如图 5-4（b）
所示的曲线。

在电源电压有效值相同的情况下，电流的幅频特性为

$$I(\omega)=\frac{U_{\mathrm{S}}}{|Z(\omega)|}=\frac{U_{\mathrm{S}}}{\sqrt{R^2+\left(\omega L-\frac{1}{\omega C}\right)^2}}=U_{\mathrm{S}}|Y(\omega)| \tag{5-23}$$

其频率特性曲线与导纳的谐振曲线完全相似，如图 5-6 所示。通常把反映电流或电压与频率
的关系曲线称为谐振曲线。

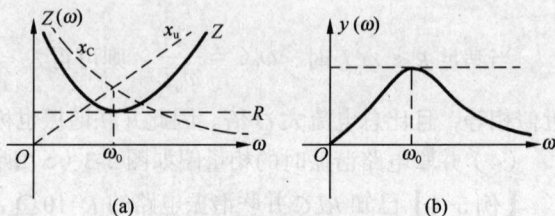

图 5-5　阻抗的相频特性

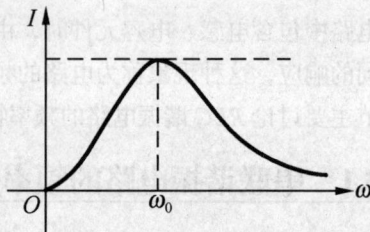

图 5-6　串联谐振曲线

3. 回路的选择性与通频带

从电流的谐振曲线可以看出，当 $\omega = \omega_0$（谐振）时，回路中电流出现最大值 $I_0 = \dfrac{U_S}{R}$，这说明在电路谐振时，电路对电流的阻碍作用最小，信号可以顺利通过电路。当信号频率 ω 偏离谐振频率 ω_0 时，称为失谐状态。失谐越大，电路呈现的阻抗越大，回路电流也就越小。正是串联谐振电路的这种频率特性，使得电路具有从不同频率的信号中选择出与谐振频率相等的信号的本领，电路的这种性能称为谐振电路的选择性。无线电技术中就是利用这种特性来选择不同频率的信号。从谐振曲线看，曲线的形状影响着电路选择性能的好坏，在谐振点附近，曲线越尖锐，选择性越好；曲线越平坦，选择性越差。

由式（5-23）可得

$$I(\omega) = \frac{U_S}{\sqrt{R^2 + \left(\omega L - \dfrac{1}{\omega C}\right)^2}} = \frac{U_S}{\sqrt{R^2 + \left(\dfrac{\omega}{\omega_0}\omega_0 L - \dfrac{\omega_0}{\omega \omega_0 C}\right)^2}}$$

$$= \frac{U_S}{\sqrt{R^2 + (\omega_0 L)^2 \left(\dfrac{\omega}{\omega_0} - \dfrac{\omega_0}{\omega}\right)^2}} = \frac{U_S}{R\sqrt{1 + \dfrac{(\omega_0 L)^2}{R^2}\left(\dfrac{\omega}{\omega_0} - \dfrac{\omega_0}{\omega}\right)^2}}$$

$$= \frac{I_0}{\sqrt{1 + Q^2 \left(\dfrac{\omega}{\omega_0} - \dfrac{\omega_0}{\omega}\right)^2}}$$

则

$$\frac{I(\omega_0)}{I_0} = \frac{1}{\sqrt{1 + Q^2 \left(\dfrac{\omega}{\omega_0} - \dfrac{\omega_0}{\omega}\right)^2}} \tag{5-24}$$

以 $\dfrac{\omega}{\omega_0}$ 为横轴，$\dfrac{I(\omega)}{I_0}$ 为纵轴所作的曲线为通用谐振曲线，如图 5-7 所示。$\dfrac{I(\omega)}{I_0}$ 称为谐振电路的相对抑制比。

图 5-7 中画出了品质因数 $Q=1$、10、100 三条谐振曲线。由图可以看出：Q 值越大，曲线顶部越尖锐，稍有失谐，$\dfrac{I(\omega)}{I_0}$ 便急剧下降，即电路对非谐振频率的信号有较强的抑制力，显然电路的选择性就越好，反之，Q 越小，曲线越平坦，电路的选择性越差。

在实际中，经过调制的信号都占有一定的频率范围，例如，无线电调幅信号的频率范围是 9 kHz，电视广播信号的频率范围约 8MHz。当电路对电流的抑制力很强时，会削弱信号电流的频率成分，造成失真。所以，在适当提高电路选择性的同时，还要考虑信号的通过能力。

一般规定在谐振曲线上，电路电流不小于谐振电流的 $\dfrac{1}{\sqrt{2}}$ 倍的频率范围，称为电路的通频带，用 B 表示。通频带的边界频率 f_1、f_2 分别称为下边界频率和上边界频率，如图 5-8 所示。

由关系式（5-24）及通频带的定义可导出通频带为

$$B = f_2 - f_1 = \frac{f_0}{Q} \tag{5-25}$$

式（5-25）表明，谐振回路的通频带与品质因数成反比，即 Q 值越大，通频带越窄；反之，

Q 值越小，通频带越宽。

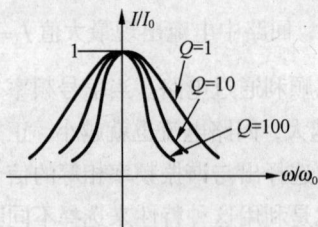

图 5-7 通用谐振曲线

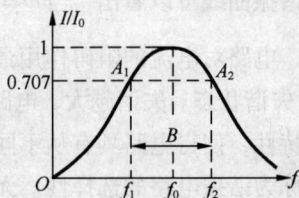

图 5-8 谐振电路的通频带

【例 5-5】 已知串联谐振电路的谐振频率 $f_0=2\times10^6$Hz，回路电阻 $R=10\Omega$，若要求回路的通频带 $B=10^4$Hz，试求回路的品质因数、电感和电容。

解：（1）该回路的品质因数为

$$Q=f_0 / B=\frac{2\times10^6}{10^4}=200$$

（2）由

$$Q=\frac{\omega_0 L}{R}$$

得

$$L=\frac{QR}{\omega_0}=\frac{200\times10}{2\times3.14\times2\times10^6}=0.159\times10^{-3}\ \text{H}=0.159\text{mH}$$

$$C=\frac{1}{\omega_0^2 L}=\frac{1}{(2\times3.14\times2\times10^6)^2\times0.159\times10^{-3}}=4\times10^{-11}\ \text{F}=40\mu\text{F}$$

5.3.2 并联谐振电路的频率特性

在晶体管电压调谐放大电路中，由于晶体管可视为内阻很大的信号源，因此，总是选择并联谐振电路作为选频网络。这种情况下，信号源可近似用电流源表示，如图 5-9 所示。

并联谐振电路的谐振曲线是指并联电路中电压的频率特性。由图 5-9 及关系式（5-9）可得

$$\dot{U}(\omega) = \dot{I}_S Z(\omega) = \frac{\dot{I}_S}{G_p + j\left(\omega C - \dfrac{G_p \omega L}{R}\right)} = \frac{\dot{I}_S R_p}{1 + j\left(\dfrac{\omega C}{G_p} - \dfrac{\omega L}{R}\right)} = \frac{\dot{U}_0}{1 + jQ\left(\dfrac{\omega}{\omega_0} - \dfrac{\omega_0}{\omega}\right)}$$

从而可得电压幅频特性表达式为

$$\frac{U(\omega)}{U_0} = \frac{1}{\sqrt{1 + Q^2\left(\dfrac{\omega}{\omega_0} - \dfrac{\omega_0}{\omega}\right)^2}} \tag{5-26}$$

特性曲线如图 5-10 所示（其中 $U_0=I_S R_p$ 为谐振时电路的端口电压），该曲线也称为并联谐振电路的通用电压谐振曲线，它与串联电路的通用电流谐振曲线形状相同。

并联谐振电路的通频带定义为端口电压 $U \geqslant \dfrac{1}{\sqrt{2}} U_0 = 0.707 U_0$ 的频率范围，其表示形式与串联电路的通频带相同，即 $B=f_2-f_1=\dfrac{f_0}{Q}$。

图 5-9　电流源作用下的并联谐振电路

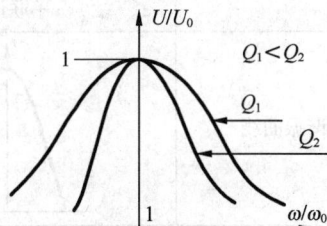

图 5-10　通用电压谐振曲线

需要指出，在接入信号源和负载后，由于信号源内阻和负载的加入，实际电路的品质因数将会受到影响而降低，从而影响电路的选频性能。因此，在设计选频电路时应该考虑到这些因素。

小结

本章主要学习了谐振现象的概念，并着重分析了串、并联谐振电路的电路形式、谐振条件及谐振时的主要特征量。为了便于记忆和掌握，把两种谐振电路的相关量列于下表，以供参考。

	串联谐振电路	并联谐振电路
电路组成	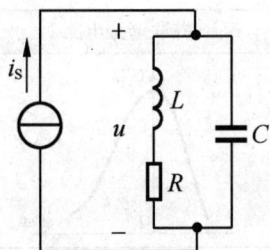	
谐振条件	$\omega_0 L = \dfrac{1}{\omega_0 C}$	$\omega_0 C = \dfrac{\omega_0 L}{R^2 + (\omega_0 L)^2}$
谐振频率	$f_0 = \dfrac{1}{2\pi\sqrt{LC}}$	$f_0 \doteq \dfrac{1}{2\pi\sqrt{LC}}$ （$Q \gg 1$）
谐振阻抗	$Z_0 = R$(最小)	$Z_0 = \dfrac{L}{RC} = Q\rho$ (最大)
特性阻抗	$\rho = \sqrt{\dfrac{L}{C}}$	$\rho = \sqrt{\dfrac{L}{C}}$
品质因数	$Q = \dfrac{\rho}{R} = \dfrac{1}{R}\sqrt{\dfrac{L}{C}}$	$Q = \dfrac{\omega_0 C}{G_p} \approx \dfrac{1}{R}\sqrt{\dfrac{L}{C}}$
失谐时电路的性质	(1)当 $f > f_0$ 时，呈感性 (2)当 $f < f_0$ 时，呈容性	(1)当 $f > f_0$ 时，呈容性 (2)当 $f < f_0$ 时，呈感性
谐振时元件上 电压或电流	$U_{L0} = U_{C0} \doteq Q U_S$	$I_{L0} \doteq I_{C0} \doteq Q I_S$

	串联谐振电路	并联谐振电路
通用谐振曲线		
通频带	$B=f_2-f_1=\dfrac{f_0}{Q}$	$B=f_2-f_1=\dfrac{f_0}{Q}$
对电源的要求	适用于低内阻信号源	适用于高内阻信号源

习题 5

一、填空题

1. 如题图 5-1 所示 RLC 串联谐振电路，已知电压表读数分别为 $V=2\text{mV}$、$V_1=2\text{mV}$、$V_3=1\text{V}$、则 $V_2=$ _____ ，电路的品质因数 $Q=$ _____ 。

2. 当 $\omega=\dfrac{1}{\sqrt{LC}}$ 时，题图 5-2 所示电路中 _____ 图相当于短路，_____ 图相当于开路。

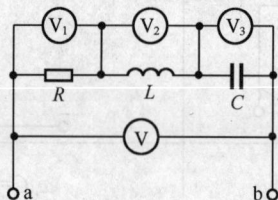

题图 5-1

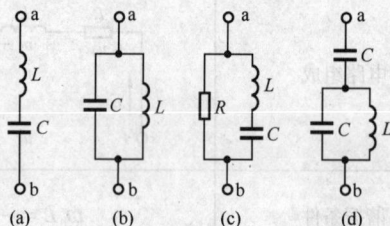

题图 5-2

3. 欲提高 RLC 串联谐振电路的品质因数，应将电路的参数 R、L、C 分别 _____ 改变；提高 RLC 并联谐振电路的品质因数，应将电路的参数 R、L、C 分别 _____ 改变。

4. 谐振电路的品质因数越高，该电路的选频性能 _____ ，而通频带 _____ 。

二、计算题

1. 在 RLC 串联电路中，已知：$R=500\Omega$，$L=60\text{mH}$，$C=50\text{pF}$。试求电路的谐振频率 f_0、品质因数 Q 及特性阻抗 ρ。

2. 串联谐振电路的中线圈的电阻 $R=20\Omega$，$L=100\mu\text{H}$，若接收频率为 1MHz 的电台信号，电路中的可调电容值应调多大？该回路的品质因数是多少？

3. RLC 串联电路，已知电源电压 $U=1\text{V}$，角频率 $\omega=10^6\text{rad/s}$，调节电容 C 使电路发生谐振，此时回路电流 $I_0=100\text{mA}$，$U_C=100\text{V}$，试求：（1）电路的品质因数 Q，（2）

电路元件参数 R、L、C。

4. 一个线圈与 $C=200\text{pF}$ 的电容器串联，要求在 465kHz 的频率时谐振，线圈的电感是多大？如果测得电路的品质因数为 200，线圈的内阻为多少？

5. 已知 RLC 串联谐振电路中，$L=50\mu\text{H}$，$C=200\text{pF}$，谐振回路的品质因数 $Q=50$，信号源电压 $U_S=1\text{mV}$。试求电路的谐振频率 f_0、谐振时回路的电流 I_0、电容器电压 U_{C0} 和通频带 B。

6. 如题图 5-3 所示，已知 $R=10\text{k}\Omega$，$L=4\mu\text{H}$，$C=100\text{pF}$，$I_S=2\text{mA}$。

试求：（1）该回路的谐振角频率；（2）谐振时电路的输入阻抗；（3）谐振时的电流 I_R、I_L、I_C；（4）谐振时电路消耗的功率。

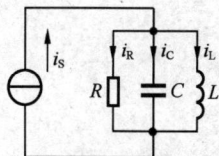

题图 5-3

第6章

三相正弦交流电路

【本章内容简介】 介绍三相电源、三相负载的连接、三相电路的分析与计算。同时还介绍安全用电的意义、基本措施、触电急救等方面的知识。

【本章重点难点】 掌握相电压与线电压、相电流与线电流之间的关系，及对称三相电路的计算及安全用电相关知识。

6.1 三相电源

我国电力供电系统采用三相制，三相制是指 3 个同幅度同频率相位不同的电压源按一定方式连接在一起的电源供电系统。从经济、发电、输电和用电等方面考虑，三相供电制比同等功率的单相供电具有更多的优越性。

6.1.1 三相电源的特点

产生三相电源的主要设备是三相发电机，对称三相电压是三相交流发电机产生的，三相交流电源是 3 个单项交流电压源（或电动势）按一定方式进行的组合，这 3 个电源依次称为 A 相、B 相、C 相，每一相的频率、幅值（最大值）相等，相位彼此相差 120°。设第一相初相位为 0°，第二相相位为–120°，第三相相位为 120°，所以 3 个独立正弦电压源的瞬时电压为

$$\begin{cases} u_A = U_m \cos \omega t \\ u_B = U_m \cos(\omega t - 120°) \\ u_C = U_m \cos(\omega t + 120°) \end{cases} \tag{6-1}$$

式（6-1）称为对称三相交流电。各相电源及其相量图、波形图如图 6-1 所示。

三相交流电的相量表示为

$$\begin{cases} \dot{U}_A = U \angle 0° \\ \dot{U}_B = U \angle -120° \\ \dot{U}_C = U \angle 120° \end{cases}$$

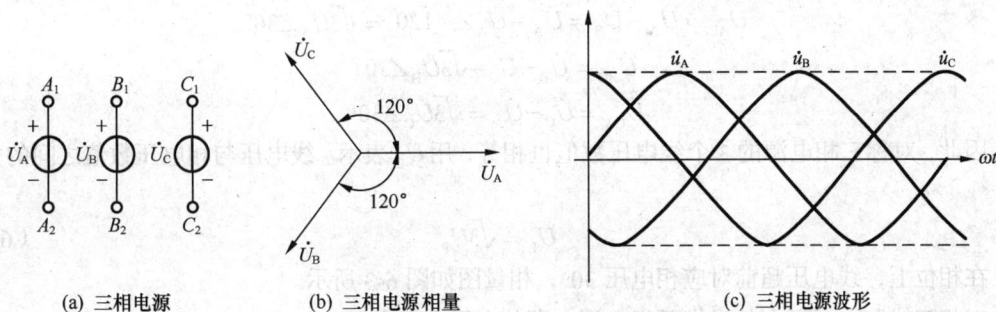

(a) 三相电源　　　　　(b) 三相电源相量　　　　　(c) 三相电源波形

图 6-1　三相电源

对称三相交流电压相量之和为零，即

$$\dot{U}_A + \dot{U}_B + \dot{U}_C = 0 \tag{6-2}$$

由波形图可知，三相电压对称时任一瞬间的电压代数和为零，即

$$u_A + u_B + u_C = 0 \tag{6-3}$$

6.1.2　三相电源的连接

对称三相电源有 Y（星形）和△（三角形）连接，如图 6-2 所示。

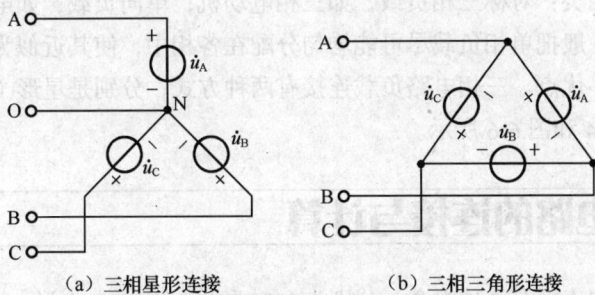

（a）三相星形连接　　　　　（b）三相三角形连接

图 6-2　三相电源的连接方式

1．Y 形连接

（1）三相四线制。三相电源的负极端接在一起，称为三相电源的中点（或零点），用 N 表示。由各相电源的正极端 A、B、C 引出的 3 根线称为端线（又称为相线、火线）。而 0 点引出的线称为中线，又称为地线或零线。由 3 根端线、1 根中线组成的供电方式称为三相四线制。

每相电压源的电压 $\dot{U}_A$、$\dot{U}_B$、$\dot{U}_C$ 称为相电压。流经每相电源的电流称为相电流。对称三相电源各相电压数值相等，用 U_P 表示。

两个端线之间的电压 $\dot{U}_{AB}$、$\dot{U}_{BC}$、$\dot{U}_{CA}$ 称为线电压，端线上的电流称为线电流，由图 6-3 可以求出

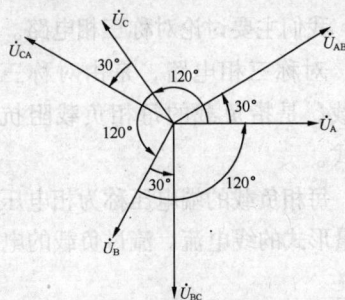

图 6-3　Y 形电路相电压与线电压关系

$$\dot{U}_{AB} = \dot{U}_A - \dot{U}_B = \dot{U}_A - \dot{U}_A \angle -120° = \sqrt{3}\dot{U}_A \angle 30°$$

$$\dot{U}_{BC} = \dot{U}_B - \dot{U}_C = \sqrt{3}\dot{U}_B \angle 30°$$

$$\dot{U}_{CA} = \dot{U}_C - \dot{U}_A = \sqrt{3}\dot{U}_C \angle 30°$$

因此，对称三相电源的 3 个线电压数值也相等，用 U_L 表示。线电压与相电压数值之间的关系为

$$U_L = \sqrt{3}U_P \qquad\qquad (6\text{-}4)$$

在相位上，线电压超前对应相电压 30°，相量图如图 6-3 所示。

三相四线制电源可向外提供两组电压，即相电压和线电压。

（2）三相三线制，无中线，提供一组电压，即线电压。

2．△形连接

三相电源按 A-B-C 相的次序，首尾依次连接，形成一个闭合三角形，再从 A、B、C 引出 3 条端线，如图 6-2（b）所示。显然，在△形连接时线电压与相电压相等，$U_L = U_P$，这种连接不会有中线，只能是三相三线制，提供一组电压。

6.2 三相负载的连接

三相电路负载有两类：对称三相负载，如三相电动机；单向负载，如电灯等用电器。在常用的低压供电系统中，一般把单相负载尽可能均匀分配在各相中，使其近似为对称三相负载，因为对称三相负载具有许多优点。三相电路负载连接有两种方式，分别是星形（Y 形）连接和三角形（△形）连接，如图 6-4 和图 6-6 所示。

6.3 三相电路的连接与计算

三相电源与负载的连接有 5 种组合，分别为 Y-Y 形（2 种）、Y-△形、△-△形、和△-Y 形。本节介绍常用的几种形式。

6.3.1 三相电源与负载的星形连接（Y–Y 形）

我们主要讨论对称三相电路。

对称三相电路，是由对称三相电源和对称三相负载所组成的三相电路，所谓对称三相负载，是指负载的每相负载阻抗都一样。如图 6-4 所示，星形连接是电源与负载 Y-Y 连接方式。

每相负载的端电压称为相电压，流过端线的电流称为线电流 I_L，如图 6-4 中的 $\dot{I}_A$、$\dot{I}_B$、$\dot{I}_C$ 为相量形式的线电流。流过负载的电流称为相电流，用 I_P 表示。在星形连接方式中有

$$I_L = I_P \qquad\qquad (6\text{-}5)$$

在三相四线制电路中，当电源对称、负载相等时（设中线阻抗为 Z_N），如图 6-4 所示，这时中线电流 $\dot{I}_N$ 可用节点电位法推导分析如下：

$$\dot{U}_{NN'}\left(\frac{1}{Z_A} + \frac{1}{Z_B} + \frac{1}{Z_C} + \frac{1}{Z_N}\right)$$

$$= -\left(\frac{\dot{U}_A}{Z_A} + \frac{\dot{U}_B}{Z_B} + \frac{\dot{U}_C}{Z_C}\right)$$

当 $Z_A = Z_B = Z_C = Z$ 时，

$$\dot{U}_{OO'} = -\left(\frac{\dot{U}_A + \dot{U}_B + \dot{U}_C}{Z}\right)\bigg/\left(\frac{1}{3Z} + \frac{1}{Z_N}\right) = 0$$

$$\dot{I}_N = 0 \qquad\qquad (6\text{-}6)$$

显然，给对称三相负载供电时，中线电流为零，因此各相负载的相电压与电源的相电压相等。

当 $\dot{I}_N = 0$ 时，中线可以用开路代替，这样就得到三相三线制电路如图 6-5 所示。

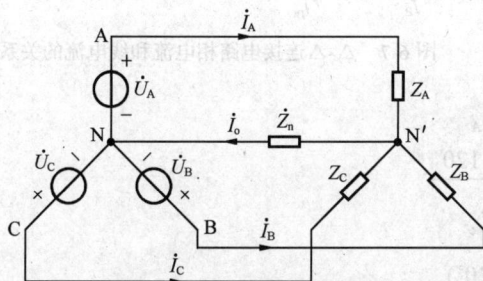

图 6-4 Y-Y 连接三相四线制电路 　　　　　 图 6-5 Y-Y 连接三相三线制电路

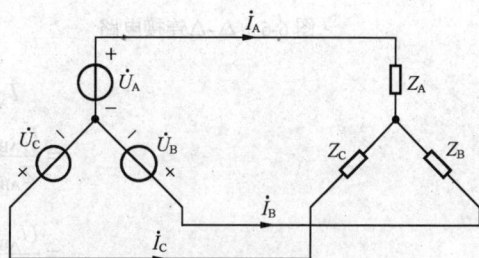

这种电路相电压、线电压、相电流、线电流关系与三相四线制电路相同。

总结对称星型连接三相电路的特点如下。

（1） $U_L = \sqrt{3}U_P$，且线电压相位超前对应相电压 30°。

（2） $I_L = I_P$。

如果三相电路负载不对称，各相电流大小就不相等，相位差也不一定是 120°，中线电流不为零，这时就不能省去中线。否则，会影响各相电路正常工作，甚至会造成事故。所以，三相四线制中，除尽量使负载平衡运行之外，中线上不准安装熔丝和开关，更不能省去。

6.3.2 三相电源与对称三相负载的三角形连接（△-△形）

如图 6-6 所示，将三相负载分别接在三相电源的两根相线之间，称为三相负载的三角形连接。不论负载对称与否，各相负载承受的电压均为对称的电源线电压。

即

$$U_L = U_P \qquad\qquad (6\text{-}7)$$

对于对称三相负载，设负载阻抗 $Z_A = Z_B = Z_C = Z = z\angle\phi$，按图中所标电流、电压参考方向得各相电流为

$$\dot{I}_{AB} = \frac{\dot{U}_{AB}}{Z_{AB}}, \dot{I}_{BC} = \frac{\dot{U}_{BC}}{Z_{BC}}, \dot{I}_{CA} = \frac{\dot{U}_{CA}}{Z_{CA}}$$

线电流与相电流满足 KCL 方程，即

$$\dot{I}_A = \dot{I}_{AB} - \dot{I}_{CA}, \quad \dot{I}_B = \dot{I}_{BC} - \dot{I}_{AB}, \quad \dot{I}_C = \dot{I}_{CA} - \dot{I}_{BC}$$

画出电路的相量图，如图 6-7 所示。以 AB 相为例，找出其线电流和相电流的关系（设 AB 相电压为参考相量）为

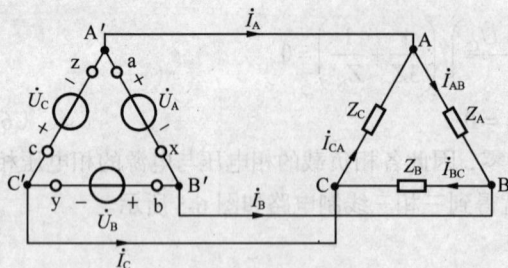

图 6-6　△-△连接电路

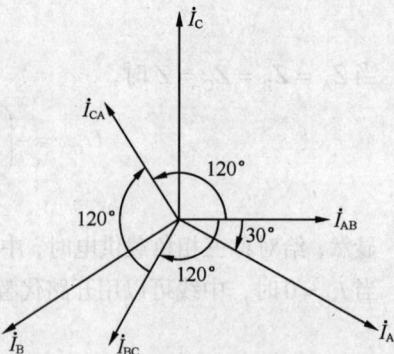

图 6-7　△-△连接电路相电流和线电流的关系

$$\dot{I}_A = \dot{I}_{AB} - \dot{I}_{CA}$$

$$= \frac{\dot{U}_{AB}}{Z_{AB}} - \frac{\dot{U}_{AB} \angle -120°}{Z_{CA}}$$

$$= \frac{\dot{U}_{AB}}{Z}(1 - \angle -120°)$$

$$= \sqrt{3}\,\dot{I}_{AB} \angle -30°$$

同理可得

$$\dot{I}_B = \sqrt{3}\dot{I}_{BC} \angle -30°$$

$$\dot{I}_C = \sqrt{3}\dot{I}_{CA} \angle -30°$$

（6-8）

以上各式表达了三角形负载的线电流和相电流的关系，在数值上，线电流是相电流的 $\sqrt{3}$ 倍，在相位上，线电流滞后相电流30°。若用 I_L 表示线电流有效值，I_P 表示相电流有效值，则有

$$I_L = \sqrt{3}I_P$$

（6-9）

从图中看出，由于相电流对称，所以线电流也对称，各线电流之间差120°。

总结三角形连接对称三相电路特点如下。

（1）$U_L = U_P$。

（2）$I_L = \sqrt{3}I_P$，且线电流相位滞后对应相电流30°。

6.3.3　对称三相电路的计算

三相电路是复杂正弦电路的一种类型，所以可以利用以前讨论过的复杂电路的各种计算方法去分析解决。

对称三相电路由于其对称特性，除相位外各相工作情况相同，所以可以等效成 3 个独立，划出其中一相电路（如 a 相）如图 6-8（b）所示。利用一相电路先计算出相应的相电流和相电压，然后再根据三相对称电路的对称性，计算出各相电流和电压，这就是对称星形电路计算方法。

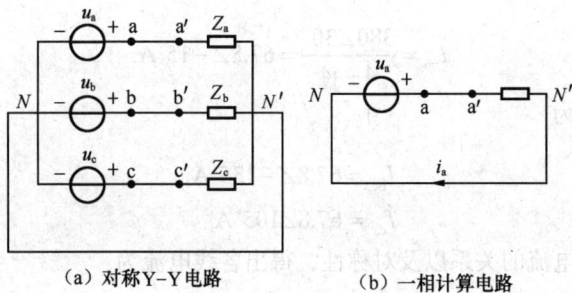

（a）对称Y-Y电路 （b）一相计算电路

图 6-8 一相计算等效电路

【例 6-1】电路如图 6-4 所示，已知 $\dot{U}_{BC} = 30e^{j150°}\,V$，$Z_A = Z_B = Z_C = 5\Omega$，求各负载电流 $\dot{I}_A$、$\dot{I}_B$、$\dot{I}_C$。

解： $\dot{U}_{BC} = 30\angle 150°\,V$

根据对称性关系，可求出各相电压

$$\dot{U}_B = 10\sqrt{3}\angle 120°\,V$$

$$\dot{U}_C = 10\sqrt{3}\angle 0°\,V$$

$$\dot{U}_A = 10\sqrt{3}\angle -120°\,V$$

据此可求出各负载电流为

$$\dot{I}_A = \frac{10\sqrt{3}\angle -120°}{5} = 2\sqrt{3}\angle -120°\,A$$

$$\dot{I}_B = 2\sqrt{3}\angle 120°\,A$$

$$\dot{I}_C = 2\sqrt{3}\angle 0°\,A$$

由 KCL 得

$$\dot{I}_O = \dot{I}_A + \dot{I}_B + \dot{I}_C = 0$$

此时中线相当开路。所以若中线断开，对电路无影响。

【例 6-2】有一对称三相负载做三角形连接，各相负载阻抗为 $Z = 4 + j4\Omega$，对称三相电源线电压为 $\dot{U}_{ab} = 380\angle 30°\,V$，如图 6-9 所示。试求负载的相电流和线电流，并画出其相量图。

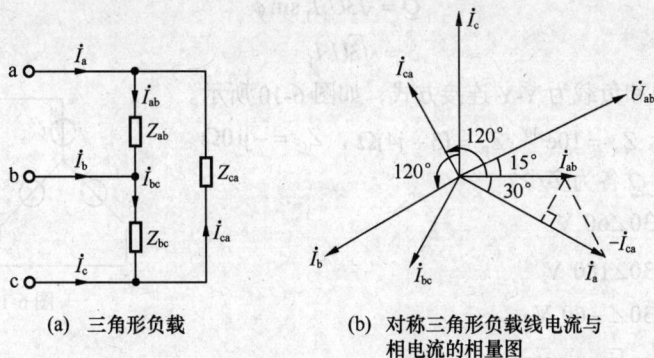

(a) 三角形负载 (b) 对称三角形负载线电流与
相电流的相量图

图 6-9 例 6-3 图

解： 已知 $\dot{U}_{ab} = 380\angle 30°\,V$，所以得 ab 相负载的相电流为

$$I_{ab} = \frac{380\angle 30°}{4 + j4} = 67.8\angle -15° \, A$$

所以，另两相电流为

$$\dot{I}_{bc} = 67.8\angle -135° \, A$$

$$\dot{I}_{ca} = 67.8\angle 105° \, A$$

再根据线电流与相电流的关系以及对称性，得出各线电流为

$$\dot{I}_a = \sqrt{3}\,\dot{I}_{ab} \angle -30° = 117.3\angle -45° \, A$$

$$\dot{I}_b = 117.3\angle -165° \, A$$

$$\dot{I}_c = 117.3\angle 75° \, A$$

线电流、相电流的相量图如图 6-9（b）所示。

6.4 三相电路的功率

三相电路的功率等于各相负载吸收功率的总和，即

$$P = P_A + P_B + P_C$$

$$Q = Q_A + Q_B + Q_C$$

$$S = S_A + S_B + S_C$$

当三相负载对称时，各相功率相等，总功率为一相功率的 3 倍，即

$$P = 3P_p = 3U_p I_p \cos\phi$$

$$Q = 3Q_p = 3U_p I_p \sin\phi \qquad (6\text{-}10)$$

$$S = 3S_p = 3U_p I_p$$

式中 U_p 为对称相电压的有效值，I_p 为对称相电流的有效值，ϕ 为对称三相负载的阻抗角，$\cos\phi$ 是各项负载的功率因数。

一般情况下，相电压和相电流不容易测量，计算三相电路的功率，是通过计算线电压、线电流得到的。对于对称三相负载，无论是星形连接还是三角形连接，总的有功功率、视在功率和无功功率的计算公式是相同的，即

$$P = \sqrt{3}U_l I_l \cos\phi$$

$$Q = \sqrt{3}U_l I_l \sin\phi \qquad (6\text{-}11)$$

$$S = \sqrt{3}U_l I_l$$

【例 6-3】 电源和负载为 Y-Y 连接方式，如图 6-10 所示。已知 $\dot{U}_{ca} = 30e^{j60°} \, V$ ， $Z_A = 10e^{j30°}$ ，$Z_B = (3 + j4)\Omega$ ， $Z_C = -j10\Omega$ 。求三相负载功率 P 、Q 各为多少？

解：已知 $\dot{U}_{ca} = 30\angle 60° \, V$

则有　　$\dot{U}_{bc} = 30\angle 180° \, V$

$$\dot{U}_{ab} = 30\angle -60° \, V$$

相电压　$\dot{U}_a = 10\sqrt{3}\angle -90° \, V$

$$\dot{U}_b = 10\sqrt{3}\angle 150° \, V$$

$$\dot{U}_c = 10\sqrt{3}\angle 30° \, V$$

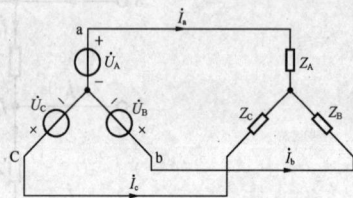

图 6-10 例 6-4 图

$$\dot{I}_\mathrm{a} = \frac{\dot{U}_\mathrm{a}}{Z_\mathrm{a}} = \frac{10\sqrt{3}\angle -90°}{10\angle 30°} = \sqrt{3}\angle -120° \,\mathrm{A}$$

$$\dot{I}_\mathrm{b} = \frac{\dot{U}_\mathrm{b}}{Z_\mathrm{b}} = \frac{10\sqrt{3}\angle 150°}{3 + \mathrm{j}4} = 2\sqrt{3}\angle 96.87° \,\mathrm{A}$$

$$\dot{I}_\mathrm{c} = \frac{\dot{U}_\mathrm{c}}{Z_\mathrm{c}} = \frac{10\sqrt{3}\angle 30°}{-\mathrm{j}10} = \sqrt{3}\angle 120° \,\mathrm{A}$$

$$\phi_\mathrm{A} = 30°, \quad \phi_\mathrm{B} = 53.1°, \quad \phi_\mathrm{C} = -90°$$

$$P = U_\mathrm{a}I_\mathrm{a}\cos 30° + U_\mathrm{b}I_\mathrm{b}\cos 53.1° + U_\mathrm{c}I_\mathrm{c}\cos(-90°)$$

$$= 30 \times \frac{\sqrt{3}}{2} + 10\sqrt{3} \times 2\sqrt{3} \times 0.6$$

$$= 62\,\mathrm{W}$$

$$Q = U_\mathrm{a}I_\mathrm{a}\sin 30° + U_\mathrm{b}I_\mathrm{b}\sin 53.1° - U_\mathrm{c}I_\mathrm{c}\sin 90°$$

$$= 10\sqrt{3} \times \sqrt{3} \times \frac{1}{2} + 10\sqrt{3} \times 2\sqrt{3} \times 0.8 - 10\sqrt{3} \times \sqrt{3}$$

$$= 33\,\mathrm{var}$$

【例 6-4】 电路如图 6-11 所示，为 Y–△ 连接方式。已知：$u_\mathrm{a} = 100\sqrt{2}\cos 314t\,\mathrm{V}$、$u_\mathrm{b} = 100\sqrt{2}\cos(314t - 120°)\,\mathrm{V}$、$u_\mathrm{c} = 100\sqrt{2}\cos(314t + 120°)\,\mathrm{V}$。求线电流 $\dot{I}_\mathrm{a}$、$\dot{I}_\mathrm{b}$、$\dot{I}_\mathrm{c}$ 以及三相功率 P。

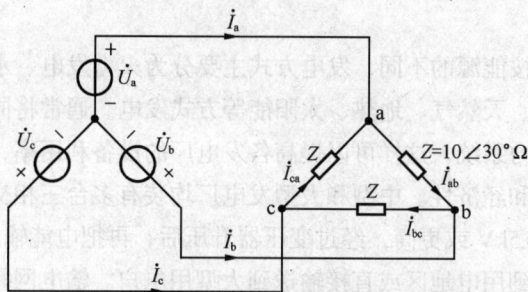

图 6-11　例 6-5 图

解：

$$\dot{U}_\mathrm{a} = 100\angle 0° \,\mathrm{V}$$

$$\dot{U}_\mathrm{b} = 100\angle -120° \,\mathrm{V}$$

$$\dot{U}_\mathrm{c} = 100\angle 120° \,\mathrm{V}$$

由于电源是星形连接，所以，电源线电压为

$$\dot{U}_\mathrm{ab} = 100\sqrt{3}\angle 30° \,\mathrm{V}$$

$$\dot{U}_\mathrm{bc} = 100\sqrt{3}\angle -90° \,\mathrm{V}$$

$$\dot{U}_\mathrm{ca} = 100\sqrt{3}\angle 150° \,\mathrm{V}$$

而以上电压又是负载端的相电压，故负载端的相电流为

$$\dot{I}_\mathrm{ab} = \frac{\dot{U}_\mathrm{ab}}{Z} = \frac{\sqrt{3}100\angle 30°}{10\angle 30°} = 10\sqrt{3}\angle 0° \,\mathrm{A}$$

由对称性可得出另两相电流为

$$\dot{I}_\mathrm{bc} = 10\sqrt{3}\angle -120° \,\mathrm{A}$$

$$\dot{I}_\mathrm{ca} = 10\sqrt{3}\angle 120° \,\mathrm{A}$$

再由三角形连接的电流关系式可得出线电流为

$$\dot{I}_a = 30\angle -30° \text{ A}$$

$$\dot{I}_b = 30\angle -150° \text{ A}$$

$$\dot{I}_c = 30\angle 90° \text{ A}$$

三相功率

$$P = 3U_p I_p \cos \phi = 3 \times 100\sqrt{3} \times 10\sqrt{3} \times \cos 30° = 7794\text{W}$$

6.5 安全用电

6.5.1 安全用电基础知识

1. 电力系统

在科学技术高度发展的今天，电在人类社会进步和发展过程中起着极其重要的作用。电能从发电厂通过输电线作远距离或近距离的输送，最后分配给各个工厂企业及其他用户，构成发电、输电和配电的完整系统，此系统称为电力系统。电力系统是发电厂、输电线、变电所及用电设备的总称。

电能由发电厂产生。按能源的不同，发电方式主要分为火力发电、水力发电和核能发电。此外，还有利用风力、潮汐、天然气、地热、太阳能等方式发电。通常将同一地区的各种发电厂联合起来组成一个强大的电力系统，这样可以提高各发电厂的设备利用率，合理调配各发电厂的负荷，以提高供电的可靠性和经济性。中型和大型发电厂均装有多台三相交流发电机，这些发电机的电压通常为 6.3kV 或 10.5kV 或更高，经过变压器升压后，再把电能输送出去。

输电就是将电能输送到用电地区或直接输送到大型用电户。输电网是由 35kV 及以上的输电线路与其相连接的变电所组成，它是电力系统的主要网络。输电是连接发电厂和用户的中间环节，输电电压视输电容量和距离远近而定，输电容量愈大，距离愈远，输电电压也愈高。输电过程中，一般将发电机组发出的 6～10kV 电压经升压变压器变为 35～500kV 高压，通过输电线可远距离将电能传送到各用户，再利用降压变压器将 35kV 及以上高压变为 6～10kV 高压。

配电是由 10kV 级以下的配电线路和配电（降压）变压器所组成，它的作用是将电能降为 380V 或 220V 低压，再分配到各个用户的用电设备。为了合理地分配电能，有效地管理线路，提高线路的可靠性，一般都采用分级供电的方式，即按照用户地域或空间的分布，将用户划分成供电区和片，通过干线、支线，向片、区供电。整个供电线路形成一个分级的网状结构。

2. 安全用电的意义

安全用电是劳动保护教育和安全生产中的重要组成部分。安全促进生产，生产必须安全。只有首先做到安全生产，才能谈得上促进生产的发展。电气工作人员应贯彻执行"安全第一，预防为主"的方针。由于电力生产的特点以及用电事故的特殊规律性，安全用电就更具有特殊的重大意义。如果没有安全用电知识，就很容易发生触电、火灾、爆炸等电气事故，以至影响生产，危及生命。因此，研究和探讨触电事故的规律和预防措施是十分必要的。

　　电力系统是由发电厂、输电线和用户组成的统一整体。由于目前电能还不能大规模地储存，发电和用电是同时进行的，因此，用电事故发生后，除可能造成电厂停电，引起设备损坏、人身伤亡事故外，还可能涉及电力系统，进而造成系统大面积停电，给工农业生产和人民生活造成很大影响。对有些重要的负荷如冶金企业、采矿企业、医院等，可能引起更严重的后果。

　　随着电气化的发展，生活用电的日益广泛，发生用电事故的机会也相应增加。据我国近年来的统计，全国农村每年触电死亡的人数均在数千人左右，工业和城市居民触电死亡的人数约为农村触电死亡人数的 15%，在触电死亡的人数中，低压死亡占 80% 以上。因此，在生活和工作中，人们除了掌握电的客观规律外，还应注意了解安全用电常识，并按操作规程办事。同时，要搞好安全用电的宣传，提高安全用电的技术理论水平，落实保证安全工作的技术措施和组织措施，切实防止各种用电设备事故和人身触电事故的发生，使电更好地造福于人类。

3．安全用电的措施

（1）建立完善的安全管理措施。
（2）电气设备要有符合规范要求的绝缘电阻。
（3）火线必须进开关，并配备合适的漏电保护装置。
（4）合理选择照明电压，工业用电符合安全要求。
（5）合理选择导线和熔丝的规格。
（6）正确选择电器设备的保护接地或保护接零。

　　除此之外，电气设备还应定期检修。检修时必须先停电，后验电；悬挂标志牌，挂接必要的接地线；由相应级别的电工进行操作；检修人员应穿戴绝缘鞋和绝缘手套等劳保用品，使用电工绝缘钳、棒、垫等专业工具；有专人统一组织和指挥。

6.5.2　电对人体的伤害与防范措施

　　人体是导体，当人体接触到具有不同电位两点时，由于电位差的作用，就会在人体内形成电流，这种现象就是触电。触电会引起人体局部受伤或死亡，根据电流对人体的伤害情况，触电分为以下两种类型，一种称为电击，另一种称为电伤。

1．电击的分类

　　电击是指电流通过人体所造成的内部伤害，它会破坏人的心脏、呼吸及神经系统的正常工作，甚至危及生命。

　　绝大部分触电死亡事故是由电击造成的。电击还常会给人体留下较明显的特征：电标、电纹、电流斑。电标是在电流出入口处所产生的革状或炭化标记。电纹是指电流通过人体表面，在其出入口间产生的树枝状不规则发红线条。电流斑则是指电流在皮肤表面出入口处所产生的大小溃疡。

　　电击可分为直接电击和间接电击两种：直接电击是指人体直接触及正常运行的带电体所发生的电击；间接电击则是指电气设备发生故障后，人体触及意外带电部分所发生的电击。因此，直接电击也称为正常情况下的电击，间接电击也称为故障情况下的电击。

　　直接电击多发生在误触相线、闸刀或其他设备带电部分。间接电击大都发生在架空线，或接户线断线搭落到金属物上，以及电动机等用电设备的线圈绝缘损坏而引起的外壳带电等情况下。

在触电事故中，直接电击和间接电击都占有相当的比例，因此，采取安全措施时要全面考虑。

2．电伤及其分类

电伤是指人体外部皮肤受到电流的伤害。电伤不损坏人体内部器官，但严重的电伤也可以致人死亡。电伤常会在人体上留下伤痕。它一般可分为以下 3 种。

（1）电弧烧伤。它是最常见也是最严重的一种电伤，多数是由电流的热效应引起的，但又与一般的水、火烫伤性质不同。具体症状是皮肤发红、起泡，甚至皮肉组织破坏或被烧焦。低压系统通常发生在：带负荷时（特别是感性负荷），拉开裸露的闸刀开关时电弧烧伤人的手和面部；线路发生短路或误操作引起短路；开启式熔断器熔断时炽热的金属颗粒飞溅出来造成电灼伤等。高压系统通常发生在：因误操作产生强烈电弧导致严重烧伤；人体过分接触带电体（距离小于安全距离或放电距离），一旦产生强烈电弧时便很可能造成严重电弧烧伤而致死。

（2）电烙印。当载流导体较长时间接触人体时，因电流的化学效应和机械效应作用，接触部分的皮肤会变硬并形成圆形或椭圆形的肿块痕迹，如同烙印一样，故称为电烙印。

（3）皮肤金属化。由于电弧或电流作用产生的金属微粒伸入人体皮肤表层而引起，使皮肤变得粗糙坚硬并呈特殊颜色（多为青黑色或褐红色），故称为皮肤金属化。它与电烙印一样都是对人体的局部伤害，且多数情况下会慢慢地逐渐自然褪色。

3．触电的防范措施

触电事故的发生多数是由于人直接碰到了带电体或者接触到因绝缘损坏而漏电的设备，另外站在接地故障点的周围，也可能造成触电事故。触电可分为以下几种：人直接与带电体接触触电事故、与绝缘损坏电气设备接触触电事故和跨步电压触电事故。

（1）间接接触触电的防护措施。间接接触触电是指接触了由于绝缘下降或破损导致间接电击的触电。对间接接触触电的防护措施是：

① 用自动切断电源的保护，并辅以总等电位连接；

② 采用双重绝缘或加强绝缘的双重电气设备；

③ 将有触电危险的场所绝缘，构成不导电环境；

④ 采用不接地的局部等电位连接的保护；

⑤ 采用电气隔离。

（2）直接接触触电的防护措施。直接接触触电是指直接接触带电导体的触电。对直接接触触电的防护措施是：

① 绝缘防护；② 屏护防护；③ 障碍防护；④ 安全距离防护；⑤ 采用漏电保护装置。

6.5.3　电对人体伤害程度的影响因素

由于电对人体的伤害是多方面的，如前所述的电灼伤、电烙印、皮肤金属化，还有电磁场对人体的辐射作用，会导致头晕、乏力和神经衰弱等症，但主要指电流通过人体内部时对人体的伤害即电击。因为电流通过人体会引起针刺感、压迫感、打击感、痉挛、疼痛乃至血压升高、昏迷、心率不齐、心室颤动等症状，严重的会导致人死亡。

电对人体的伤害程度与通过人体电流的大小、电流通过人体的持续时间、电流通过人体的途径、电流的频率、作用于人体的电压以及人体的状况等多种因素有关，而且各因素之间，特别是电流大小与作用时间之间有着密切的关系。

1. 伤害程度与电流大小的关系

通过人体的电流大小不同，引起人体的生理反应也不同。对于工频电流，按照通过人体的电流大小和人体呈现的不同反应，可将电流划分为感知电流、摆脱电流和致命电流。

（1）感知电流。引起人的感觉（如麻、刺和痛）的最小电流称为感知电流。对于不同的人，感知电流也不相同，成年男性对于工频电的平均感知电流的有效值约为 1.1mA（直流 5mA），成年女性的平均感知电流的有效值约为 0.7mA。感知电流一般不会造成伤害。

（2）摆脱电流。电流增大超过感知电流时，发热、刺痛的感觉增强。当电流增大到一定程度，触电者将因肌肉收缩、发生痉挛而紧抓带电体，将不能自行摆脱电源。触电后能自主摆脱电源的最大电流称为摆脱电流，对一般男性它平均为 16 mA；女性约为 10 mA；儿童的摆脱电流值较成人小。当电流大于摆脱电流时，人的肌肉就可能发生痉挛，时间一长，就有生命危险，大量触电事故资料分析和实验证实，触电时间与人体的电流之乘积如果超过 30mA·s，就会发生人体触电死亡。

（3）致命电流。在短时间内会危及生命的电流称为致命电流。电击致死的主要原因，大都是由于电流引起了心室颤动而造成的。因此，通常将引起心室颤动的电流称为致命电流，在一般情况下致命电流为 30mA。

（4）人体允许电流。由试验得知，在摆脱电流范围内，人若被电击后一般能自主地摆脱带电体，从而解除生命危险。因此，通常把摆脱电流看作是人体允许电流。当线路及设备装有防止触电的速断保护装置时，人体允许电流可按 30mA 考虑，在空中、水面等可能因电击导致摔死、淹死的场合，则因按不引起痉挛的 5mA 考虑。

若发生人手碰触带电体而触电时，会出现紧握导线丢不开的现象。这并不是因为电有"吸力"，而是由于电流的刺激作用，使该部分肌肉发生了痉挛而使肌肉收缩的缘故，是电流通过人手时所产生的生理作用引起的。显然，这就增大了摆脱电源的困难，往往需要借助外部条件使触电者摆脱电源，否则会加重触电的后果。

2. 伤害程度与电流作用于人体时间的关系

引起心室颤动的电流，即致命电流的大小与电流作用于人体时间的长短有关。作用时间越长，便越容易引起心室颤动，危害性也就越大。其原因如下。

（1）电流作用时间越长，能量积累增加，心室颤动电流便越小。当作用时间在 0.01～5s 时，心室颤动电流大小与作用时间的关系为

$$I = 116/\sqrt{t} \qquad\qquad (6\text{-}12)$$

式中，I 为引起心室颤动电流，单位为 mA；

　　　t 为作用时间，单位为 s。

（2）若作用时间短促，只有在心脏搏动周期的特定相位上才可能引起心室颤动。作用时间越长，与该特定相位重合的可能性便越大，心室颤动的可能性也就越大，危险性也就越大。

（3）作用时间越长，人体电阻就会因皮肤角质层遭破坏或是出汗等原因而降低，导体通过人体的电流进一步增大。显然，受电击的危险性也随之增加。

3. 伤害程度与电流途径的关系

电流通过大脑是最危险的，它会立即引起死亡（但这种触电事故极为罕见），绝大多数场合是由于电流刺激人体心脏引起心室纤维性颤动致死。因此大多数情况下，触电的危险程度取决于通过心脏的电流大小。由试验得知，电流在通过人体的各种途径下，流经心脏的电流占通过人体总电流的百分比如表 6-1 所示。

表 6-1　　　　　　　　　　　　不同途径下流经心脏电流的比例

电流通过人体的途径	通过心脏的电流占通过人体总电流的百分比
从一只手到另一只手	3.3
从左手到脚	3.7
从右手到脚	6.7
从一只脚到另一只脚	0.4

可见，当电流从手到脚及从一只手到另一只手时，程度的伤害最为严重。电流纵向通过人体，比横向通过人体更易发生心室颤动，故危险性更大；电流通过脊髓时，很可能使人截瘫；若通过中枢神经，会引起中枢神经强烈失调，造成窒息，导致死亡。

4. 伤害程度与电流频率的关系

大量触电事故资料的分析和实验证实，电对人体的伤害程度还与电流频率有关。频率在 50 ~ 160Hz 的交流电最容易对人体造成伤害，随着频率的升高，由于电流的集肤效应使触电的危险性减小，而工频交流电为 50Hz，正属这一频率范围，故程度是最危险的。所以，同样电压的交流电，其危害性就比直流电更大一些。在此范围外，频率越高或越低，对人体的危害程度反而会相对的小一些，但并不是说就没有危害性，高压高频依然是十分危险的。

5. 伤害程度与电压的关系

当人体电阻一定时，作用于人体的电压越高，通过人体的电流越大。实际上，通过人体的电流大小并不与作用于人体上的电压成正比，这是因为，随着电压的升高，人体电阻因皮肤受损破裂而下降，致使通过人体的电流迅速增加，从而对人体产生严重的伤害。

6. 伤害程度与人体电阻的关系

当人体触电时，流过人体的电流（当接触电压一定时）由人体的电阻值决定，人体电阻越小，流过人体的电流越大，危害也就越大。人体电阻主要包括内部电阻和皮肤电阻，人体内部电阻是固定不变的，与外界条件无关，约为 $500 \sim 800\Omega$。皮肤电阻主要由角质层决定，角质层越厚，电阻值就越大，其值一般为 $1\,000 \sim 1\,500\Omega$。如果皮肤角质层有破损，则人体电阻将大为下降，也就是说，人体电阻不是固定不变的。

影响人体电阻的因素很多，除皮肤厚薄外，皮肤潮湿、多汗、有损伤、带有导电性尘土等都会降低人体电阻，而清洁、干燥、完好的皮肤电阻值要高。触电面积大、电流作用时间长会增加发热出汗，从而降低人体电阻；触电电压高，会击穿角质层增加肌体电解，人体电阻也会降低；另外，人体电阻也会随电源频率的增加而降低。

6.5.4　人体触电的方式

发生触电事故的情况是多种多样的，经长期研究和对触电事故的大量分析，确认发生触电的情况分为 3 类方式：单相触电；两相触电；跨步电压。

1．单相触电

如图 6-12 所示，人体站在地面上或其他接地导体上，直接触及带电设备的其中一相而发生的触电叫做单相触电。大部分触电事故都属于单相触电，而单相触电的危险程度又视该电力系统的中性点接地与否而定。未接地情况下，身体上所受电压将小于相电压，所以这种条件下的危险性要小些。

2．两相触电

如图 6-13 所示，人体两部分直接或通过导体间接分别触及电源的两相而发生的触电叫做两相触电，两相触电在电源与人体间构成了电流的通路，此时人体要承受线电压的作用，因此是最为危险的。

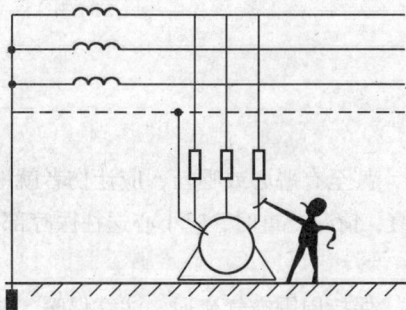

图 6-12　电源中性点接地的单相触电　　　　　　图 6-13　两相触电

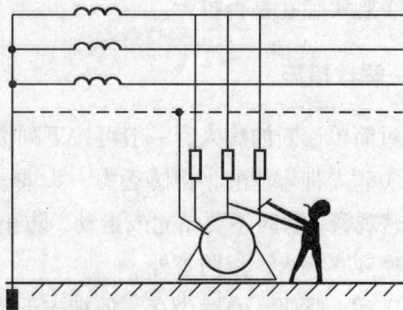

3．跨步电压

若架空电力线（特别是高压线）断落在地，大电流从该点流入地下时，触地点电压很高，以触地点为中心，构成电位分布区域，越远离触地点则电位越低，当人的两脚踩在不同的电位点时，两脚之间的电位差形成了电压，称之为跨步电压。设备或导线的工作电压越高，跨步电压越大。这样两腿之间有电流流过，发生触电，此时人应该单脚跳出危险区。

6.5.5　触电急救

发生触电事故时，对于触电者的急救应分秒必争。现场急救的具体操作可分为迅速解脱电源、简单诊断和对症处理 3 部分。发生呼吸、心跳停止的病人，病情都非常危急，这时应一面进行抢救，一面紧急联系送病人去医院进一步治疗；在转送病人去医院途中，抢救工作不能中断。

1．迅速解脱电源

一旦发生触电事故时，切不可惊慌失措、束手无策；首先要设法使触电者脱离电源，可以采用如下方法。

（1）当电源开关或电源插头就在事故现场附近时，可立即将闸刀打开或将电源插头拔掉，使触电者脱离电源。

（2）用绝缘物（如木棒、竹杆、绝缘手套等）将带电导线挑离触电者身体，使触电者脱离电源。

（3）用绝缘工具（如电工钳、带绝缘柄的刀或剪刀等）切断带电导线，断开电源。

（4）应用干的绳子套住触电者或用绝缘手套拉拽触电者衣服，使之摆脱电源。

特别注意，上述办法仅适用于 220/380V "低压" 触电的抢救。对于高压触电应及时通知供电部门，采取相应紧急措施，以免产生新的事故。

2．简单诊断

解脱电源后，病人往往处于昏迷状态或 "临床死亡" 阶段。只有作出明确判断，才能及时正确地进行急救。

（1）判断是否丧失意识。

（2）观察有否呼吸存在。

（3）检查颈动脉有否搏动。

（4）观察瞳孔是否扩大。

3．解救措施

经过简单诊断的病人，一般可按下列情况分别处理。

（1）病人神志清醒，但感乏力、头昏、心闷、出冷汗，甚至有恶心或呕吐，应让伤者就地平卧，严密观察，暂时不要站立或走动，防止继发休克或心衰，情况严重时，应小心送往医疗部门，途中严密观察病人，以防意外。

（2）病人呼吸、心跳尚存，但神志不清。应使其仰卧，保持周围空气流通，注意保暖，并且立即通知或送往医院抢救，此时还要严密观察，做好人工呼吸和体外心脏挤压急救的准备工作。

（3）假如检查发现病人已处于 "假死" 状态，则应立即针对不同类型的 "假死" 进行对症处理。若呼吸停止，心跳尚存在，则用口对口人工呼吸法维持气体交换；若心脏停止跳动，但呼吸尚存在，则用体外人工心脏挤压法来重新维持血液循环；若呼吸心跳全停，则需同时施行体外心脏挤压和口对口人工呼吸。如果现场抢救只有一人，则必须两种方法交叉进行，同时应立即向医疗部门告急抢救。

时间就是生命，有心跳无呼吸或者有呼吸无心跳的情况只是暂时的，如果不及时抢救就会导致心跳、呼吸全停止，丧失抢救的最佳时机。

4．心脏复苏开始时间与存活率关系

触电现场急救是整个触电急救过程中的关键环节之一，一般分为 3 个时期。

（1）初期复苏（基本生命支持）。迅速了解触电者的情况，立即对症处理。应用人工呼吸法及体外心脏挤压法维持其呼吸及血液循环。

（2）二期复苏（进一步生命支持）。恢复心脏自启搏动及自主呼吸，维持良好的血液循环及气体交换。

（3）后期复苏（持续生命支持）。心跳、呼吸恢复后，必须采取措施，防止脑组织缺氧受损的进一步发展，并促使脑功能的恢复。

实践证明，要想急救成功，需在 4min 内进行初期复苏，并在 8min 内开始二期复苏工作。触

电现场急救实际就是初期复苏, 所以每一个电气作业人员必须熟练掌握急救技术。一旦发生事故, 就能立即正确地在现场进行急救。

6.5.6　接地与接零

为了人身安全和电力系统工作的需要, 要求电气设备采取接地措施。所谓电气上的 "地", 是指电位等于 0 的地方。电气设备的任何部分与土壤之间良好的连接称为 "接地"。与土壤直接接触的金属物体, 称为接地体, 连接接地体及设备接地部分的导线称为接地线, 接地体和接地线合称接地装置。电力系统和电气设备的接地, 按其功能分为工作接地、安全接地、为保证接地有效的重复接地。

1. 工作接地

由于运行与安全需要, 为保证电力网在正常情况下, 或发生事故情况下都能可靠地工作, 而将电气回路中性点与大地相连, 称为工作接地, 即将中性点接地。工作接地的作用有 3 种。

（1）降低触电电压。在中性点不接地的系统中, 当一相接地而人体触及另外两相之一时, 触电电压将为相电压的 $\sqrt{3}$ 倍, 即为线电压。而在中性点接地的系统中, 在上述情况下, 触电电压就降低到等于或接近相电压。

（2）迅速切断故障。在中性点不接地的系统中, 当一相接地时, 接地电流很小, 不足以使保护装置迅速动作而切断电源, 接地故障不易被发现, 将长时间持续下去, 对人身不安全。在中性点接地的系统中, 一相接地后的接地电流较大（接近单相短路）, 保护装置迅速动作, 断开故障点。

（3）降低电气设备对地的绝缘水平。在中性点不接地的系统中, 一相接地时将使另外两相的对地电压升高到线电压; 而在中性点接地的系统中, 则接近于相电压, 故降低电气设备和输电线的绝缘水平, 节省投资。

2. 安全接地

安全接地是指为了保障人身安全, 防止间接触电, 而将设备的外露可导电部分进行接地。主要包括: 为防止电力设备或电气设备绝缘损坏, 危及人身安全而设置的保护接地; 为消除生产过程中产生的静电积累、引起触电或爆炸而设的静电接地; 为防止电磁感应干扰而对设备的金属外壳、屏蔽罩或屏蔽线外皮所进行的屏蔽接地。其中保护接地应用最广泛。

3. 重复接地

在三相五线制系统（TN-S）中, 把工作零线 N 和专门的保护线 PE 严格分开, 所有设备的外露可导电部分均与保护线 PE 相接。在 TN-S 系统中, PE 一处或多处再次与接地装置相连称为重复接地。重复接地的作用非常重要: 首先, 一旦中线断了, 可以保证人身安全, 大大降低触电的危险程度; 其次它与工作接地电阻相并联, 降低了接地电阻的总值, 使工作零线对地电压漂移减小, 同时增加了故障电流, 使自动脱扣器动作更可靠。

4. 保护接零

为了防止因电气设备绝缘损坏而使人身遭受触电的危险, 将电气设备的金属外壳和底座与电力系统的中性线相连接, 称为保护接零, 它属于工作接地的一种方式。保护接零适用于中性点接地的低压系统中，在三相四线制中性点直接接地的低压系统中，当电气装置的某一相绝缘损坏使相线碰壳时，短路电流将通过该相和零线构成回路，由于零线的阻抗很小，所以单相短路电流很大，它足以使线路上的保护装置（如熔断丝、自动空气断路器等）迅速动作，从而将漏电设备与电源断开，既消除触电的危险，又使低压系统迅速恢复正常工作，起保护作用。

小结

1. 对称三相电动势

$$\dot{U}_A + \dot{U}_B + \dot{U}_C = 0$$

2. 三相负载的连接

Y 形连接：三相负载接成 Y 形，供电电路只需三线三相制；不对称三相负载连接成 Y 形，供电电路必须为三相四线制。每相负载的相电压对称且为线电压的 $\dfrac{1}{\sqrt{3}}$。

三相负载对称时，$I_0 = 0$，中线可以省去。

3. △形连接：三相负载连接成△形，供电电路只需三相线制，每相负载的相电压等于电源的线电压。无论负载是否对称，只要线电压对称，每相负载相电压也对称。

对于对称三相负载，线电流为相电流的 $\sqrt{3}$ 倍，线电流比相应的相电流滞后 30°。

4. 三相电路的功率

对于对称三相负载，有

$$P = \sqrt{3}U_l I_l \cos\phi \quad Q = \sqrt{3}U_l I_l \sin\phi \quad S = \sqrt{3}U_l I_l$$

5. 电力系统是发电厂、输电线、变电所及用电设备的总称。电能由发电厂产生；输电就是将电能输送到用电地区或直接输送到大型用电户；配电是由 10kV 级以下的配电线路和配电（降压）变压器所组成。

（1）当人体发生触电时，电流会对人体造成程度不同的伤害，一般可分为两种类型：一种称为电击；另一种称为电伤。

（2）电击是指电流通过人体时所造成的内部伤害；电伤是指人体外部皮肤受到电流的伤害。

（3）电对人体的伤害程度与通过人体电流的大小、电流通过人体的持续时间、电流通过人体的途径、电流的频率、作用于人体的电压以及人体的状况等多种因素有关。

（4）触电的形式一般分为 3 类：单相触电；两相触电；跨步电压。

（5）触电急救步骤：迅速解脱电源、简单诊断和对症处理 3 部分。

（6）根据触电者不同的临床表现进行不同方式的急救：心跳停止，但呼吸尚存在，立即采用胸外挤压法人工呼吸；呼吸停止，心跳尚存在，立即采用口对口进行人工呼吸；心跳、呼吸均停止，立即采用胸外挤压法与口对口人工呼吸法同时进行。

（7）电力系统和电气设备的接地，按其功能分为工作接地、安全接地和为保证接地有效的重复接地。

习题6

一、简答题

1. 在对称三相电路中，星形连接或三角形连接的相电压与线电压，相电流与线电流的关系是什么?

2. 发电机绕组做三角形连接时应注意哪些问题? 若出现一相极性接反会产生什么后果?

3. 中线的作用是什么? 不对称三相负载 Y 形连接时为什么不能省去中线?

4. 电力系统由哪几部分组成?它们的作用是什么?

5. 何为电击?如何区分电击和电伤?

6. 触电方式有哪几种?何为跨步触电?

7. 如何防止人身直接触电，当有人发生触电事故后如何处理?

8. 何为工作接地? 它有哪几种作用?

9. 简要回答间接接触触电的防护措施。

10. 简要回答直接接触触电的防护措施。

11. 保证安全检修的技术措施是什么。

二、计算题

1. 三相三线制电路如题图 6-1 所示，若某相负载开路，其他两相负载的相电压如何变化? 若某相负载短路，则其他两相负载的相电压又如何变化?

2. 对称三相电路的星形负载阻抗 $Z = 165 + j84\Omega$，端线阻抗 $Z = 2 + j1\Omega$，中线阻抗 $Z = 1 + j1\Omega$，线电压 $U_1 = 380V$，求负载的线电流和线电压，并作相量图。

3. 如题图 6-2 所示，已知 $\dot{U}_{AB} = 50e^{j30°}$ V，$Z = 10\Omega$，求各负载的电流、有功功率 P。

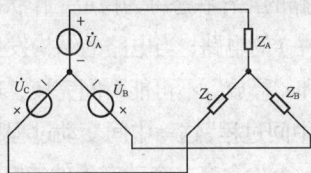
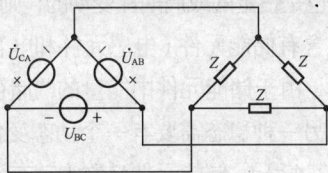

题图 6-1　　　　　　　　　　　题图 6-2

4. 电路如题图 6-3 所示，已知 $\dot{U}_{CA} = 100\sqrt{3}\angle 30°$ V，$Z_A = (10 + j10)\Omega$，$Z_B = (30 + j40)\Omega$，$Z_C = (80 - j60)\Omega$，求各相负载之路中的电流和功率 P。

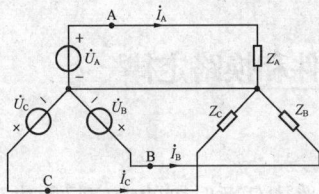

题图 6-3

第7章

一阶动态电路分析

【本章内容简介】 学习动态电路及过渡过程的基本概念，换路定律，一阶动态电路零输入响应、零状态响应和全响应遵从的规律，以及运用三要素法分析一阶线性动态电路的响应问题。

【本章重点难点】 重点掌握换路定律，一阶动态电路零输入响应、零状态响应遵从的规律，并能熟练运用三要素法分析一阶动态电路的响应问题。

7.1 换路定律和初始值

前面我们研究了直流电阻电路和正弦稳态电路，在分析、计算中我们认为电路中激励源是一直作用于电路，并且电路的结构是恒定不变的。恒定的或周期变动的激励作用于线性电路时，若响应也是恒定的或周期性变动的，则此电路的工作状态称为稳定工作状态，简称稳态。

在含有储能元件（电感元件和电容元件）的电路，当电路的结构发生变化或激励源发生突变时，由于储能元件中能量的"储存"和"释放"不可能瞬间完成，这样电路从一种稳态变化到另一种稳态需要有一个动态变化的中间过程，这一中间变动过程称为电路的动态过程（或过渡过程）。储能元件又称为动态元件，至少含有一个动态元件的电路称为动态电路。

过渡过程的时间是极为短暂的，但其过渡特性在控制系统、计算机系统、通信系统应用极为广泛；另一方面，电路在过渡过程中可能会出现过电压或过电流现象，这在设计电气设备时必须加以考虑，以确保设备安全可靠地运行。可见，研究电路的过渡过程具有十分重要的意义。

7.1.1 动态元件和换路定律

1. 动态元件

对于电阻电路，电路中任意时刻的响应只取决于该时刻的激励，而与过去的历程无关，激励与响应的关系是代数关系，即 $u_R(t)=R\,i_R(t)$。电阻元件上有电压就有电流，电压为零，则电流也为零。具有这种特征的电路称为即时电路或无记忆电路。电阻元件是无记忆元件。

对于电容元件，如图 7-1 所示，电流与电压关系为

$$\left.\begin{array}{l} i_C(t)=C\dfrac{\mathrm{d}u_C}{\mathrm{d}t} \\[3mm] u_C(t)=\dfrac{1}{C}\displaystyle\int_{-\infty}^{t} i_C(\tau)\mathrm{d}\tau \end{array}\right\} \tag{7-1}$$

从式（7-1）可看出，在电容元件上每个瞬间的电流值不是取决于有无该瞬间电压，而是取决于该瞬间电容电压的变化情况，因此电容元件为动态元件。

同时还可以看到一个重要性质，由于通过电容的电流为有限值，则 $\dfrac{\mathrm{d}u_C}{\mathrm{d}t}$ 就必须为有限值，这就意味着电容两端的电压不可能发生跃变，而只能连续变化。

对于电感元件，如图 7-2 所示，其伏安关系如下。

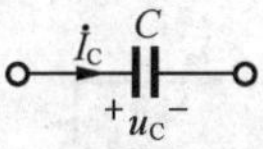

图 7-1　电容元件伏安关系 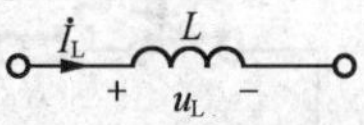　　　　　　图 7-2　电感元件伏安关系

$$\left.\begin{array}{l} u_L(t)=L\dfrac{\mathrm{d}i_L}{\mathrm{d}t} \\[3mm] i_L(t)=\dfrac{1}{L}\displaystyle\int_{-\infty}^{t} \mu_L(\tau)\mathrm{d}\tau \end{array}\right\} \tag{7-2}$$

从式（7-2）可看出，在电感元件上每个瞬间的电压值只取决于该瞬间电感电流的变化情况，而与该瞬间电流值无关，因此电感元件也是动态元件。同样，由于电感两端的电压应为有限值，则 $\dfrac{\mathrm{d}i_L}{\mathrm{d}t}$ 就必须为有限值，这就意味着流经电感的电流不可能发生跃变，而只能连续变化。

2. 换路定律

当作用于电路的电源发生突变（如电源的接入或撤出）、电路的结构或参数发生变化时统称为"换路"。

根据动态元件的上述性质，可以得到一个重要的结论：在电路发生换路后的瞬间，电容两端的电压和电感中的电流都应保持换路前一瞬间的原有值不变，这个结论称为换路定律。

若换路发生在 $t=0$ 时刻，我们把换路前的瞬间记为 $t=0_-$，换路后的瞬间记为 $t=0_+$，换路定律可表示为

$$\left.\begin{array}{l} u_C(0_+)=u_C(0_-) \\[2mm] i_L(0_+)=i_L(0_-) \end{array}\right\} \tag{7-3}$$

需要特别注意：除电容电压和电感电流外，其余各处电压电流不受换路定律的约束，换路前后可能发生跃变。

7.1.2　电路初始值及计算

在分析电路的过渡过程时,电路的初始值是非常重要的物理量。电路的初始值就是换路后 $t=0_+$

时刻的电压、电流值，求解方法如下。

（1）由换路前的稳态电路，即 $t=0_-$ 时的电路计算出电容电压 $u_C(0_-)$ 或电感电流 $i_L(0_-)$，其他的电压、电流不必计算，因为换路时只有电容电压与电感电流具有连续性，保持瞬间不变。

（2）根据换路定律可以得到换路后瞬间电容电压和（或）电感电流的初始值，即

$$u_C(0_+)=u_C(0_-)，\quad i_L(0_+)=i_L(0_-)$$

（3）电路中其他各量的初始值要由换路后 $t=0_+$ 时的等效电路求出。在 $t=0_+$ 时的等效电路中，如果电容无储能，即 $u_C(0_+)=0$，就将电容 C 用短路代替，若电容有储能，即 $u_C(0_+)=U_0$，则用一个电压为 U_0 的电压源代替；同样，对于电感，若电感初始电流 $i_L(0_+)=0$，就将电感 L 开路，若 $i_L(0_+)=I_0$，则用一个电流为 I_0 的电流源替代电感。得到 $t=0_+$ 时的等效电路，再根据稳态电路的分析方法计算出电路的任一初始值。

【例 7-1】 如图 7-3（a）所示，直流电压源的电压 $U_S=10V$，$R_1=R_2=R_3=5\Omega$。电路原已达到稳态。在 $t=0$ 时断开开关 S。试求 $t=0_+$ 时电路的初始值 $uc(0_+)$、$u_2(0_+)$、$u_3(0_+)$、$i_2(0_+)$、$i_3(0_+)$ 等。

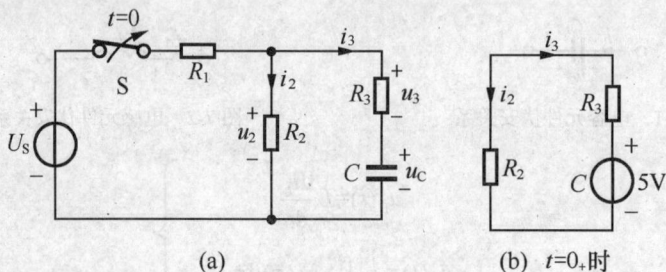

图 7-3　例 7-1 图

解：（1）先确定电容电压的初始值 $u_C(0_+)$。由于换路前电路处于稳态，所以电容元件相当于开路，由原电路可求出

$$u_C(0_-)=u_2(0_-)=\frac{U_S}{R_1+R_2}\times R_2=5V$$

（2）根据换路定律，有

$$u_C(0_+)=u_C(0_-)=5V$$

（3）将原图中的电容用 5V 电压源替代，得到 $t=0_+$ 时的等效电路如图 7-3（b）所示，从而求出各初始值如下

$$i_2(0_+)=\frac{u_C(0_+)}{R_2+R_3}=\frac{5}{5+5}=0.5A$$

$$i_3(0_+)=-i_2(0_+)=-0.5A$$

$$u_2(0_+)=R_2\, i_2(0_+)=5\times0.5=2.5V$$

$$u_3(0_+)=R_3\, i_3(0_+)=-5\times0.5=-2.5V$$

【例 7-2】 电路如图 7-4（a）所示，开关 S 闭合前电路处于稳态，在 $t=0$ 时 S 闭合，试求 S 闭合后的初始值 $i_L(0_+)$、$i_1(0_+)$、$i_2(0_+)$、$i_C(0_+)$ 及 $u_L(0_+)$。

解：（1）因为开关 S 闭合前电路已处于稳态，由电路可知电容和电感均无储能，即 $u_C(0_-)=0$，$i_L(0_-)=0$。根据换路定律，有

$$u_C(0_+)=u_C(0_-)=0$$

$$i_{\mathrm{L}}(0_+) = i_{\mathrm{L}}(0_-) = 0$$

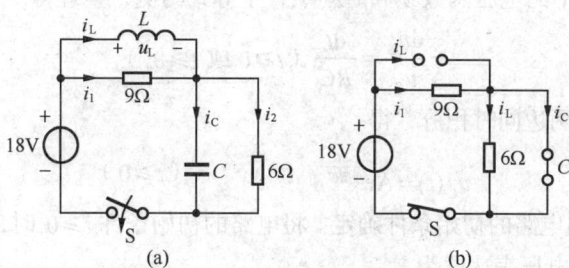

图 7-4　例 7-2 图

（2）计算其他初始值。将原图中的电容 C 用短路代替 $[u_{\mathrm{C}}(0_+)=0]$；电感 L 用开路代替 $[i_{\mathrm{L}}(0_+)=0]$，得 $t=0_+$ 时的等效电路如图 7-4（b）所示，从而求得

$$i_1(0_+) = \frac{18}{9} = 2\text{A}, \quad i_2(0_+) = 0,$$

$$i_{\mathrm{C}}(0_+) = i_1(0_+) = 2\text{ A}, \quad u_{\mathrm{L}}(0_+) = 18\text{V}$$

7.2　一阶电路的零输入响应

由于动态电路中的电感、电容的 VAR 是微积分关系，因此动态电路列出的 KVL、KCL 方程是微分方程。用一阶微分方程描述的电路，称为一阶电路；用二阶微分方程描述的电路，则称为二阶电路。从电路结构看，只含有一个独立储能元件的电路定为一阶电路。

动态电路分析实质上就是求解电路的电压、电流（即响应）的变化规律。本节的分析方法是以时间 t 作为自变量，直接求解微分方程的方法，因此这种分析方法又称为时域分析法。

动态电路的响应来源于两部分：一是外加激励，二是电路的初始储能（初始状态），或是二者共同起作用。若外加激励为零，仅由初始状态所引起的响应，称为零输入响应；若初始储能为零，而只由初始时刻的输入激励所引起的响应，称为零状态响应；若由二者共同作用所引起的响应则称为全响应。本节先讨论零输入响应。

7.2.1　RC 电路的零输入响应

RC 电路的零输入响应，实质上是已充电的电容器通过电阻放电的物理过程。设电路如图 7-5 所示，开关 S 在位置 a 时电路已处于稳态，此时电容电压 $u_{\mathrm{C}}=U_0$，在 $t=0$ 时，开关 S 由 a 合向 b，电容器将从初始值 $u_{\mathrm{C}}(0_+)=u_{\mathrm{C}}(0_-)=U_0$ 通过电阻 R 开始放电。下面我们通过数学方法对电容放电的动态过程进行分析。

电路中各电压、电流的参考方向如图 7-5 所示，开关 S 合向 b 后，根据 KVL 可得方程

$$u_{\mathrm{R}} + u_{\mathrm{C}} = 0$$

将 $u_{\mathrm{R}} = R\,i$ 和 $i = i_{\mathrm{C}} = C\dfrac{\mathrm{d}u_{\mathrm{C}}}{\mathrm{d}t}$ 代入上式得到该动态电路的一阶微分方程

$$RC\frac{\mathrm{d}u_{\mathrm{C}}}{\mathrm{d}t} + u_{\mathrm{C}} = 0 \quad (t \geqslant 0 \text{ 或 } t \geqslant 0_+) \tag{7-4a}$$

利用分离变量法求解 u_C。

将式（7-4a）方程中的电压函数项和时间项置于等式两侧，整理得

$$-\frac{\mathrm{d}u_C}{u_C}=\frac{\mathrm{d}t}{RC} \quad (t\geq0 \text{ 或 } t\geq0_+) \qquad (7\text{-}4b)$$

对式（7-4b）方程两边同时积分，得

$$u_C(t)=A\mathrm{e}^{-\frac{t}{RC}} \qquad (t\geq0)$$

上式中的积分常数 A 由电路的初始条件确定。将电路的初始条件 $t\geq0_+$ 时，$u_C(0_+)=U_0$ 代入上式，得电容上的零输入响应电压表达式为

$$u_C(t)=U_0\mathrm{e}^{-\frac{t}{RC}} \quad (t\geq0) \qquad (7\text{-}5a)$$

它是一个随时间衰减的指数函数，注意，在 $t=0$ 时，电容电压 u_C 是连续的，没有跃变。

电容上的零输入响应电流表达式为

$$i_C(t)=C\frac{\mathrm{d}u_C}{\mathrm{d}t}=C\frac{\mathrm{d}}{\mathrm{d}t}(U_0\mathrm{e}^{-\frac{t}{RC}})=-\frac{U_0}{R}\mathrm{e}^{-\frac{t}{RC}} \quad (t\geq0) \qquad (7\text{-}6a)$$

它也是一个随时间衰减的指数函数，注意，在 $t=0$ 时，电容电流 i_C 由零跃变为 $\dfrac{U_0}{R}$，不受换路定律的约束。

电容上的零输入响应电压、电流曲线如图 7-6 所示。

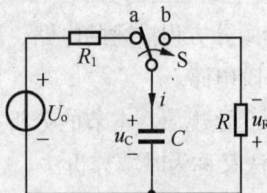

图 7-5　RC 电路的零输入响应　　　　图 7-6　电容上 u_C 和 i 的变化曲线

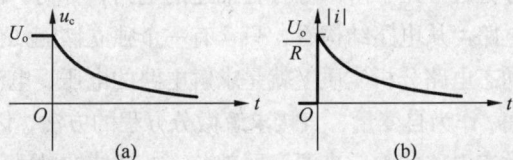

由式（7-5a）和式（7-6a）可知，电容上电压、电流的衰减快慢取决于电路参数 R 和 C 的乘积，RC 乘积越大，衰减越慢；反之，则衰减越快。这一点可以从物理概念上解释：在一定电容电压初始值 U_0 的情况下，电容 C 越大，其储存的电荷就越多，放电需要的时间越长；电阻 R 越大，放电电流越小，放电需要的时间越长，由此电容电压和电流衰减的快慢，决定于 R 和 C 的乘积。这个乘积称为 RC 电路的时间常数，用 τ 表示，即

$$\tau = RC \qquad (7\text{-}7)$$

τ 的单位是秒。

这样式（7-5a）和式（7-6a）就可表示为

$$u_C=U_0\mathrm{e}^{-\frac{t}{\tau}} \quad (t\geq0_+) \qquad (7\text{-}5b)$$

$$i_C=C\frac{\mathrm{d}u_C}{\mathrm{d}t}=C\frac{\mathrm{d}}{\mathrm{d}t}(U_0\mathrm{e}^{-\frac{t}{\tau}})=-\frac{U_0}{R}\mathrm{e}^{-\frac{t}{\tau}} \quad (t\geq0) \qquad (7\text{-}6b)$$

以电容端电压为例，当 $t=\tau$ 时，$u_C(\tau)=U_0\mathrm{e}^{-1}=0.386U_0$，即电压下降到约为初始值的 37%；当 $t=4\tau$ 时，$u_C(\tau)=U_0\mathrm{e}^{-4}=0.0183U_0$，电压已下降到约为初始值的 1.8%，一般可认为已衰减到零。由此，可得结论如下。

（1）时间常数 τ 是用来表征一个电路过渡过程快慢的物理量。τ 越大，电路过渡过程持续时间越长。图 7-7 绘出了 RC 放电电路在 3 种不同 τ 值下电压 u_C 随时间变化的曲线，其中 $\tau_1 < \tau_2 < \tau_3$。

（2）电容的电压（或电感的电流）从一定值减小到零的全过程就是相应电路的过渡过程，一般认为经过 $3\tau \sim 5\tau$，过渡过程结束。

（3）时间常数 τ 仅由换路后的电路参数决定，反映了该电路的特性，与外加电压及换路前情况无关，若电路中有多个电阻时，则 R 为换路后接于 C 两端的等效电阻。

【例 7-3】 电路如图 7-8 所示，在 $t < 0$ 时电路已处于稳态；在 $t=0$ 时，开关 S 闭合，试求 $t \geqslant 0$ 时的电流 i。

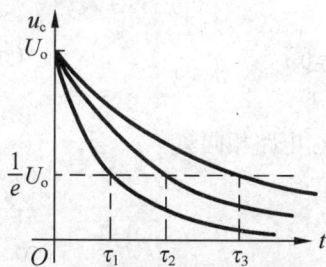

图 7-7　不同 τ 值下 u_C 变化曲线

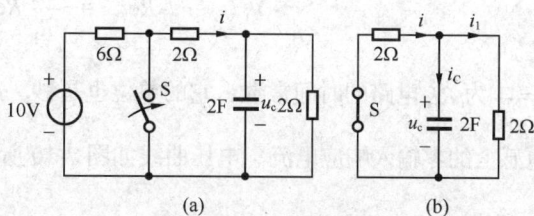

图 7-8　例 7-3 图

解：（1）先求换路前电容电压 $u_c(0_-)$。

由图 7-7（a）可求出 $u_c(0_-) = \dfrac{10}{6+2+2} \times 2 = 2\text{V}$

（2）作出 $t \geqslant 0$ 时的电路如图 7-7（b）所示，其中 $u_c(0_+) = u_c(0_-) = 2\text{V}$

从电容放电电路来看，电路其余部分等效电阻为 1Ω（两个 2Ω 电阻为并联关系），由此电路的时间常数 $\tau = RC = 1 \times 2 = 2\text{s}$。

由式（7-5b）可得电容电压为

$$u_c(t) = 2e^{-\frac{t}{2}} \text{V} \qquad (t \geqslant 0)$$

进而求得

$$i_C(t) = C\frac{du_C}{dt} = -2e^{-\frac{t}{2}}\text{A} \qquad (t \geqslant 0)$$

$$i_1(t) = \frac{u_C}{2} = e^{-\frac{t}{2}}\text{A} \qquad (t \geqslant 0)$$

所以

$$i(t) = i_1(t) + i_C(t) = -e^{-\frac{t}{2}}\text{A} \qquad (t \geqslant 0)$$

7.2.2　RL 电路的零输入响应

RL 电路的零输入响应，是指电感储存的磁场能量通过电阻进行释放的物理过程。如图 7-9 所示，设开关 S 置于 a 时电路已处于稳态，此时电感中电流 $I_0 = \dfrac{U_S}{R_1}$。在 $t=0$ 时，开关 S 打开，电感将通过电阻 R 释放磁场能。

电路中各电压、电流的参考方向如图 7-9 所示，开关打开后，根据 KVL 可得方程

$$u_R + u_L = 0$$

将 $u_R = Ri = Ri_L$ 和 $u_L = L\dfrac{di_L}{dt}$ 代入上式可得动态电路方程

$$\frac{L}{R}\frac{di_L}{dt}+i_L=0 \quad (t\geqslant 0) \tag{7-8}$$

结合初始条件 $i_L(0_+)=i_L(0_-)=I_0$

解得电感上的零输入响应电流表达式为

$$i_L(t)=I_0e^{-\frac{R}{L}t}=\frac{U_S}{R_1}e^{-\frac{R}{L}t}=\frac{U_S}{R_1}e^{-\frac{t}{\tau}} \quad (t\geqslant 0) \tag{7-9}$$

电感上的零输入响应电压表达式为

$$u_L(t)=-I_0Re^{-\frac{t}{\tau}}=-\frac{U_S}{R_1}Re^{-\frac{t}{\tau}} \quad (t\geqslant 0) \tag{7-10}$$

其中 $\tau=\dfrac{L}{R}$ 为 RL 电路的时间常数，它的单位也是秒。意义与 RC 电路相同。

电感上的零输入响应电流、电压曲线如图 7-10 所示。

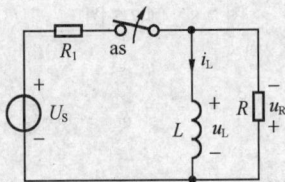

图 7-9　RL 电路的零输入响应　　　　图 7-10　电感上的 i_L、u_L 变化曲线

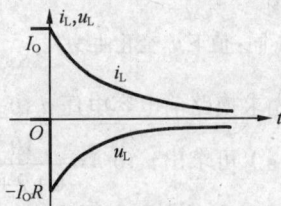

由以上分析可知，一阶电路的零输入响应都是随时间按指数规律衰减到零的，这反映了在没有电源作用下，动态元件的初始储能逐渐被电阻消耗掉的物理过程。

零输入响应取决于电路的初始状态和电路的时间常数 τ。若用 $f(t)$ 表示电路的响应，$f(0_+)$ 表示初始值，则一阶电路零输入响应的一般表达式为

$$f(t)=f(0_+)e^{-\frac{t}{\tau}} \quad (t\geqslant 0) \tag{7-11}$$

【例 7-4】　电路如图 7-11 所示，开关 S 在 $t=0$ 时闭合，已知开关闭合前电路处于稳态，试求 S 闭合后电感中的电流 i_L 和电压 u_L。

解：先从换路前电路中求出电感电流的初始值

$$i_L(0_-)=5\text{A}$$

则

$$i_L(0_+)=i_L(0_-)=5\text{A}$$

图 7-11　例 7-4 图

画出换路后 $t\geqslant 0$ 的电路如图 7-11（b）所示，求得

$$\tau=\frac{L}{R}=\frac{0.5}{2}=\frac{1}{4}\text{s}$$

代入式（7-11）得

$$i_L(t)=i_L(0_+)e^{-\frac{t}{\tau}}=5e^{-4t}\text{A}$$

$$u_L=L\frac{di}{dt}=-10e^{-4t}$$

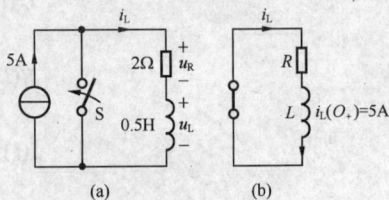

7.3　一阶电路的零状态响应

零状态响应就是在零初始状态下，在初始时刻仅有输入激励所产生的响应。显然，这一响应与输入有关。本节仅讨论一阶电路在恒定激励下的零状态响应。

7.3.1　RC 电路的零状态响应

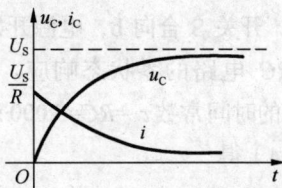

在图 7-12 所示电路中，若开关 S 接于 b 已久，电容器无储能。在 $t=0$ 时，开关 S 合向 a，电源开始向电容器充电。下面我们分析电容器充电的动态过程。

电路中各电压、电流参考方向如图 7-12 所示，根据 KVL，得换路后的电压方程为

$$u_R + u_C = U_S$$

将 $u_R = R\,i$ 及 $i = i_C = C\dfrac{\mathrm{d}u_C}{\mathrm{d}t}$ 代入上式得

$$RC\frac{\mathrm{d}u_C}{\mathrm{d}t} + u_C = U_S \quad (t \geqslant 0) \tag{7-12}$$

仍利用分离变量法解此一阶常系数微分方程得

$$u_C(t) = U_S - A\mathrm{e}^{-\frac{t}{RC}} \tag{7-13}$$

（其中 A 为积分常数，由初始条件决定）

将初始值 $u_C(0_+)=0$ 代入上式求得 $\qquad\qquad A=U_S$

所以电容上的零状态响应电压表达式为

$$u_C(t) = U_S - U_S\mathrm{e}^{-\frac{t}{RC}} = U_S\left(1 - \mathrm{e}^{-\frac{t}{\tau}}\right) \quad (t \geqslant 0) \tag{7-14}$$

由此可知电容电压随时间变化的全貌：它从零开始按指数规律上升趋向于稳态值 U_S，电路的时间常数 τ 仍为 RC。一般认为 $t=4\tau$ 时，电容电压充电基本完毕，即已达到稳态值 U_S。

电容上的零状态响应电流表达式为

$$i_C(t) = \frac{U_S}{R}\mathrm{e}^{-\frac{t}{RC}} = \frac{U_S}{R}\mathrm{e}^{-\frac{t}{\tau}} \quad (t \geqslant 0) \tag{7-15}$$

电容上的零状态响应电压、电流曲线如图 7-13 所示。

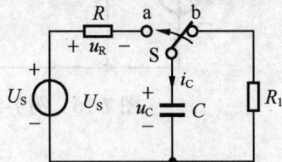

图 7-12　RC 电路的零状态响应　　　　图 7-13　电容上的零状态响应曲线

7.3.2　RL 电路的零状态响应

对于图 7-14 所示 RL 电路，其电感中电流的零状态响应也可作相同的分析。设开关闭合前电

感无储能，$t=0$ 时开关 S 闭合，由于电感电流不能跃变，所以电路中电流的初始值 $i_L(0_+) =0$。

根据 KVL，可列出开关闭合后回路的电压方程为

$$u_R+u_L=U_S（t \geq 0）$$

将 $u_R=R\ i=Ri_L$ 和 $u_L=L\dfrac{di_L}{dt}$ 代入上式可得动态电路方程

$$\frac{L}{R}\frac{di_L}{dt}+i_L=\frac{U_S}{R}（t \geq 0）\tag{7-16}$$

结合初始条件 $i_L(0_+)=i_L(0_-) =0$

解得电感上的零状态响应电流表达式为

$$i_L(t)=\frac{U_S}{R}\left(1-e^{-\frac{R}{L}t}\right)=\frac{U_S}{R}\left(1-e^{-\frac{t}{\tau}}\right)（t \geq 0）\quad \tau=\frac{L}{R}\tag{7-17}$$

电感上的零状态响应电压表达式为

$$u_L(t)=L\frac{di_L}{dt}=U_S e^{-\frac{t}{\tau}}（t \geq 0）\tag{7-18}$$

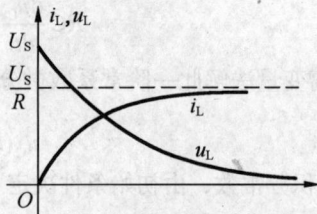

电感上的零输入响应电流、电压曲线如图 7-15 所示。

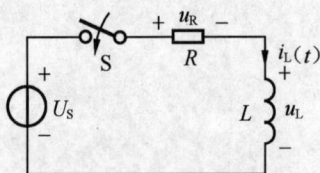

图 7-14　RL 电路的零状态响应　　　　图 7-15　电感上的零输入响应电流电压曲线

以上讨论了在直流电源激励下电路的零状态响应。这时的物理过程，实质上是电路中动态元件的储能从无到有逐渐增长的过程。电容电压或电感电流都是从零值开始按 $\left(1-e^{-\frac{t}{\tau}}\right)$ 指数规律上升到它的稳态值。其中时间常数 τ 与零输入响应时相同。

【例 7-5】 电路如图 7-16 所示，已知 $U_S=10V$，$R=5k\Omega$，$C=1\mu F$。开关 S 接于 b 处很久。在 $t=0$ 时，开关 S 合向 a，求换路后电容电压 $u_C(t)$。

解：由题条件可知，电容器无初始储能，即 $u_C(0_+)=u_C(0_-)=0$

在 $t=0$ 时，开关 S 合向 b，电源开始给电容器充电，所以此电路为 RC 电路的零状态响应。且电容电压稳态值 $U_S=10V$，电路的时间常数 $\tau =RC=5\,000 \times 1 \times 10^{-6}=5 \times 10^{-3}s$。

由式（7-14）得

图 7-16　例 7-5 图

$$u_C(t)=U_S\left(1-e^{\frac{t}{\tau}}\right)=10 \times \left(1-e^{-\frac{t}{0.005}}\right)=10 \times \left(1-e^{-200t}\right)V$$

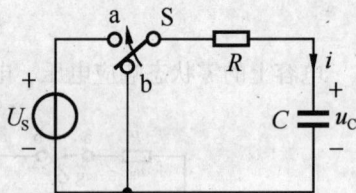

7.4　一阶电路的全响应与三要素法

前面两节分别讨论了一阶电路的零输入响应和零状态响应，现在进一步讨论非零初始状态和

输入激励共同作用下的全响应。

7.4.1　一阶电路全响应的规律

以 RC 电路的全响应为例来讨论计算方法。在如图 7-17 所示电路中，开关 S 接于 a 已很久，即电容已储存能量，$u_C(0_-)=U_0$。在 $t=0$ 时 S 由 a 合向 b，显然换路后电路的响应为全响应。

先根据 KVL，列出换路后回路的电压微分方程为

$$RC\frac{\mathrm{d}u_C}{\mathrm{d}t}+u_C=U_S\ (t\geq 0)\qquad（7\text{-}19）$$

并结合初始条件　　　　　　　　　　$u_C(0_+)=u_C(0_-)=U_0$

解此微分方程得

$$u_C(t)=U_0\mathrm{e}^{-\frac{t}{\tau}}+U_S\left(1-\mathrm{e}^{-\frac{t}{\tau}}\right)$$

$$=u_C^{(1)}+u_C^{(2)}\qquad\qquad（7\text{-}20a）$$

由上式可看出，RC 电路的全响应 u_C 可分为两部分：零输入响应 $U_0\mathrm{e}^{-\frac{t}{\tau}}$ 和零状态响应 $U_S\left(1-\mathrm{e}^{-\frac{t}{\tau}}\right)$。

即　　　　　　　　　　全响应=零输入响应+零状态响应

显然，一阶线性动态电路的全响应可看成是零输入响应和零状态响应的叠加。这一结论是叠加定理在线性动态电路中的体现。另外，式（7-20a）还可以写成

$$u_C(t)=U_S+(U_S-U_0)\mathrm{e}^{-\frac{t}{\tau}}$$

$$=u_C'+u_C''\qquad\qquad（7\text{-}20b）$$

式中，第一项为稳态分量或强迫分量，第二项为暂态分量或自由分量。所以（7-20b）式可归纳为

全响应=稳态分量+暂态分量

稳态分量即动态电路换路后达到新的稳定状态时的相应响应值，稳态分量只与输入激励有关，当输入的是直流量时，稳态分量是恒定不变的；当输入的是正弦量时，稳态分量是同频率的正弦量。

暂态分量则既与初始状态有关，也与输入有关，它是与初始值和稳态值之差有关，显然当这个差值为零（初始值与稳态值相等）时，将不存在暂态分量。实际上，暂态分量常常认为在 $t=5\tau$ 时趋于零，电路的过渡过程结束，此后的全响应只有稳态分量，即电路进入新的稳态。

图 7-18 画出了全响应的两种分解方式的曲线。

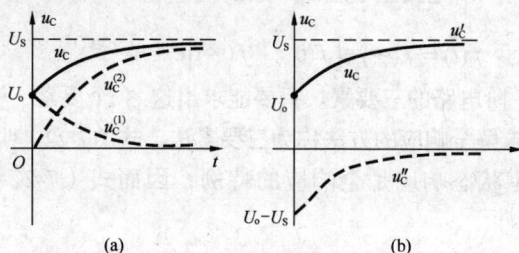

图 7-18　全响应的两种分解

【例 7-6】 电路如图 7-17 所示，若 $U_0=4V$，$U_S=12V$，在 $t=0$ 时将 S 由 a 合向 b。已知 $R=1\Omega$，$C=0.5F$。试求 $t \geq 0$ 时的 u_C、u_R 和 i_C。

解： u_C 可看成是零输入响应和零状态响应的叠加，因此可以先分别进行求解。

零输入响应：设输入电源电压零值，则 u_C 由 4V 开始按指数规律衰减，得零输入响应分量为

$$u_{C1} = 4e^{-\frac{t}{\tau}} \qquad\qquad \tau = RC = 1 \times 0.5 = 0.5s$$

零状态响应：设电容初始值为零，则 u_C 由零开始按指数规律充电直到稳态，而电路达到稳态时电容电压为 U_S。由式（7-14）得零状态响应为

$$u_{C2} = 12 \times (1 - e^{-\frac{t}{\tau}})$$

所以全响应 u_C 表达式为

$$u_C = 4e^{-\frac{t}{\tau}} + 12 \times (1 - e^{-\frac{t}{\tau}}) = 12 - 8e^{-\frac{t}{\tau}} = 12 - 8e^{-2t}\,\text{V}$$

电容电流全响应为

$$i_C = C\frac{\mathrm{d}u_C}{\mathrm{d}t} = 0.5 \times 8 \times 2e^{-2t} = 8e^{-2t}\,\text{A}$$

电阻上的电压 u_R 为

$$u_R = iR = 1 \times 8e^{-2t} = 8e^{-2t}\,\text{V}$$

7.4.2   一阶电路的三要素法

三要素法是通过对一阶线性电路的全响应形式进行分析，归纳总结出的一个通用方法（公式），该方法能够比较方便快捷地求得一阶电路的全响应。

通过上面分析可知，全响应是动态电路响应的一般形式，而零输入响应和零状态响应是全响应的特例。一阶电路的全响应可分为零输入响应和零状态响应之和，也可分为稳态响应和暂态响应之和。

若 $f(t)$ 代表任意全响应，$f(0_+)$ 代表该响应的初始值，$f(\infty)$ 为稳态值，t 为电路的时间常数，则一阶电路全响应的表达式都可写为如下形式

$$f(t) = f(\infty) + Ae^{-\frac{t}{\tau}} \quad (t \geq 0) \tag{7-21}$$

其中常数 A 由初始条件求出

$$f(0_+) = f(\infty) + Ae^{-\frac{0}{\tau}} = f(\infty) + A$$

得
$$A = f(0_+) - f(\infty)$$

将 A 代入式（7-21）得一阶电路全响应的一般公式

$$f(t) = f(\infty) + [f(0_+) - f(\infty)]e^{-\frac{t}{\tau}} \quad (t \geq 0) \tag{7-22}$$

$f(0_+)$、$f(\infty)$ 和 τ 称为一阶电路的三要素。只要能求出这 3 个要素，就能直接根据式（7-22）写出响应的表达式，这种求解全响应的方法称为三要素法。式（7-22）叫做三要素公式。

由于零输入响应和零状态响应是全响应的特例，因而式（7-22）对于这两种响应仍然成立。

利用三要素法的解题步骤

（1）初始值：利用换路定律和 $t=0_+$ 时的等效电路求得。

（2）新的稳态值：由换路后 $t=\infty$ 时的等效电路求得（在稳态电路中电容相当于开路、电感相当于短路）。

（3）求出电路的时间常数 τ，$\tau=RC$ 或 $\tau=\dfrac{L}{R}$，其中电阻 R 为换路后断开储能元件所得的戴文宁等效电路的内阻电阻。

（4）将所求的三要素代入式（7-22）即可。

由上可见，利用三要素法避免了解微分方程的列写与求解，因此三要素法是求解一阶线性电路的动态过程的非常实用的方法。

需要指出，式（7-22）适用于在直流激励下的一阶电路。若外加激励源为正弦量时，一阶电路的响应也可分成稳态响应和暂态响应两种分量组成。一般表达式形式如下

$$f(t)=f'(t)+\left[f(0_+)-f'(0_+)\right]\mathrm{e}^{-\frac{t}{\tau}}\quad(t\geqslant0)\tag{7-23}$$

其中 $f(0_+)$ 为响应 $f(t)$ 的初始值、$f'(t)$ 为稳态分量、$f'(0_+)$ 为稳态分量的初始值、τ 仍为电路的时间常数，式（7-23）是一阶电路在正弦激励下的三要素公式。

【例 7-7】　电路如图 7-19 所示，开关闭合前电路已处于稳态，在 $\tau=0$ 时将开关闭合，已知 $U_S=9\text{V}$，$R_1=6\Omega$，$R_2=3\Omega$，$C=0.5\text{F}$。求 $\tau\geqslant0$ 时电容的电压 u_C 及电流 i_C。

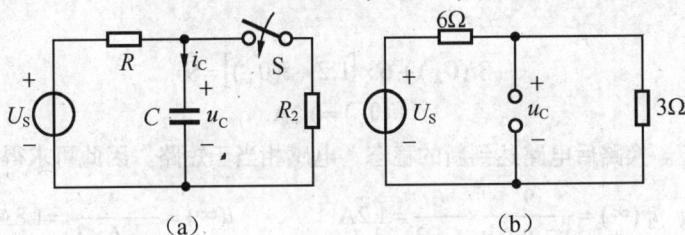

图 7-19　例 7-7 图

解：（1）先求换路前电容电压值。

由于换路前电路处于稳态，电容相当于开路，所以

$$u_C(0_-)=9\text{V}$$

（2）根据换路定则有

$$u_C(0_+)=u_C(0_-)=9\text{V}$$

（3）画出 $t=\infty$ 时的稳态电路，这时电容相当于开路，得

$$u_C(\infty)=\frac{9}{6+3}\times3=3\text{V}$$

（4）求电路的时间常数 τ。

开关闭合后，从电容两端看，电阻 R_1、R_2 相当于并联，等效电阻 R 为

$$R=\frac{R_1R_2}{R_1+R_2}=\frac{3\times6}{3+6}=2\Omega$$

$$\tau=RC=2\times0.5=1\text{s}$$

（5）代入三要素公式得 $t\geqslant0$ 的

$$u_C(t)=u_C(\infty)+\left[u_C(0_+)-u_C(\infty)\right]\mathrm{e}^{-\frac{t}{\tau}}=3+(9-3)\mathrm{e}^{-t}=3+6\mathrm{e}^{-t}\text{V}$$

【例 7-8】　电路如图 7-20（a）所示，在 $t=0$ 开关由 a 合向 b，求 $t\geqslant0$ 时的 i 及 i_L（已知换路

前电路处于稳态）。

解： 利用三要素法求解。

（1）先求初始值

由于换路前电路处于稳态，电感相当于短路，由此求得

$$i_L(0_-)=-\frac{9}{3+\frac{6\times3}{6+3}}\times\frac{6}{6+3}=-1.2\text{A}$$

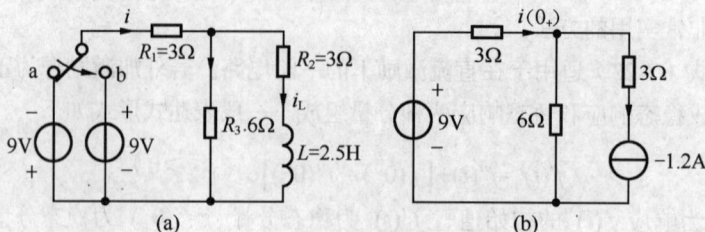

图 7-20　例 7-8 图

根据换路定律得 $\qquad i_L(0_+)=i_L(0_-)=-1.2\text{A}$

画出 $t=0_+$ 时的等效电路如图 7-20（b）所示（电感用电流源替代）。由图可得

$$3i(0_+)+6\times\left[1.2+i(0_+)\right]=9$$

解得 $\qquad i(0_+)=0.2\text{A}$

（2）求稳态值。换路后电路达到新的稳态，电感相当于短路。因此可求得

$$i_L(\infty)=\frac{9}{3+\frac{6\times3}{6+3}}\times\frac{6}{6+3}=1.2\text{A}\qquad i(\infty)=\frac{9}{3+\frac{6\times3}{6+3}}=1.8\text{A}$$

（3）换路后电路的时间常数

$$\tau=\frac{L}{R_0}=\frac{2.5}{3+\frac{6\times3}{6+3}}=0.5\text{s}$$

（4）应用三要素公式得

$$i_L(t)=i_L(\infty)+\left[i_L(0_+)-i_L(\infty)\right]\text{e}^{-\frac{t}{\tau}}$$

$$=1.2+(-1.2-1.2)\text{e}^{-\frac{t}{0.5}}$$

$$=1.2-2.4\text{e}^{-2t}$$

$$i(t)=i(\infty)+\left[i(0_+)-i(\infty)\right]\text{e}^{-\frac{t}{\tau}}$$

$$=1.8+(0.2-1.8)\text{e}^{-\frac{t}{0.5}}=1.8-1.6\text{e}^{-2t}$$

7.5　脉冲作用下的 *RC* 电路

在电子电路中，常会遇到在脉冲序列作用下的电路，如图 7-21 所示为方波序列作用于 *RC* 电路。当方波作用于电路时，*RC* 电路处于不断地充电和放电过程之中。下面分析这种电路中电容电压的变化情况。

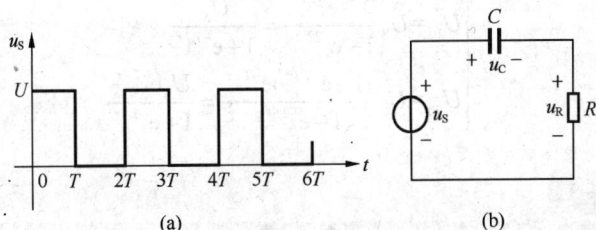

图 7-21　脉冲序列作用于 RC 电路

先分析一种特殊情况，方波序列的周期 $2T \gg \tau$，即 $T \gg \tau$ 亦成立的情况。在 $0 \sim T$ 时间间隔内，电源电压 $u_s = U_S$，电容器充电，由于 T 远大于电路的时间常数 τ，因此可以认为在 $t=T$ 时电容充电过程早已结束，即电容电压达到稳态值 U_S。这段时间其响应形式为零状态响应。

在 $T \sim 2T$ 时间间隔内，电源电压 $u_s = 0$，电容器处于放电过程，同样由于 $T \gg \tau$，所以在 $t=2T$ 时电容电压早已衰减到零，这段时间的响应为零输入响应。在以后的脉冲周期里电路不断地重复上述充、放电过程，电容、电阻上的电压波形如图 7-22 所示。

下面讨论 $T < \tau$ 的一般情况。图 7-23 中绘出了在这种情况下 u_C 响应曲线图。

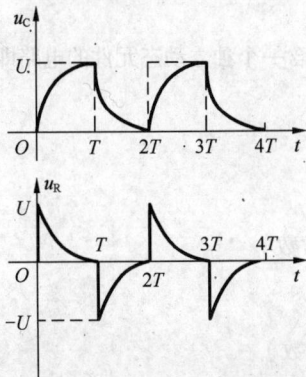

图 7-22　u_C、u_R 的响应曲线（$T \geqslant t$）

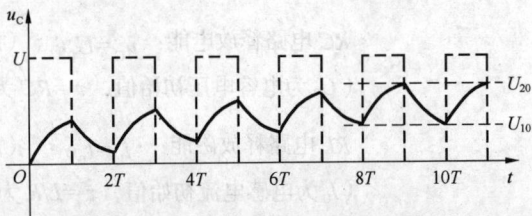

图 7-23　u_C 的响应曲线（$T < \tau$）

在 $0 \sim T$ 时间内，电容器充电，电容电压 u_C 从 0 开始上升，但因充电时间 T 小于时间常数 τ，在 $t=T$ 时电容电压 u_C 还未达到稳态值 U_S 时，输入方波就变为零，电容开始放电，u_C 开始下降，到 $t=2T$ 时，u_C 还未降到零时，下一个脉冲到来，电容又开始充电。电容在第二次充电时，u_C 的起始值不再是零，而有一个初始值，因而在 $t=3T$ 时的 $u_C(3T)$ 比上一次的 $u_C(T)$ 值要高。经过若干脉冲序列后，电容充电时电压的初始值和放电时的初始值稳定在一定的数值上，这时，u_C 的变化也就进入了周期性变化的稳态过程。

在实际问题中，常常需要知道 u_C 达到稳态时的 U_{10} 和 U_{20} 值，这可从图 7-23 中求出。

设 U_{10} 为稳态情况下电容充电的初始值，那么经过时间 T 后，u_C 将增加到 U_{20}，则

$$U_{20} = U_{10} + (U_S - U_{10})(1 - e^{-\frac{T}{\tau}}) \tag{7-24}$$

因为 U_{20} 又为放电过程的初始值，经过时间 T 后，u_C 将下降到 U_{10}，有

$$U_{10} = U_{20} e^{-\frac{T}{\tau}} \tag{7-25}$$

联立式（7-24）和式（7-25）可得

$$\begin{cases} U_{10} = U_S \dfrac{1 - e^{-T/\tau}}{1 - e^{-2T/\tau}} = \dfrac{U_S}{1 + e^{-T/\tau}} \\ U_{20} = U_S \dfrac{(1 - e^{-T/\tau})e^{-T/\tau}}{1 - e^{-2T/\tau}} = \dfrac{U_S e^{-T/\tau}}{1 + e^{-T/\tau}} \end{cases} \tag{7-26}$$

小结

1. 电路的过渡过程是指电路由一个稳态到另一个稳态所经历的电磁过程。过渡过程产生的内因是电路中含有储能元件，外因是换路。研究电路的过渡过程称为电路的动态分析。

2. 电路的结构或参数发生变化及电源发生突变等情况统称为"换路"。对于有损耗的电路，在电路换路前后瞬间的电容两端的电压和流经电感的电流不能跃变，这一规律称为换路定律，表示为

$$\left. \begin{array}{l} u_C(0_+) = u_C(0_-) \\ i_L(0_+) = i_L(0_-) \end{array} \right\}$$

3. 由一阶微分方程描述的电路称为一阶电路。含一个独立动态元件的电路即为一阶电路。

（1）一阶电路的零输入响应

RC 电路释放电能：$u_C = U_0 e^{-\frac{t}{\tau}}$ （$t \geqslant 0$）

（U_0 为电容电压初始值，$\tau = RC$ 为电路的时间常数）

RL 电路释放磁能：$i_L = I_0 e^{-\frac{t}{\tau}}$ （$t \geqslant 0$）

（I_0 为电感电流初始值，$\tau = L/R$ 为电路的时间常数）

（2）一阶电路的零状态响应

RC 电路储存电能：$u_C = U_S(1 - e^{-\frac{t}{\tau}})$ （$t \geqslant 0$）

RL 电路储存磁能：$i_L = I_S(1 - e^{-\frac{t}{\tau}})$ （$t \geqslant 0$）

（3）一阶电路的全响应

$$f(t) = f(0_+)e^{-\frac{t}{\tau}} + f(\infty)(1 - e^{-\frac{t}{\tau}}) \quad (t \geqslant 0)$$
（全响应 = 零输入响应 + 零状态响应）

或　　$f(t) = f(\infty) + [f(0_+) - f(\infty)]e^{-\frac{t}{\tau}}$ （$t \geqslant 0$）

（全响应 = 稳态分量 + 暂态分量）

（4）一阶电路响应的规律是按指数规律衰减或增加

若 $f(0_+) > f(\infty)$，则 $f(t)$ 按 $e^{-\frac{t}{\tau}}$ 规律衰减；

若 $f(0_+) < f(\infty)$，则 $f(t)$ 按 $\left(1 - e^{-\frac{t}{\tau}}\right)$ 规律增加。

$f(t)$ 变化的速度与电路的时间常数 τ 有关，RC 电路的时间常数 $\tau = RC$；RL 电路的时间常数 $\tau = \dfrac{L}{R}$。

4. 一阶电路的三要素法

直流电源激励下的三要素公式

$$f(t) = f(\infty) + \left[f(0_+) - f(\infty) \right] e^{-\frac{t}{\tau}}$$

其中 $f(t)$ 表示任一响应，$f(0_+)$ 表示换路后该响应的初始值，$f(\infty)$ 表示稳态值，τ 为该电路的时间常数。$f(0_+)$、$f(\infty)$ 和 τ 称为一阶电路的三要素。

对于直流激励下的一阶线性动态电路中的任一响应，只要能求出这 3 个要素，就能直接根据三要素公式写出响应的表达式。

需要注意：三要素公式不仅适用于全响应，对于零输入响应和零状态响应两种特例仍然适用。

习题 7

一、填空题

1. 如题图 7-1 电路，开关 S 接于 a 已久，在 $t=0$ 时刻，S 合向 b。则换路后瞬间电容上的电压 $u_C(0_+) = $ _____ 及电路中电流 $i(0_+) = $ _____。

2. 如题图 7-2 所示，电路已处于稳态，在 $t=0$ 时，开关打开。则开关打开后瞬间电感上的电流 $i_L(0_+) = $ _____。

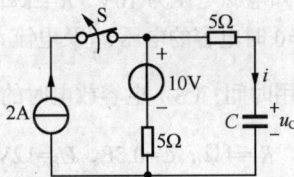

题图 7-1

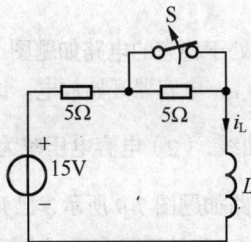

题图 7-2

3. 电路如题图 7-3 所示，若开关闭合前电感无储能，则开关在 $t=0$ 闭合后电路中的 $i_L(0_+) = $ _____，$u_L(0_+) = $ _____；$i_L(\infty) = $ _____，$u_L(\infty) = $ _____。

4. 如题图 7-4 所示，开关闭合后电路的时间常数 $\tau = $ _____。大约经 _____ s，电容电压达到稳定且稳定值 = _____。

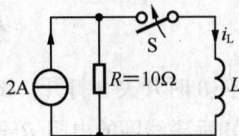

题图 7-3

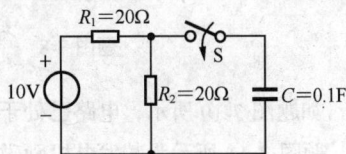

题图 7-4

5. 若某在一阶电路中，某元件的电压初始值为 6V，稳态值为 10V，电路的时间常数为 0.1s，则该电压的零输入响应为_____，零状态响应为_____；稳态响应为_____，暂态响应为_____；全响应为_____。

二、计算题

1. 如题图 7-5 所示电路，已知开关 S 闭合前电路处于稳态。在 $t=0$ 时开关闭合。试求：换路后的初始值 $u_C(0_+)$、$i_C(0_+)$、$i_1(0_+)$、$i(0_+)$。

2. 在如题图 7-6 电路中，开关 S 在 $t=0$ 时由 a 合向 b，设换路前电路已处于稳态。试求换路后的初始值 $i_L(0_+)$ 和 $u_L(0_+)$。

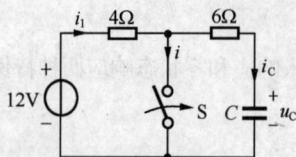

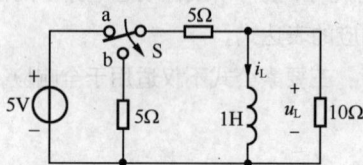

题图 7-5   题图 7-6

3. 试求如题图 7-7 所示的电路换路后的时间常数 τ。

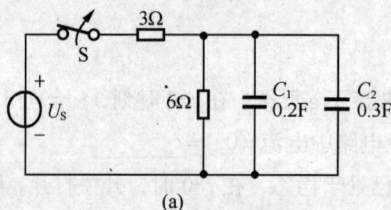

(a)   (b)

题图 7-7

4. 已处于稳态的电路如题图 7-8 所示，已知电源电压为 10V，$R=2\text{k}\Omega$，$C=5\mu\text{F}$。在 $t=0$ 时将开关 S 由 b 合向 a，电容器开始放电。试求：（1）$t \geq 0$ 时电容的电压 u_C 及电流 i_C 的变化规律，并画出电压、电流响应曲线；（2）电容电压减为原来的 $\dfrac{1}{e}$ 所用时间；（3）电容放电时的最大电流。

5. 电路如题图 7-9 所示，已知 $R_1=R_2=6\Omega$，$R_3=4\Omega$，$C=0.5\text{F}$，$U_S=12\text{V}$。开关 S 在 $t=0$ 时打开，已知 S 打开前电路处于稳态。试求换路后电容的电压 u_C 及电流 i_C 的变化规律。

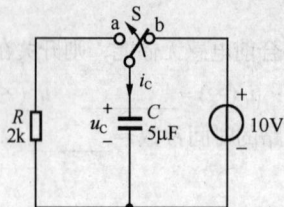

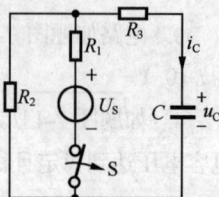

题图 7-8   题图 7-9

6. 如题图 7-10 所示，电路已处于稳态。在 $\tau=0$ 时开关 S 打开，试求 $\tau \geq 0$ 时电感电流 i_L。

7. 题图 7-11 所示为某发电机励磁电路。已知励磁线圈的电阻 $R \approx 1\Omega$，电感 $L \approx 0.5\text{H}$，直流电源电压 $U=35\text{V}$，电压表的量程为 50V，内阻为 $5\text{k}\Omega$，开关 S 未断开时，电路中电流已经稳定不变。在 $t=0$

时将开关 S 断开。试求：

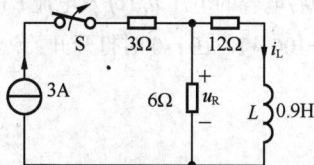

题图 7-10

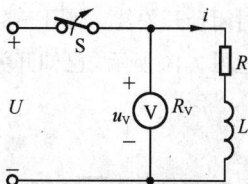

题图 7-11

（1）RL 回路的时间常数；（2）电流的初始值和开关断开后的最终值；（3）电流 i 及电压表的端电压 u_V。（4）开关 S 刚断开瞬间电压表两端的电压，电压表是否安全？并分析电机开关为什么要带熄弧装置的原因。

8. 已知开关闭合前电容无储能，在 $t=0$ 时将开关 S 闭合，试求 S 闭合后电容两端电压 u_C 的变化规律，并绘出响应曲线，电路如题图 7-12 所示。

9. 电路如题图 7-13 所示，已知 $i_L(0_-)=0$，$t=0$ 时闭合开关。求 $t \geq 0$ 时的 $i_L(t)$ 和 $u_L(t)$，并绘出电流、电压的响应曲线。

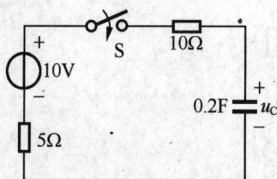

题图 7-12

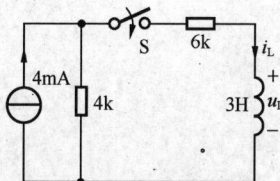

题图 7-13

10. 电路如题图 7-14 所示，且开关闭合前电路存在已久，在 $t=0$ 时将 S 闭合，求换路后电感中的电流 $i_L(t)$。

11. 电路如题图 7-15 所示，已知开关闭合前电容电压 $u_C(0_-)=2V$、$U_S=9V$、$R_1=3\Omega$、$R_2=6\Omega$、$C=50\mu F$，利用三要素法求换路后电容的电压 $u_C(t)$ 及电流 $i_C(t)$。

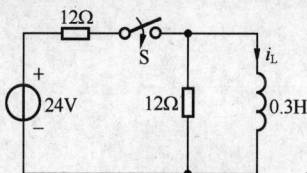

题图 7-14

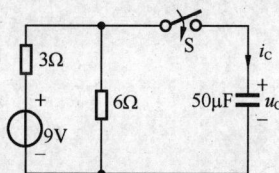

题图 7-15

12. 如题图 7-16 电路，开关 S 于 $t=0$ 时闭合，S 闭合前电路处于稳态。求 $t \geq 0$ 时的 $u_C(t)$ 和 $i_S(t)$。

13. 电路如题图 7-17 所示，电路原已稳定，在 $t=0$ 时将 S 闭合，应用三要素法求电路的全响应 $i_L(t)$ 和 $u_L(t)$。

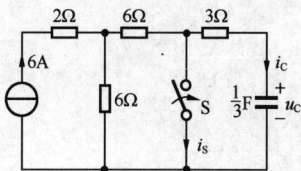

题图 7-16

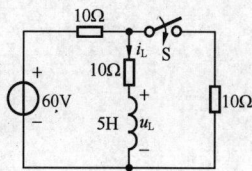

题图 7-17

14. 电路如题图 7-18 所示，已知电路原处于稳态，$U_{S1}=30V$、$U_{S2}=15V$，$R_1=100\Omega$，$R_2=50\Omega$，$R_3=200\Omega$，$C=0.1F$，在 $t=0$ 时闭合开关 S，利用三要素法求 S 闭合后电容的电压 $u_C(t)$ 及电流 $i_C(t)$。

15. 电路如题图 7-19 所示，已知开关闭合已久，$C=100\mu F$。在 $t=0$ 时打开开关，求 $t\geqslant 0$ 时的 $u_C(t)$ 和 $u_o(t)$。

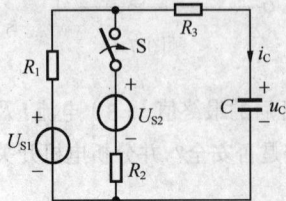
题图 7-18

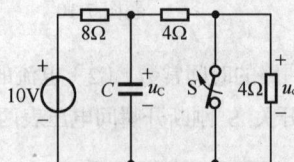
题图 7-19

16. 电路如题图 7-20 所示，电路已处于稳态，$U_S=63V$、$R_1=R_2=R_3=3\Omega$，$R_4=6\Omega$，$L=0.7H$，在 $t=0$ 时闭合开关 S，试利用三要素法求换路后电感中的电流 $i_L(t)$。

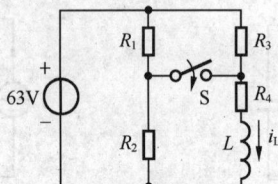
题图 7-20

第8章

常用半导体器件

【本章内容简介】 介绍半导体的基本性质及常用的半导体器件：晶体二极管、晶体三极管及场效应管。

【本章重点难点】 重点掌握晶体二极管和晶体三极管及场效应管的符号、伏安特性、主要参数。

难点是 PN 结的概念，晶体二极管、晶体三极管及场效应管的伏安特性。

8.1 半导体基础知识

自然界的物质，按其导电性能不同可以分为导体、绝缘体和半导体 3 大类。导电性能良好的物体称为导体，如金、银、铜、铁、铝等金属；几乎不导电的物体称为绝缘体，如橡胶、陶瓷、玻璃、塑料等；导电性能介于导体与绝缘体之间的物体称为半导体，如硅、锗、硒等。

半导体是制作晶体二极管、晶体三极管、场效应管和集成电路的材料，这并不是因为半导体的导电性能介于导体与绝缘体之间，是因为半导体有特殊的导电性能。半导体具有如下导电特性。

（1）热敏特性：半导体的电阻率随着温度的升高而降低，即温度升高，半导体的导电能力增强。

（2）光敏特性：半导体受到光照时，电阻率降低，其导电能力随着光照强度的增强而增强。

（3）杂敏特性：半导体的导电能力受掺入杂质的影响显著，即在半导体材料中掺入微量杂质（特定的元素），电阻率下降，导电能力增强。

8.1.1 本征半导体

具有晶体结构的纯净半导体称为本征半导体。最常见的半导体材料为硅和锗，在制作半导体器件时，硅和锗都要经过提纯并形成晶体结构，所以用半导体材料做成的二极管、三极管又称为晶体二极管、晶体三极管。

半导体硅元素和锗元素的单个原子都是 4 价元素，硅或锗原子都有 4 个价电子，每个原子的价电子都和周围 4 个原子的价电子形成 4 个共价键，共价键结构是相对稳定的结构。在常温下只有少数的价电子，可以从原子的热运动中获得能量，挣脱共价键的束缚，成为带负电荷的自由电子，这种现象称为本征激发。价电子成为自由电子后，在原来的位置上留下一个空位，称为空穴。由于本征激发出现了空穴，使原来呈电中性的原子因失去带负电的电子而形成带正电的离子。这种正离子固定在晶格中不能移动，它由原子和空穴构成，可以认为空穴带正电，其电量与电子的电量相等。本征激发时，电子和空穴成对产生，称为电子—空穴对。即在激发出一个带负电的电子的同时，相应地产生了一个带正电的空穴。在外加电场的作用下，就会形成带负电荷的电子流和带正电荷的空穴流，显然电子流与空穴流的运动方向相反，半导体中的电流由自由电子流和空穴流两部分形成，通常将参与导电的粒子称为载流子，电子和空穴统称为载流子。也可以说本征半导体中有两种载流子参与导电，一种是带负电荷的自由电子，另一种是带正电荷的空穴。空穴参与导电是半导体的导电特点，也是与导体导电最根本的区别。自由电子在运动过程中如果与空穴相遇就会填补空穴，使两者同时消失，这种现象称为复合。一定温度下，电子—空穴对的产生与复合达到动态平衡。

总之，常温下，本征半导体中的载流子很少，所以导电能力很差。然而环境温度升高或受到光照时，本征半导体的电子—空穴对数目显著增多，其导电性也明显提高，这就是半导体导电性随温度变化而明显变化的原因，所以半导体可以用来制作热敏或光敏元件。另外在本征半导体中掺入微量的杂质（特定元素），它的导电能力会大大提高。掺入杂质后的半导体称为杂质半导体，其导电能力与掺杂浓度有关，所以杂质半导体的导电性能是可控的。杂质半导体的应用非常广泛，实用半导体器件都是由杂质半导体构成的。

8.1.2 杂质半导体

掺入杂质以后的半导体称为杂质半导体。根据掺入的杂质不同，杂质半导体分为 N 型半导体和 P 型半导体两种。

1．N 型半导体

在硅（或锗）本征半导体中掺入微量 5 价元素，如磷，则可以形成 N 型半导体。由于掺入杂质的原子数与整个半导体原子数相比，其数量非常少，半导体晶体结构基本不变，只是在晶格中硅（或锗）原子的位置被磷原子所代替。磷原子有 5 个价电子，其中 4 个与硅（或锗）原子形成共价键结构，还多余一个价电子不受共价键束缚，只受磷原子核的吸引，吸引力较弱，常温下就可以成为自由电子。磷原子由于失去了一个价电子而成为带正电荷的磷离子，带正电荷的磷离子数目与带负电荷的自由电子数目相等、极性相反，对外仍不显电性。正离子是不能移动的，所以不参与导电。常温下掺入的磷原子越多，得到的自由电子和正离子越多，但是空穴数不会因此而增加，所以 N 型半导体中自由电子占大多数，称为多数载流子（多子）；而空穴称为少数载流子（少子）。这种以电子导电为主的半导体称为 N 型半导体。

2．P 型半导体

在硅（或锗）本征半导体中掺入微量 3 价元素，如硼，则形成 P 型半导体。同样只是在晶格中硅（或锗）原子位置被硼原子所代替。由于硼原子只有 3 个价电子，要与硅（或锗）原子形成 4 个共价键结构，还少一个价电子，只能在共价键中留出一个空位子，这就是空穴。它要靠从别的地方"俘获"一个电子来填补，以组成相对的稳定结构。常温下，临近的硅（或锗）原子的价电子很容易填补这个空穴，于是就产生了新的空穴，相当于硼原子向外释放了一个空穴，硼原子由于得到了一个价电子而成为带负电荷的硼离子，带负电荷的硼离子数目与带正电荷的空穴数目相等、极性相反，对外仍不显电性。负离子是不能移动的，所以不参与导电。常温下掺入的硼原子越多，得到的空穴和负离子越多，但是自由电子数不会因此而增加，所以 P 型半导体中空穴占大多数，称为多数载流子（多子）；而自由电子称为少数载流子（少子）。这种以空穴导电为主的半导体称为 P 型半导体。

8.1.3 PN 结

1．PN 结的概念

利用特殊的制造工艺，在一块本征半导体（硅或锗）材料中，一边掺杂成 N 型半导体，一边掺杂成 P 型半导体，这样在两种半导体的交界面就会形成一个空间电荷区，这就是 PN 结。

2．PN 结的形成

PN 结形成的示意图如图 8-1（a）所示。

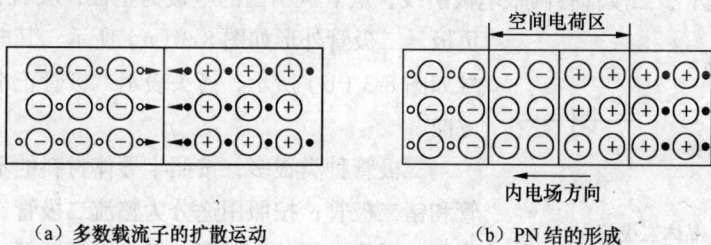

（a）多数载流子的扩散运动　　（b）PN 结的形成

图 8-1　PN 结的形成

由于交界面两侧载流子存在着浓度差，便产生电子和空穴的扩散运动，即 P 型区空穴（多子）向 N 型区运动，N 型区电子（多子）向 P 型区运动。在多子扩散到交界面附近时，自由电子和空穴相复合，在交界面附近只留下不能移动的带正负电的离子，形成一空间电荷区，即 PN 结，如图 8-1（b）所示。空间电荷区将存在一个内电场，其方向由 N 区指向 P 区，显然内电场阻止多数载流子的扩散运动。同时，内电场将推动 P 区的自由电子流向 N 区和 N 区的空穴流向 P 区。少数载流子在内电场的作用下产生的这种运动称为少数载流子的漂移运动。开始时扩散运动占优势，随着扩散运动不断进行，空间电荷层加厚，内电场加强，漂移运动随之增强，而扩散运动相对减弱，最后扩散运动和漂移运动达到动态平衡。

3．PN 结的单向导电性

如果在 PN 结两端外加电压，就将破坏原来的平衡状态。当外加电压的极性不同时，PN 结表现出截然不同的导电性能，即呈现具有单向导电性。如图 8-2 所示。

（1）PN 结加正向电压——导通。将 PN 结按照图 8-2（a）所示接上电源（P 区接电源的正极，N 区结接电源的负极）称为加正向电压，加正向电压时，外加电压形成的外电场与内电

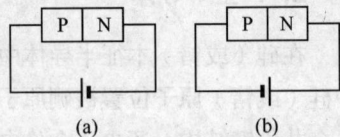

图 8-2　PN 结的单向导电性

场方向相反，削弱了内电场，使空间电荷层（PN 结）变窄，电阻变小，电流增大，称 PN 结处于导通状态。

（2）PN 结加反向电压——截止。将 PN 结按照图 8-2（b）所示接上电源（N 区接电源的正极，P 区结接电源的负极）称为加反向电压，加反向电压时，外加电压形成的外电场与内电场方向相同，加强了内电场，使空间电荷层（PN 结）变宽，电阻变大，电流减小，称 PN 结处于截止状态。

总之，PN 结加正向电压时导通，呈低阻态，有较大的正向电流流过；加反向电压时截止，呈高阻态，只有很小的反向电流，PN 结的这种特性称为单向导电性。正是利用这一特性，我们可以将半导体材料制作成晶体二极管、晶体三极管、场效应管等半导体器件。

8.2　晶体二极管

8.2.1　晶体二极管的结构

由一个 PN 结加上电极引线和外壳封装，就构成一个半导体二极管，也称晶体二极管，简称二极管，用 VD 表示。二极管有两根电极引线，从 P 区引出的电极为正极，从 N 区引出的电极为负极。二极管外形如图 8-3（a）所示，其电路中的表示符号如图 8-3（b）所示，箭头表示二极管正常导通时的电流方向。

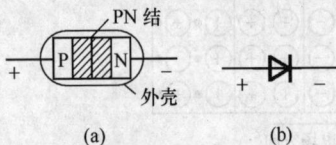

图 8-3　晶体二极管

二极管种类很多，按照半导体材料的不同分为硅二极管和锗二极管；按照用途分为整流二极管、检波二极管、稳压二极管、开关二极管、发光二极管等；按 PN 结的结构分为点接触型、面接触型、平面型等。

8.2.2　晶体二极管的伏安特性

二极管的伏安特性可以用方程表示，也可以用特性曲线来表示。伏安特性曲线是指流过二极管的电流随加在二极管两端的电压（又称偏置电压）变化的关系曲线。二极管的伏安特性曲线如图 8-4 所示，可以用实验测得。伏安特性曲线分为正向特性、反向特性和击穿特性 3 部分。

1．正向特性

正向特性如图 8-4 中 oa 段所示，只有当正向电压超过某一数值时，才有明显的正向电流，这个电压称为导通电压或开启电压，用 U_{on} 表示。开启电压与二极管的材料和工作温度有关，常温下硅管的 U_{on} 为 0.5～0.6V；锗管 U_{on} 为 0.1～0.2V。当外加电压超过 U_{on} 后，正向电流迅速增大，这时二极管处于正向导通状态，随着电压 u 的增加，电流 i 按照指数的规律增加，当电流较大时，电流随着电压的增加几乎直线上升。二极管导通后硅管的正向压降为 0.6～0.8V（通常取 0.7V），锗管的正向压降为 0.2～0.3V（通常取 0.2V），用 U_T 表示。

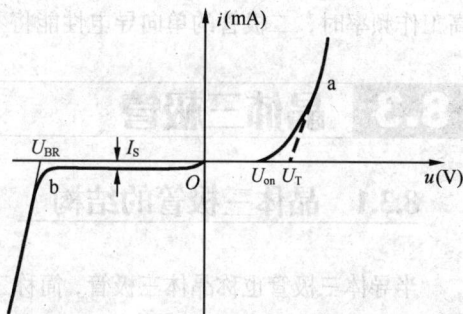

图 8-4　晶体二极管伏安特性曲线

2．反向特性

反向特性如图 8-4 中 ob 段所示，反向电流基本不随反向电压的变化而变化，这个电流称为反向饱和电流，用 I_S 表示。I_S 很小，而且相同温度下，硅管比锗管的反向电流更小。反向饱和电流随着温度升高迅速增大。

3．反向击穿特性

在一定温度下，当二极管加的反向电压超过某一数值时，反向电流将急剧增加，这种现象称为二极管反向击穿。二极管击穿时的电压称为反向击穿电压，用 U_{BR} 表示。二极管在正常使用时应避免出现反向击穿，管子击穿后并不一定损坏，只有在没有限流措施时，反向电流超过一定限度，PN 结过热，才会烧毁，造成永久性损坏。

二极管的伏安特性是非线性的，因此二极管是非线性元件。使用二极管时应注意不论是硅管还是锗管，即使工作在最大允许电流下，管子两端的电压降一般也不会超过 1.5V，这是晶体二极管的特殊结构所决定的。所以在使用二极管时电路中应该串联限流电阻，以免因电流过大而损坏管子。

8.2.3　晶体二极管的主要参数

1．最大整流电流（I_f）

I_f 是二极管长期工作允许通过的最大正向平均电流，正常工作时二极管的电流 I_D 应该小于 I_f。

2．最高反向工作电压（U_R）

U_R 允许加在二极管两端反向电压的最大值。一般情况下取 U_R 为 U_{BR}（手册上给出反向击穿电压 U_{BR}）的一半。

3．反向电流（I_R）

I_R 是指二极管未击穿时的反向电流。I_R 越小，二极管单向导电性越好。I_R 受温度影响很大。

4. 最高工作频率（f_M）

指二极管工作频率的上限值，主要由 PN 结的电容决定。当外加信号的频率超过二极管的最高工作频率时，二极管的单向导电性能将不能很好地体现。

8.3 晶体三极管

8.3.1 晶体三极管的结构

半导体三极管也称晶体三极管，简称三极管，用 VT 表示。它采用光刻、扩散等工艺在同一块半导体硅（或锗）片上掺杂形成 3 个区、2 个 PN 结，并从 3 个区各引出一根导线，作为 3 个电极就组成一个三极管。由 2 个 N 区夹一个 P 区结构的三极管称为 NPN 型三极管；由 2 个 P 区夹一个 N 区结构的三极管称为 PNP 型三极管。图 8-5 所示为三极管的结构示意图，其中图（a）为 NPN 型三极管的结构示意图和电路符号；图（b）是 PNP 型三极管的结构示意图和电路符号。

三极管中间的区域为基区，两边的区域分别为发射区和集电区。3 个电极分别称为基极（用 b 表示）、发射极（用 e 表示）、集电极（用 c 表示）。发射极与基极之间的 PN 结称为发射结（简称 e 结）；集电极与基极之间的 PN 结称为集电结（简称 c 结）。PNP 型三极管各部分的名称与 NPN 型三极管的相同。

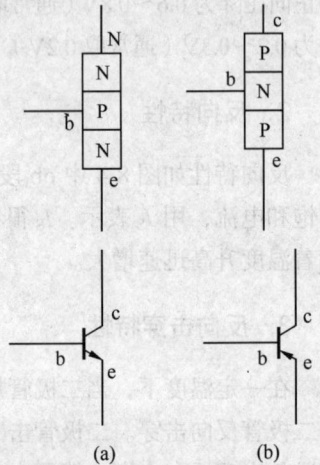

图 8-5 晶体三极管

在制作三极管时必须满足的工艺要求是发射区掺杂浓度高，集电区掺杂浓度比发射区低，且集电区的面积比发射区大，基区很薄且掺杂浓度远低于发射区。这些要求是保证三极管具有放大作用的内部条件。

三极管的种类很多，按照半导体材料分为硅管和锗管两种；按照内部结构分为 NPN 型和 PNP 型（见图 8-5），不论是硅管还是锗管都有 NPN 型和 PNP 型两种管子；按照用途分为放大管和开关管等；按照工作频率分为低频管和高频管；按照功率分为小功率管、中功率管和大功率管等。

NPN 型和 PNP 型两种管子符号的区别是发射极箭头的方向不同。NPN 型三极管发射极箭头的方向向外；PNP 型三极管发射极箭头的方向向内。三极管发射极箭头的方向表示正常工作时发射极电流的方向。

尽管 NPN 型和 PNP 型三极管的结构不同，使用时外加电源也不同，但接成放大电路时工作原理是相似的，本节以 NPN 型三极管为例，讨论三极管的基本放大原理。

8.3.2 晶体三极管的放大原理

1. 三极管放大交流信号的外部条件

三极管是两种载流子同时参与导电的半导体器件，也称为双极型晶体管。它的主要功能是具

有电流放大作用，是放大电路中的核心元件。欲使三极管
有电流放大作用除具有上面的内部结构外，还必须具备合
适的外部条件，这就要求外加电压保证发射结加正向电压，
习惯上称为正向偏置；集电结加反向电压，习惯上称反向
偏置。下面以 NPN 型三极管为例进行详细讨论，图 8-6 所
示为该三极管满足放大的条件。

给发射结加正向电压，即 P 区接电源的正极，N 区接
电源的负极；给集电结加反向电压，即 P 区接电源的负极，
N 区接电源的正极。在图 8-6 中，输入端 U_{BB}（基极电源）
通过一个电阻 R_B（称为基极偏置电阻）给发射结加正向偏
压，基极与发射极之间的电压用 U_{BE} 表示，$U_{BE}>0$，放大
时对于硅三极管 $U_{BE}=0.6\sim0.8V$；对于锗三极管 $U_{BE}=0.2\sim$
$0.3V$。U_{CC}（集电极电源）通过集电极电阻 R_C 给集电结加反向偏压，基极与集电极之间的电压用
U_{BC} 表示，即 $U_{BC}<0$，通常用 $U_{CE}>U_{BE}$ 来表示，U_{CE} 为集电极与发射极之间的电压，显然，3 个
电极的电位关系为 $V_E<V_B<V_C$。

对于 PNP 型三极管读者可自己分析，同样发射结加正向电压（$U_{EB}>0$）集电结加反向电压
（$U_{CB}<0$ 或 $U_{BE}>U_{CE}$），3 个电极的电位为 $V_C<V_B<V_E$。

图 8-6　晶体三极管放大条件

2．三极管中的电流分配关系

三极管制作完成以后，基区的宽度与各区载流子的浓度就确定了。以 NPN 型三极管为例，因
为发射区为高掺杂区，又因为发射结加正向电压，所以发射区的大量自由电子（多子）不断越过
发射结扩散到基区，与此同时基区的空穴扩散到发射区，形成发射极电流 I_E（空穴形成的电流很
小可忽略不计）；电子通过 e 结到达基区以后，由于基区很薄，掺杂浓度低，集电结又加了反向电
压，在基区只有少部分电子与基区的空穴复合，并由基极的电源 U_{BB} 向基区提供空穴，形成基极
电流 I_B；由于集电结加反向电压，结内形成了较强的电场，到达基区的大多数电子被集电结吸引
而到达集电区，形成集电极电流 I_C。在图 8-6 所示的各电流的参考方向下，显然 $I_E=I_C+I_B$；由于基
区的宽度、浓度一定，在基区复合的电子与到达集电区的电子的比例就确定了，因此 I_B 与 I_C 的关
系也被确定下来了，与外加电压的大小无关。

发射极电流传输到集电极的电流分量 I_C 与基极复合电流分量 I_B 的比值，称为共发射极直流电
流放大系数，用 $\bar{\beta}$ 表示。即 $\bar{\beta}=I_C/I_B$ 或写成 $I_C=\bar{\beta}I_B$（忽略一些次要因素）。当发射结两端的电压
变化时 I_B 就要变化，I_C 也要随之变化，但其变化量比值固定不变。I_C 的变化量与 I_B 的变化量之比
称为共发射极交流电流放大系数，用 β 表示，即 $\beta=\Delta I_C/\Delta I_B$。由于 $\bar{\beta}$ 和 β 数值上相近，一般情况
下不予严格区分，晶体管手册上都以 β 给出。

综上所述，三极管的电流分配关系为 $I_E=I_C+I_B$，$I_C=\beta I_B$，不论是 NPN 三极管还是 PNP 三极管，
电流分配关系都是相同的。

三极管具有 3 个电极，可视为一个两端口网络，其中两个电极构成输入端口，两个电极构成
输出端口，显然输入、输出端口共用某一个电极。根据公共电极的不同，三极管组成的放大电路
有 3 种连接方式，通常称为放大电路的 3 种组态，即共发射极、共基极和共集电极电路组态，如
图 8-7 所示。

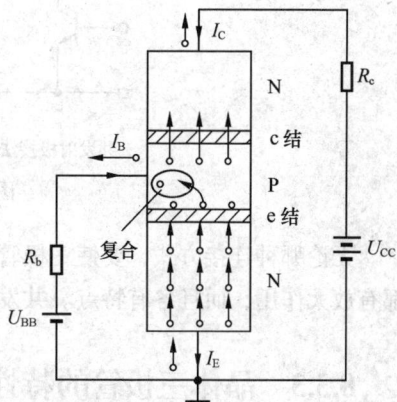

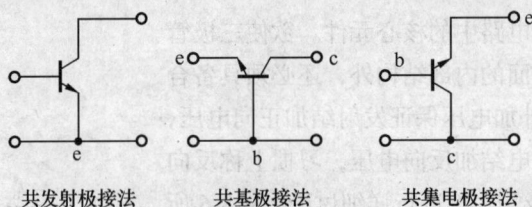

共发射极接法　　　　共基极接法　　　　共集电极接法

图 8-7　三极管的 3 种连接方法

无论哪种连接方式，要使三极管有放大作用，都必须满足三极管的放大条件。3 种连接方式都有放大作用，而且各有特点。共发射极接法应用较广泛，本节重点讨论共发射极电路。

8.3.3　晶体三极管的特性曲线

三极管的特性曲线是指其各电极间的电压和电流之间的关系曲线，它是三极管内部特性的外部表现，是分析放大电路的重要依据。因为三极管在电路中有输入端和输出端，所以特性曲线包括输入特性曲线和输出特性曲线。

1. 输入特性曲线

三极管输入特性曲线是指在集电极和发射极之间的电压为某一常数时，输入回路的基极与发射极之间的电压 u_{BE} 与基极电流 i_B 之间的关系曲线称为输入特性曲线。通过实验的方法可以得到输入特性曲线，如图 8-8 所示。

当 $U_{CE}=0$ 时，c、e 短接，两个 PN 结都正偏，相当于两个二极管并联，所以输入特性曲线与二极管的正向特性曲线很相似。当 U_{BE} 大于导通电压 U_{on} 以后，i_B 随着 U_{BE} 的增加而增加。当 $U_{CE}>0$ 时，随着 U_{CE} 的增加输入特性曲线右移，当 $U_{CE}=1V$ 后集电结的电场已足够强，随 U_{CE} 增加特性曲线变化不大，即 $U_{CE} \geqslant 1$ 特性曲线非常接近，因此只要测出一条 $U_{CE}=1V$ 的特性曲线就可以作代表了。图 8-8 所示为 $U_{CE}=0V$ 和 $U_{CE}=1V$ 时的输入特性曲线。

2. 输出特性曲线

三极管输出特性曲线是指在基极电流 I_B 一定时，输出回路中集电极电流 i_C 与集电极和发射极之间的电压 U_{CE} 之间的关系曲线，称为输出特性曲线。通过实验的方法可以得到输出特性曲线，如图 8-9 所示。

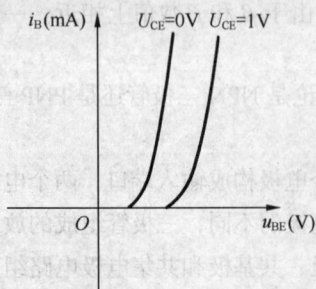

图 8-8　三极管的输入特性曲线

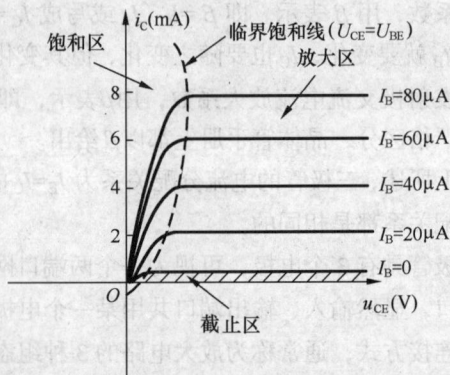

图 8-9　三极管的输出特性曲线

由图 8-9 可以看出，曲线分成 3 个区域。当 U_{CE} 较小时，曲线陡峭，这部分称为饱和区；中间比较平坦部分称为放大区；$I_B=0$ 以下区域称为截止区。

在放大区，i_C 随着 i_B 按 β 倍成比例变化，三极管具有电流放大作用。要对输入信号进行放大就要使三极管工作在放大区。放大区的特点是，发射结正偏，集电结反偏，$i_C=\beta i_B$。

在饱和区，i_B 增加时 i_C 变化不大，不同 i_B 下的几条曲线几乎重合，表明 i_B 对 i_C 失去控制，呈现"饱和"现象。一般情况下，把 $U_{CE}=U_{BE}$（C 结零偏）的点连起来称为临界饱和线（图 8-9 中的虚线），临界饱和线左边的区域就是饱和区。饱和区的特点是，发射结和集电结都正偏，三极管没有放大作用。

在截止区，发射结加反偏或 $U_{BE}<U_{on}$，并且集电结反偏。$I_B=0$，$I_C=I_{CEO}$，这个电流是从集电极直接穿过基极流向发射极的电流称为穿透电流，它不受 I_B 的控制。要使三极管可靠地截止，常使发射结处于反向偏置状态。截止区的特点是，发射结、集电结都反偏，$I_B=0$，$I_C\approx0$，三极管没有放大作用。

三极管工作在饱和区和截止区都没有放大作用，但是在饱和区电流可以很大，而电压很小，相当于一个闭合的开关；在截止区电压可以很大，而电流很小，相当于一个断开的开关，所以三极管具有开关作用。数字电路中的三极管就工作在饱和区和截止区。

8.3.4 晶体三极管的主要参数

三极管的参数是用来表征其性能和适用范围的数据，是选择和使用三极管的依据。三极管的参数很多，下面介绍一些主要的参数。

1. 共发射极电流放大系数

集电极电流的变化量与相应的基极电流的变化量的比值，称为共发射极交流电流放大系数，用 β 表示，它表明基极电流对集电极电流的控制能力。输出特性曲线间隔的大小就表明 β 的大小。β 可以用仪器测出，也可以从手册中查得（即 h_{fe} 参数），一般为几十至几百不等；也可以由输出特性曲线求出。

2. 极间反向饱和电流

（1）集电极—基极反向饱和电流（I_{CBO}）。当发射极开路时，集电结加反向偏置电压，集电极和基极间的电流称为集电极—基极反向饱和电流，用 I_{CBO} 表示。

（2）集电极—发射极反向饱和电流（I_{CEO}）。当指基极开路，集电结反偏和发射结正偏时的集电极电流称为集电极—发射极反向饱和电流，又称为穿透电流。它与 I_{CBO} 的关系为 $I_{CEO}=(1+\overline{\beta})I_{CBO}$，$I_{CBO}$、$I_{CEO}$ 是三极管噪声的根源，所以希望 I_{CBO}、I_{CEO} 越小越好。

3. 极限参数

极限参数是指三极管正常工作时不能超过的值，否则有可能损坏管子。

（1）集电极最大允许电流（I_{CM}）。

集电极电流 I_C 达到一定的数值以后 β 会下降，当 β 下降到正常值的 $\dfrac{1}{2}$ 时，所允许的最大集电极电流称为集电极最大允许电流。

（2）集电极—发射极反向击穿电压（$U_{(BR)CEO}$）。

$U_{(BR)CEO}$是指基极开路时，允许加在集电极与发射极之间的电压的最大值。

（3）集电极允许最大耗散功率（P_{CM}）。

正常工作时，I_C流过集电结要消耗功率，而使三极管发热。三极管达到一定温度后，性能变差或者损坏。使用时应该使集电极消耗的功率 $P_C<P_{CM}$。

8.4 场效应管

场效应管（FET）是利用输入回路的电压在管子内部产生的电场效应来控制输出回路电流大小的一种半导体器件。它只有一种载流子（多数载流子）参与导电，所以称为单极型三极管。与双极性三极管相比，场效应管具有输入阻抗高（$10^7 \sim 10^{12}\Omega$）、噪声低、体积小、耗电少、寿命长、热稳定性好、工艺简单、便于集成化生产等优点，因此它在电子电路、逻辑电路，尤其是超大规模集成电路中得到广泛的应用。

场效应管按结构的不同可分为结型和绝缘栅型两大类。

8.4.1 结型场效应管

1. 结型场效应管的结构

结型场效应管分为 N 沟道和 P 沟道两种。图 8-10（a）所示为 N 沟道结型场效应管的结构图。在 N 型半导体的两侧通过高浓度扩散制造两个重掺杂 P 型区，形成两个 PN 结，将两个 P 型区连在一起引出一个电极，称为栅极（G，控制电极）；在两个 PN 结之间的 N 型半导体称为导电沟道。在 N 型半导体两端各引出一个电极，这两个电极间加上一定电压便会在沟道中形成电场，在此电场的作用下，形成多数载流子——自由电子的定向移动，产生电流。将电子发源端称为源极（S），接受端称为漏极（D）。

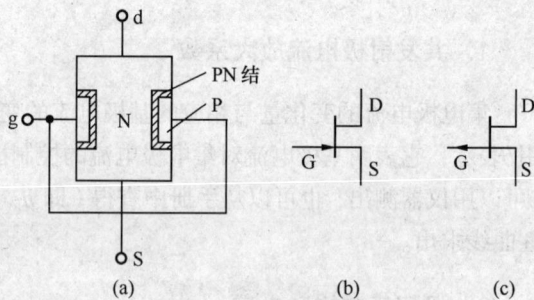

图 8-10 结型场效应管

图 8-10（b）所示为 N 沟道结型场效应管的电路符号。场效应管与三极管一样，具有放大作用，场效应管的栅极相当于双极型三极管的基极，源极相当于发射极，漏极相当于集电极。所不同的是，场效应管是用栅源电压 U_{GS} 控制漏极电流 I_D。和三极管一样，要使场效应管工作于放大状态，必须具备合适的外部条件。对于 N 沟道结型场效应管，在漏极和栅极之间需加正向电压（$U_{DS}>0$），栅极和源极之间需加反向电压（$U_{GS}<0$）。

如果在 P 型半导体上扩散两个 N 型区，形成两个 PN 结，构成 P 沟道结型场效应管，电路符号如图 8-10（c）所示。N 沟道结型场效应管与 NPN 管对应；P 沟道结型场效应管与 PNP 管对应。

2. 结型场效应管的伏安特性

结型场效应管各电极的电压与电流之间的关系称为伏安特性。下面以 N 沟道场效应管为例来讨论。

（1）转移特性。

① 转移特性是指场效应管漏源电压 U_{DS} 一定的情况下，输出电流 i_D 与输入电压 U_{GS} 的关系曲线，该曲线可通过实验测得。

② 转移特性曲线反映了栅源电压 U_{GS} 对漏源电流 i_D 的控制作用。结型场效应管的转移特性如图 8-11（a）所示。显然漏极电流 i_D 受到栅源电压 U_{GS} 控制，当 $U_{GS}=0$ 时 i_D 达到最大称为饱和漏极电流用 I_{DSS} 表示。$i_D=0$ 时的电压称为夹断电压用 U_P 表示。

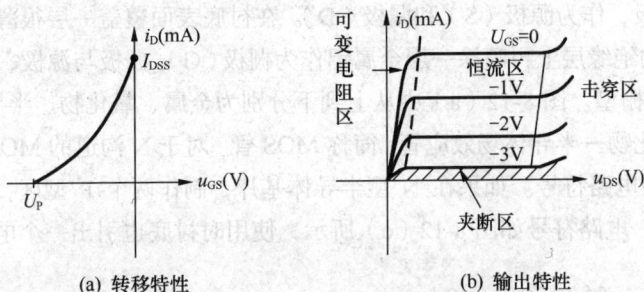

(a) 转移特性　　　　　　　　　(b) 输出特性

图 8-11　结型场效应管的伏安特性

（2）输出特性。

① 输出特性是指在栅源电压 U_{GS} 一定的情况下，输出电流 i_D 与输出电压 U_{DS} 之间的关系曲线，其曲线同样可通过实验测得，如图 8-11（b）所示。

② 依据曲线各部分的特征，可将曲线分为 4 个区域。当 U_{DS} 较小时，随着 U_{DS} 的增加 i_D 也增加，称为可变电阻区；U_{DS} 增加到一定程度后 i_D 几乎不随 U_{DS} 的变化而变化，称为恒流区，要放大交流信号子就工作在这个区域；再增加 U_{DS}，会使 PN 结因电压过大而击穿，电流急剧增加，所以称为击穿区；$U_{GS} \leqslant U_P$ 时导电沟道完全被夹断，$i_D=0$，称为截止区（也称夹断区）。

3. 结型场效应管的主要参数

（1）夹断电压（U_P）。当漏源电压为某一个固定的数值时，使漏极电流为零的栅源电压称为夹断电压。不同的漏源电压，夹断电压也不同，所以晶体管手册上给出的是一个范围。

（2）漏极饱和电流（I_{DSS}）。当 $U_{GS}=0$ 时的 I_D 称为漏极饱和电流。

（3）漏源击穿电压（BU_{DS}）。当 U_{GS} 一定时，使漏极电流急剧增加的漏源电压称为漏源击穿电压，见图 8-11（c）曲线急剧上升部分。U_{GS} 不同，BU_{DS} 也不同。正常使用时，漏源电压应该小于 BU_{DS}。

（4）低频小信号跨导（g_m）。当 U_{DS} 为常数时，漏极电流的变化量与栅源电压的变化量之比称为跨导，用 g_m 表示。

$$g_m = \frac{\Delta i_D}{\Delta u_{GS}}\bigg|_{U_{DS}} = 常数$$

g_m 的大小表示栅源电压对漏极电流的控制能力，它是表示放大作用的一个重要参数。

8.4.2　绝缘栅型场效应管

绝缘栅场效应管是由金属、氧化物和半导体制成，故又称为金属—氧化物—半导体场效应管，简称 MOS 管。它有 N 沟道和 P 沟道两类，其中每类按照工作方式又分为增强型和耗尽型两种。增强型没有原始的导电沟道；耗尽型有原始的导电沟道。下面只介绍增强型 N 沟道 MOS 管。

1. 绝缘栅场效应管的结构

N 沟道绝缘栅场效应管的结构示意图如图 8-12（a）所示。

它由一块 P 型半导体作为基片（称为衬底），利用扩散工艺在基片上制作两个 N 型区，并用金属铝引出两个电极，作为源极（S）和漏极（D）。在衬底表面覆盖一层很薄的二氧化硅绝缘层，在源极、漏极之间的绝缘层上再喷涂一层金属铝作为栅极（G），栅极与源极、漏极均无电接触（是绝缘的），故称绝缘栅型。图 8-12（a）中从上到下分别为金属、氧化物、半导体，所以这种场效应管称为金属—氧化物—半导体场效应管，简称 MOS 管。对于 N 沟道的 MOS 管称为 NMOS 管，图 8-12（b）所示为电路符号。如果在 N 型半导体基片，制作两个 P 型区，可以得到 P 沟道的 MOS，简称 PMOS，电路符号如图 8-12（c）所示，使用时衬底也引出一个电极，与源极相连。

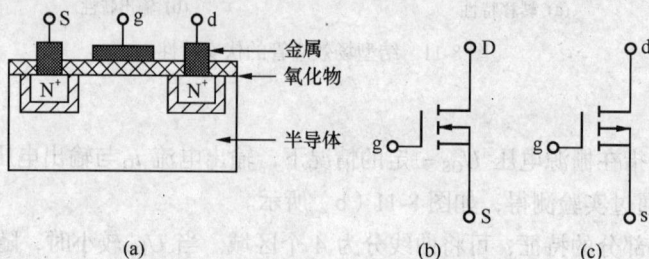

图 8-12 绝缘栅型场效应管

2. NMOS 管的伏安特性

（1）转移特性。在 U_{DS} 一定的情况下，漏极电流 i_D 与栅源电压 U_{GS} 的关系称为转移特性。NMOS 管特性曲线如图 8-13（a）所示，曲线可用实验的方法得到，它反映了栅源电压 U_{GS} 对漏极电流 i_D 的控制作用。

NMOS 管特性曲线与三极管的输入特性曲线非常相似，所不同的是用栅源电压（输入电压）控制漏极电流（输出电流），而且只有 U_{GS} 达到一定值以后才有漏极电流，这个电压称为开启电压，用 U_{on} 表示。

（2）输出特性。在一定的情况下，漏极电流 i_D 与漏源电压 U_{DS} 的关系称为输出特性。NMOS 管特性曲线如图 8-13（b）所示，曲线可用实验的方法得到，其输出特性曲线与结型场效应管相似，分为可变电阻区、恒流区（放大区）、击穿区和截止区 4 个区域。

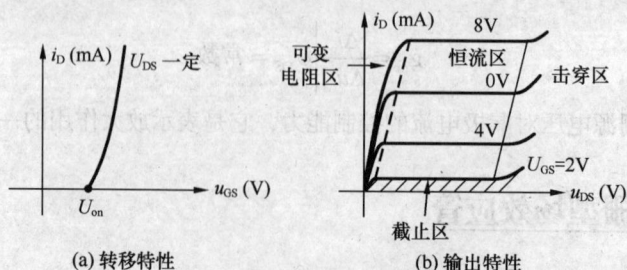

(a) 转移特性　　　　　(b) 输出特性

图 8-13 NMOS 伏安特性

3．MOS 管的主要参数

（1）跨导 g_m：与结型场效应管的相同。

（2）开启电压 U_{on}：指管子截止与导通的分界点，是管子导通的最小电压值。

（3）最大漏极电流 I_{DM}：是指管子正常工作时所允许的漏极最大电流，使用时不要超过这个数值。

（4）漏极最大耗散功率 P_{DM}：是指正常工作时漏极耗散功率的最大值，使用时不要超过这个数值。

4．使用场效应管注意事项

（1）电压的极性不能接错，工作电压和电流不能超过最大允许值。

（2）由于 MOS 管输入电阻太高，所以保存时应将 3 个电极短路，以防击穿栅极。

（3）测试仪表、焊接的电烙铁都要可靠地接地，最好将电烙铁的电源切断以后，快速焊接，而且焊接时先焊接源极、漏极，最后焊接栅极。

小结

电子电路中常用的半导体器件有晶体二极管、晶体三极管及场效应管。制造这些器件的主要材料是半导体。

1．半导体基础知识

纯净半导体称为本征半导体，在常温下它的导电能力很差，本征半导体中有两种载流子，电子和空穴。在本征半导体中掺入不同的杂质就形成 N 型半导体和 P 型半导体。N 型半导体是在本征半导体中掺入 5 价元素，多数载流子是电子，少数载流子是空穴；P 型半导体是在本征半导体中掺入 3 价元素，多数载流子是空穴，少数载流子是电子。

把 P 型半导体和 N 型半导体通过一定的工艺制作在一起就是一个 PN 结，PN 结具有单向导电性，加正向电压导通，加反向电压截止。

2．晶体二极管

一个 PN 结经封装并引出电极后就构成二极管，它的主要特点是具有单向导电性。二极管导通时电阻很小，一般只有几十欧到几千欧，二极管截止时电阻很大，一般有几十千欧到几百千欧。一般二者相差 1 000 倍左右。

3．晶体三极管

三极管具有电流放大作用，三极管实现放大必须满足一定内部结构条件和合适的外部条件。三极管可用输入、输出特性曲线全面描述其特性，它有 3 个工作区域，即截止区、放大区、饱和区。为了对输入信号进行线性放大，应保证三极管工作在放大区内，其工作在放大区的外部条件是：给发射结加正向电压，集电结加反向电压。

4. 场效应管

场效应管具有放大作用，场效应管是利用输入电压的电场效应来控制输出电流的，是一种电压控制器件。衡量场效应管放大能力的物理量是跨导 g_m，g_m 越大场效应管的放大能力越大。

场效应管的主要特点是输入电阻高，而且易于大规模集成化，近年来发展很快。

习题 8

一、填空题

1. 纯净的半导体称为_____半导体，掺入杂质后的半导体称为杂质半导体，根据掺入的杂质不同，杂质半导体又分为_____型半导体和_____型半导体。

2. 半导体的导电特性为_____、_____、_____。

3. PN 结具有单向导电性，加正向电压时，即 P 型区接电源的_____，N 型区接电源的_____可以_____；加反向电压时，即 P 型区接电源的_____，N 型区接电源的_____可以_____。

4. 二极管主要的特点是_____；主要参数有_____、_____、_____。硅二极管的导通电压是_____。

5. 用三极管组成放大器时有 3 种接法，分别是_____、_____和_____。

6. 三极管工作放大区的条件是：发射结加_____电压，集电结加_____电压；三极管工作在饱和区的条件是：发射结加_____电压，集电结加_____电压；三极管工作在截止区的条件是：发射结加_____电压，集电结加_____电压。

7. 三极管的极限参数是指晶体管正常工作时不能超过的参数值，否则有可能损坏三极管，它们分别是_____、_____和_____。

8. 场效应管按结构不同分为绝缘栅型场效应管和_____场效应管，绝缘栅型场效应管又分为_____和_____两种。

二、简答题

1. 如果测量二极管时，正向电阻和反向电阻都大，管子能否使用？为什么？

2. 如果测量二极管时，正向电阻和反向电阻都小，管子能否使用？为什么？

3. 某人在测量二极管的反向电阻时，为了使表笔与管脚接触良好，用两只手捏紧管脚，结果发现二极管的反向电阻较小，认为不合格，但是把二极管接到电路中，却能够正常工作。为什么？

4. 三极管有哪些分类方法？是怎样进行分类的？

5. 三极管有哪几种工作状态？各有什么特点？

6. 画出测量 PNP 型三极管的伏安特性曲线的电路图。

7. 三极管的输出特性曲线如题图 8-1 所示，能否求出电流放大系数 β？如果能，β 是多少？

8. 结型场效应管的栅极、源极、漏极的作用各是什么？

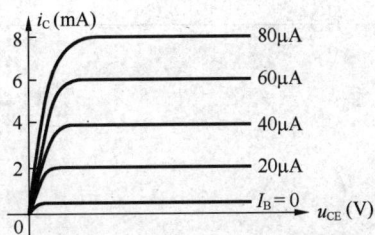

题图 8-1

9. 比较双极型三极管与绝缘栅型场效应管的异、同之处。

三、计算题

1. 硅二极管加在电路当中，如题图 8-2 所示，已知 U_S=3V，求电路中电流大小及输出电压 U_O 的大小。

2. 三极管在放大电路中均处于放大状态，用电压表测得各电极对地的电压如题图 8-3 所示，试判断此三极管是 PNP 型还是 NPN 型？是硅管还是锗管？该三极管的三个极是什么？

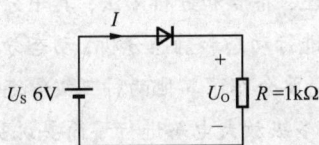

题图 8-2

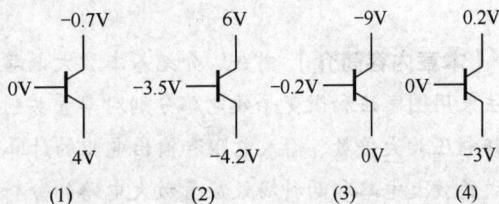

题图 8-3

3. 已知某晶体三极管的电流放大系数 β=80，当基极电流的变化量为 40μA 时，问集电极电流的变化量为多少？

4. 已知某 NMOS 管的输出特性曲线如题图 8-4 所示。求跨导 g_m。

5. 已知某结型场效应管的转移特性曲线如题图 8-5 所示，它的夹断电压为多少？漏极饱和电流为多少？

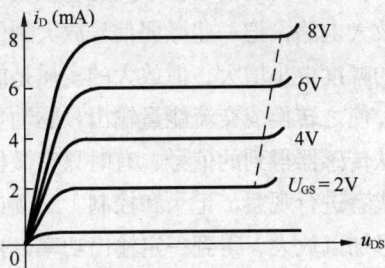

题图 8-4

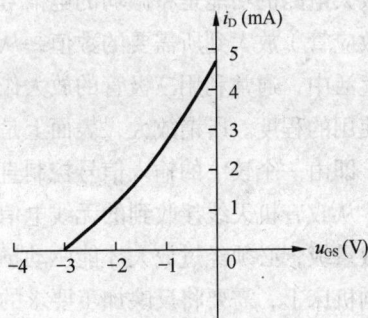

题图 8-5

第9章

基本放大电路

【本章内容简介】 首先，介绍基本放大电路的工作原理、特点和分析方法，其中分析方法采用图解法和微变等效电路分别对单管共射放大电路进行动态和静态分析，动态分析包括电压放大倍数、输入电阻和输出电阻的计算；然后，简要介绍了其他两种三极管连接方式的放大电路和两种场效应管放大电路的分析；最后，对多级放大电路进行了简要说明。

【本章重点难点】 重点为理解放大电路的基本原理和分析方法，掌握共射、共集和共基放大电路的基本特点以及它们的区别。

难点是采用微变等效电路分析法对放大电路进行动态分析，掌握放大电路的主要性能指标，3 种基本放大电路的区别与联系。

9.1 放大电路组成

放大电路的功能是将微弱的电信号（电压、电流或功率）通过放大元件（三极管或者场效应管）放大到所需要的数值，从而使电子设备的终端信号便于测量和使用。在生产和生活中，通常利用三极管的放大作用组成放大电路，把一些微弱信号放大到便于测量和使用的程度。所谓放大，表面上是将信号的幅度由小增大，但放大的实质是能量的转换，即由一个较小的输入信号控制直流电源，使之转换成交流能量输出，驱动负载。例如，从收音机天线接收到的无线电信号或者从传感器得到的信号，有时只有微伏或毫伏的数量级，必须经过放大才能驱动扬声器，或者进行观察、记录和控制。又例如在自动控制机床上，需要将反映加工要求的控制信号加以放大，得到一定输出功率以推动执行元件。

任何一个放大电路都可以看成一个二端口网络。图 9-1 所示为放大电路示意图，左边为输入端口，输入信号经过放大电路放大后，从右边的输出端口输出。由此可见，任何一个放大电路由输入、放大电路和输出 3 部分组成。本节主要以三极管共发射极放大电路为例，分析放大电路的基本组成。

图 9-2 所示为两种以 1 个 NPN 型三极管为核心的基本放大电路示意图，该放大电路由直流电源、三极管、电阻器、电容器等元件组成。由于输入回路和输出回路的公共端是三极管的发射极，所以该电路称为单管共发射极（以下简称单管共射）放大电路。图 9-2（a）中采用两个直流电源供电，基极偏置电流 I_B 由 V_{BB} 提供；图 9-2（b）中采用一个电源，基极偏置电流 I_B 由集电极电源直接取得，在分析放大电路时，常常把放大电路、信号源、负载和直流电源的公共点称为电路的"地"，用接地符号标识，作为电路中其他各点电位的参考点，习惯上 V_{CC} 电源符号不再画出，而是在其正极的一端标出它对"地"的电位。

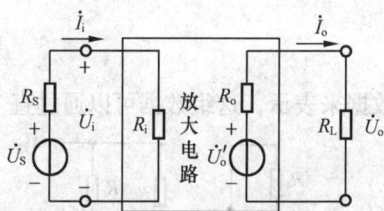

图 9-1　放大电路示意图

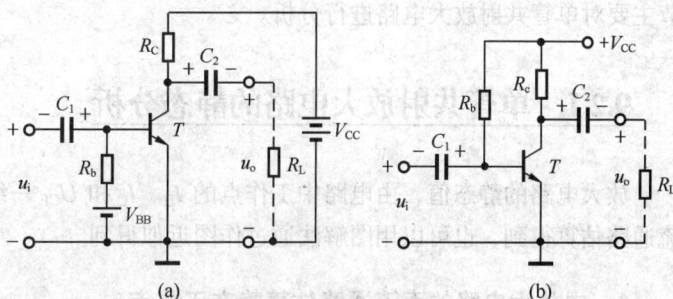

图 9-2　单管共射放大电路

1．放大电路的组成原则

（1）保证三极管工作在放大区，即发射结正向偏置，集电结反向偏置。

（2）电路中应保证输入信号能够从放大电路的输入端加到三极管上，即有信号输入回路；经过放大电路后能从输出端输出，即有信号输出回路。

（3）元件参数的选择要合适，尽量使信号能不失真地放大，并能满足放大电路的性能指标。

2．电路中各元件的作用

（1）三极管是放大电路的核心器件，在电路中起放大作用。

（2）直流电源+V_{CC} 既为放大电路的输出提供能量，又保证发射结处于正向偏置，集电结处于反向偏置，使三极管工作在放大区，其电压一般为几伏到几十伏。

（3）集电极负载 R_C，它的作用是将集电极电流的变化转化为输出电压的变化，以使放大电路实现电压的放大，其阻值一般为几千欧到几十千欧。

（4）基极偏置电阻 R_b，它和电源（图 9-2（a）中为直流电源+V_{BB}、图 9-2（b）中为直流电源+V_{CC}）一起为基极提供大小合适的基极电流，以使放大电路能够不失真地放大，其阻值一般为几十千欧到几百千欧。

（5）耦合电容器的作用，隔离直流，传送交流，即使交流信号顺利通过，使直流信号阻断，对于电容器极性在此不做分析，一般的低频放大电路通常采用无极性的电解电容器。

9.2　单管共射放大电路的分析

通过上一节的介绍我们对放大电路的组成有了一个基本的认识，下面对放大电路主要从静态和动态两个方面进行分析。静态是当放大电路没有输入信号时的工作状态；动态则是有输入信号时的工作状态。

静态分析又称直流分析，是指当输入信号为零时，电路中只有直流电流，求出电路的直流工作状态，即基极直流电流 I_B、集电极直流电流 I_C、集电极与发射极间的直流电压 U_{CE}。动态分析又称交流分析，是指加入信号后放大时，应考虑电路的交流通路，用来求出电压放大倍数、输入电阻和输出电阻。

因此，在分析、计算具体放大电路前，应分清放大电路的交、直流通路。由于放大电路中存在着电抗元件，所以直流通路和交流通路不同。在直流通路中，电容器视为开路，电感器视为短路；在交流通路中，电容器和电感器作为电抗元件处理，一般电容器按短路处理，电感器按开路处理。直流电源因为其两端的电压固定不变，内阻视为零，故在画交流通路时也按短路处理。本节主要对单管共射放大电路进行分析。

9.2.1 单管共射放大电路的静态分析

放大电路的静态值，由电路中工作点的 I_B、I_C 和 U_{CE} 一组数据来表示，这组数据可以通过直流通路估算得到，也可以用图解法通过作图近似得到。

1. 由放大电路的直流通路估算静态工作点

静态值就是没有加入信号的直流值，故可用放大电路的直流通路来分析计算。首先我们先画出如图 9-2 所示的直流通路，画直流通路时，将电容器 C_1 和 C_2 视为开路，如图 9-3 所示。

图 9-3（a）所示为直流通路，用估算法可得出静态时的基极电流为

图 9-3　直流通路

$$I_B = \frac{V_{BB} - U_{BE}}{R_b} \tag{9-1}$$

式中 U_{BE}，对于硅管约为 0.7V，锗管约为 0.3V。没有特殊说明的情况下，一般取 0.7V。

图 9-3（b）所示为直流通路，用估算法可得出静态时的基极电流为

$$I_B = \frac{V_{CC} - U_{BE}}{R_b} \tag{9-2}$$

在忽略 I_{CEO} 的情况下，根据三极管的电流分配，可得集电极静态电流为

$$I_C = \bar{\beta} I_B \tag{9-3}$$

由 KVL，可得出

$$U_{CE} = V_{CC} - I_C R_C \tag{9-4}$$

所得的 I_B、I_C 和 U_{CE} 一组直流量，就是交流放大电路的静态工作点 Q（I_B、I_C、U_{CE}）。对于静态电压和电流，通常采用在下标中添加 Q 来标识，即上面一组直流量通常也用 I_{BQ}、I_{CQ} 和 U_{CEQ} 来表示。

2. 用图解法求静态工作点

图解法是以三极管的伏安特性曲线为基础，采用在放大电路中三极管的输入、输出特性曲线上，直接用作图的方法分析计算放大电路工作性能的一种方法。由于三极管输入回路的电流和电压之间的关系可以用输入特性曲线来描述；输出回路的电流与电压之间的关系可以用输出特性曲线来描述，故在给定的电路参数和输入信号的情况下，能用作图的方法绘出放大电路中各电压、各电流的波形，并从中计算放大电路的放大倍数。其优点是能形象、直观地看到放大电路的工作状态，有利于理解放大

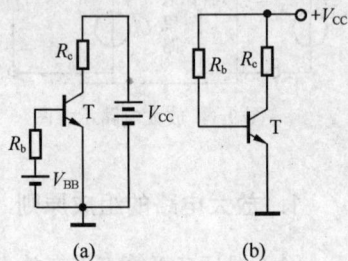

电路工作原理，下面以如图 9-4 所示基本共射放大直流通路为例，用图解法分析其静态工作点。

图解分析静态的任务是用作图的方法确定放大电路的静态工作点 Q，求出 I_{BQ}、I_{CQ} 和 U_{CEQ}。图解法求 Q 点的具体步骤如下。

（1）作直流负载线。在输出特性曲线所在坐标中，按直流负载线方程 $u_{ce}=V_{CC}-i_cR_C$，作出直流负载线。三极管的输出特性，可以按已选管子型号在晶体管手册上查得。

（2）由基极回路通过式（9-1）或在输入特性上用图解方法求出 I_{BQ} 的值，如图 9-5（a）所示。

（3）在输出特性曲线中，找出 $i_B=I_{BQ}$ 这一条输出特性曲线与直流负载线的交点。即为 Q 点，如图 9-5（b）所示。Q 点的电流值、电压值即为所求。

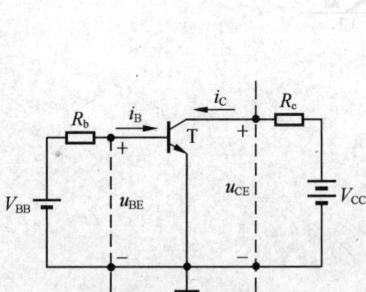

图 9-4　基本共射放大电路直流通路

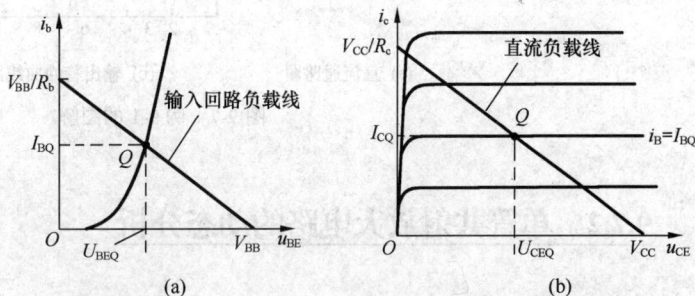

(a) 　　　　　　　 (b)

图 9-5　图解分析

【例 9-1】　电路如图 9-6（a）所示，图 9-6（b）是三极管的输出特性，已知三极管 $\beta=50$，静态时 $U_{BEQ}=0.7V$，$R_c=3k\Omega$，$R_b=280k\Omega$。利用估算法和图解法求静态工作点。

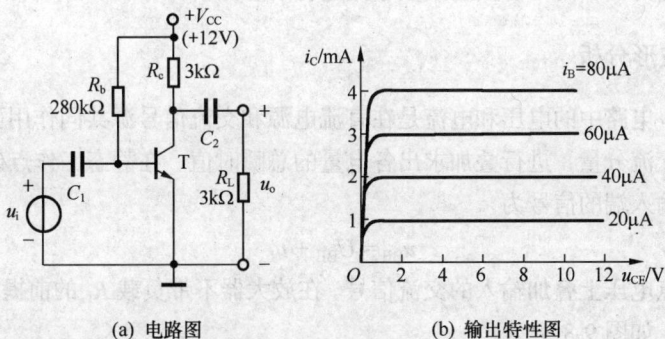

(a) 电路图　　　　　　　　　　 (b) 输出特性图

图 9-6　例 9-1 电路图与输出特性图

解：（1）估算法求静态工作点。

先画出如图 9-6（a）所示的直流通路，由直流通路可知

$$I_{BQ}=\frac{V_{CC}-U_{BE}}{R_b}=\frac{12-0.7}{280}=40\mu A$$

已知 $\beta=50$，根据 $I_{CQ}=\beta I_{BQ}$，

求出 $I_{CQ}=2mA$，$U_{CEQ}=V_{CC}-I_{CQ}R_c=6V$。

（2）图解法求静态工作点。

首先同（1）计算出静态工作点 $I_{BQ}=40\mu A$，然后在输出特性曲线的坐标平面内作出直流负载线，由直流通路列出输出回路的直流负载线方程为：$u_{CE}=V_{CC}-i_CR_C=12-3000i_C$。令 $i_C=0$，则 $u_{CE}=12V$，得 M（12，0）；又令 $u_{CE}=0$，则 $i_C=4mA$，得 N（0，4）。通过上面计算出的 I_{BQ} 值，连接 MN 两点，便得到直流负载线，该直流负载线与 $i_B=I_B=40\mu A$ 这一条输出特性曲线的交点即为 Q 点，即图 9-7（b）中 Q 点，从曲线上可查得 $I_{BQ}=40\mu A$，$I_{CQ}=2mA$，$U_{CEQ}=6V$。

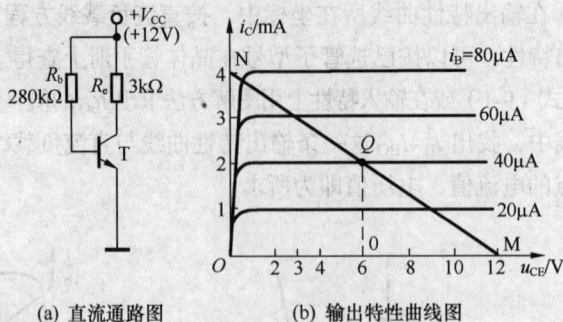

(a) 直流通路图　　　　　(b) 输出特性曲线图

图 9-7　例 9-1 的图解

9.2.2　单管共射放大电路的动态分析

当输入端加入信号 u_i 时，输入电流 i_B 不会静止不动，电路中 i_B，i_C，u_{CE} 以及输出电压 u_o 都会在静态时的直流分量上叠加上一个因 u_i 而产生的交流分量，这样三极管的工作状态将随着输入信号 u_i 的变化而变化。对放大电路中信号传输过程、放大电路的性能指标等问题的分析，就是放大电路的动态分析。动态分析的基本方法有图解法和微变等效电路法。下面以图 9-2（b）所示基本单管共射放大电路为例，对单管共射放大电路进行动态分析。

1．输出信号波形分析

在动态情况下，电路中的电压和电流是在直流电源和交流信号源共同作用下产生的，这可以通过求直流分量和交流分量，进行叠加求出各电量的总瞬时值。在静态工作点确定之后，根据叠加定理可得放大器输入端的信号为

$$u_{BE} = U_{BE} + u_i \tag{9-5}$$

即在静态工作点电压上叠加输入的交流信号。在放大器不带负载 R_L 的前提下，图解分析放大器放大信号的过程，如图 9-8 所示。

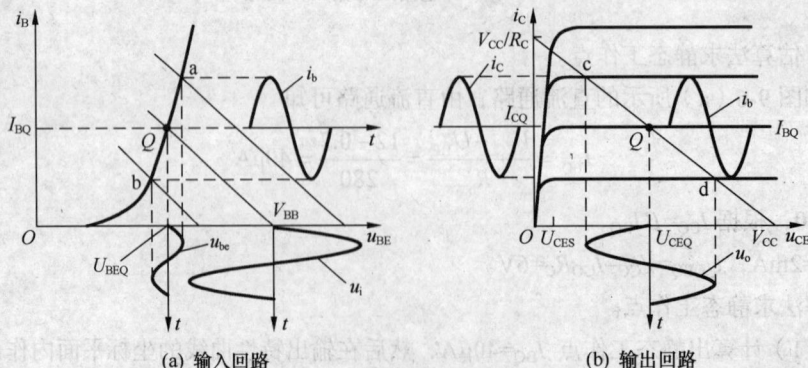

(a) 输入回路　　　　　　　　(b) 输出回路

图 9-8　用图解法分析动态工作

在图 9-8 中，u_i 为正弦信号，当 u_i 从 0 逐渐增加到最大正向电压，后由最大正向电压逐渐减小到 0 时，即形成 $u_i > 0$ 的正半周信号，放大器输入端的工作点将沿输入特性曲线从 Q 点移到 a 点，后由 a 点返回到 Q 点，此时对应的放大器输出曲线上的工作点沿直流负载线从 Q 点往 c 点移动，后由 c 返回到 Q，在输出端形成 $u_o < 0$ 的负半周信号。

当 u_i 从 0 逐渐减小到最大反向电压，后由最大反向电压逐渐增加到 0 时，即形成 $u_i < 0$ 的负半周信号，放大器输入端的工作点沿输入特性曲线从 Q 点移到 b 点，后返回到 Q 点，放大器输出特性曲线上的工作点沿直流负载线从 Q 点移到 d 点，后返回到 Q 点，在输出端形成 $u_o > 0$ 的正半周信号，完成对正、负半周输入信号的放大。其他信号波形如图 9-8 所示。

图 9-9 所示为单管共射放大电路中各有关电压和电流的信号波形，由图 9-9 可知，输入信号以及 i_B 和 i_c 相位相同。经放大器放大后的输出信号在幅度上比输入信号增大了，即实现了放大的任务，但相位却相反了，即输入信号是正半周时，输出信号是负半周；输入信号是负半周时，输出信号是正半周，说明共发射极电压放大器的输出信号和输入信号的相位差是 180°。

由图 9-9 可见，电压放大器电路中集电极电阻 R_C 的作用是：用集电极电流的变化，实现对直流电源 V_{CC} 能量转化的控制，达到用输入电压 u_i 的变化来控制输出电压 u_o 变化的目的，实现小信号输入、大信号输出的电压放大作用。由此可得，放大器放大的是变化量，放大电路放大的本质是能量的控制和转换，三极管在电路中就是起这种控制作用的。

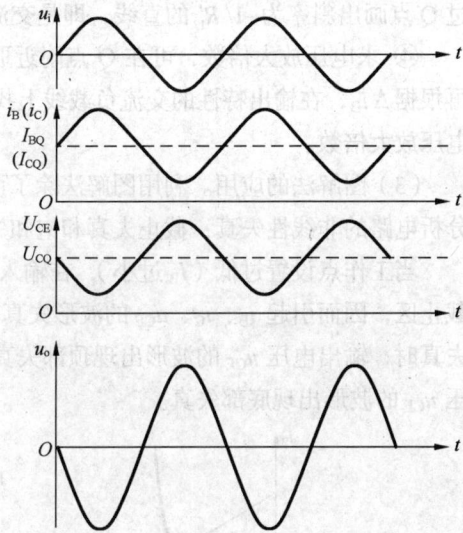

图 9-9　放大电路中各电压与电流的波形

2. 图解法分析动态特性

当放大器接有负载 R_L 时，对交流信号而言，R_L 和 R_C 是并联的关系，并联后的总电阻为

$$R_L' = R_L // R_C \qquad\qquad (9\text{-}6)$$

根据该电阻，在输出特性曲线上也可作一条斜率为 $-1/R_L'$ 的直线，该直线称为交流负载线，

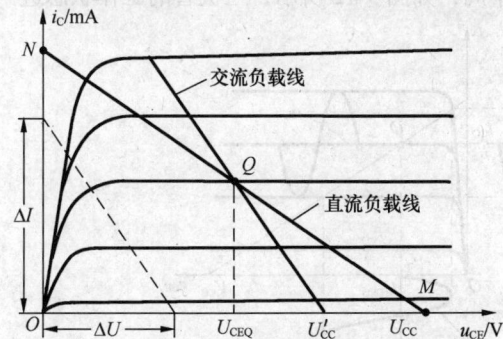

图 9-10　交流负载线的画法

如图 9-10 所示。在信号的作用下，三极管的工作状态的移动不再沿直流负载线，而是按交流负载线移动。因此，分析交流信号前，应先画出交流负载线。

（1）交流负载线特点与画法。以图 9-2 所示基本单管共射放大电路为例，通过分析可以知道交流负载线通常比直流负载线更陡，并且该直线一定通过静态工作点 Q，因为当外加输入电压 u_i 的瞬间值等于零时，两电容器 C_1 和 C_2 可视为开路，可认为放大电路相当于静态时的情况，则此时放大电路的工作点既在交流负载线上，又在静态工作点 Q 上，即交流负载线必经过 Q 点。因此，只要通过 Q 点作一条斜率为-1/R'_L 的直线，即可得到交流负载线。

具体作法如下：首先作一条 $\Delta U/\Delta I = R'_L$ 的辅助线（此线有无数条），然后过 Q 点作一条平行于辅助线的直线即为交流负载线。

（2）图解法的步骤。

① 由放大电路的直流通路画出输出回路的直流负载线。

② 根据式（2-1）估算静态基极电流 I_{BQ}，直流负载线与 $i_B=I_{BQ}$ 的一条输出特性的交点即是静态工作点 Q，由图 9-10 可得出 I_{CQ} 和 U_{CEQ}。

③ 由放大电路的交流通路计算等效的交流负载电路 $R'_L =R_C//R_L$，在三极管的输出特性上，通过 Q 点画出斜率为-1/R'_L 的直线，即是交流负载线。

④ 求电压放大倍数，可在 Q 点附近取一个 Δi_B 的值，在输入特性上找到相应的 Δu_{BE}，然后再根据 Δi_B，在输出特性的交流负载线上找到相应的 Δu_{CE}，Δu_{CE} 与 Δu_{BE} 的比值即是放大电路的电压放大倍数。

（3）图解法的应用。利用图解法除了可以分析放大电路的静态与动态工作情况以外，还可以分析电路的非线性失真：截止失真和饱和失真。

当工作点设置过低（I_B 过小），在输入信号的负半周，如图 9-11 所示，三极管工作状态进入截止区，因而引起 i_B、i_C、u_{CE} 的波形失真，称为截止失真。对于 NPN 型共射极放大电路，截止失真时，输出电压 u_{CE} 的波形出现顶部失真；对于 PNP 型共射极放大电路，截止失真时，输出电压 u_{CE} 的波形出现底部失真。

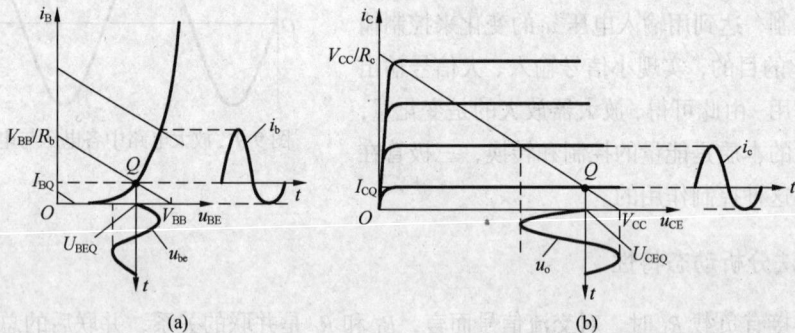

图 9-11　静态工作点过低出现截止失真各波形图

当工作点设置过高（I_B 过大），在输入信号的正半周，如图 9-12 所示，三极管的工作状态进

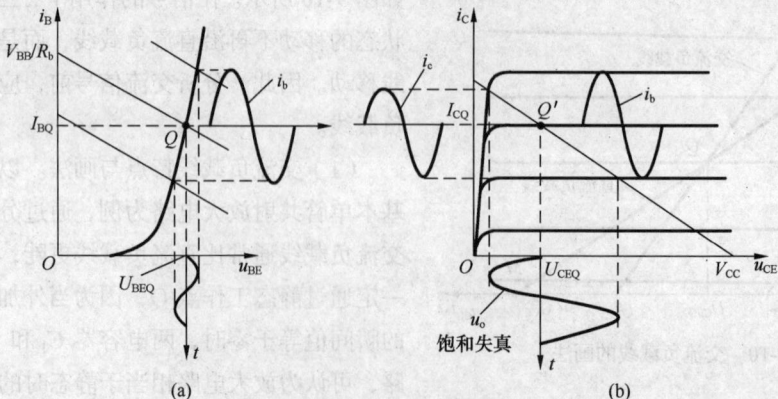

图 9-12　静态工作点过高出现饱和失真各波形图

入饱和区，因而引起 i_C、u_{CE} 的波形失真，称为饱和失真。对于 NPN 型共射极放大电路，饱和失真时，输出电压 u_{CE} 的波形出现底部失真；对于 PNP 型共射极放大电路，饱和失真时，输出电压 u_{CE} 的波形出现顶部失真。

由此可见，图解法的特点是能直观形象地反映三极管的工作情况，但是必须实测所用三极管的特性曲线，而且用图解法进行定量分析时误差较大，也较麻烦。在实际应用中，图解法主要用于信号波形及其失真分析，也用于 Q 点位置的合理性、最大不失真输出电压分析。

3．微变等效电路法

（1）交流通路。采用图解法进行放大电路动态分析，虽然比较直观、便于理解，但过程繁琐，不易进行定量分析，对较复杂的放大电路也比较困难，因此常采用等效电路对放大电路的主要性能进行分析。由于动态时电路中既有代表信号的交流分量，又有代表静态偏置的直流分量，因此它是一种交直共存的状态。如果需分析交流分量，则需要画出放大电路在此信号源作用下的交流通路。画交流通路时，放大电路中的耦合电容器因其容抗较小，可视为短路，直流电源因其内阻很小亦可视为短路。

图 9-2 所示两种基本放大电路的交流通路均如图 9-13 所示。

（2）简化三极管等效变换。由于三极管的输入、输出特性曲线都是非线性的，因此由三极管组成的放大电路也是非线性电路，定量分析计算放大电路的电压放大倍数，输入电阻和输出电阻等动态指标很不方便。但在三极管的静态工作点附近一个微小的范围内，用一小段直线近似代替那一段曲线，把非线性元件三极管等效成线性元件，这样就把非线性电路的分析转换成线性电路的分析，这种分析方法称之为微变等效电路分析法。通过证明对于中频小信号，三极管可等效成如图 9-14 所示的微变等效电路。应注意：微变等效电路是交流信号的等效电路，只能进行交流分量的分析与计算，不能用来分析和计算直流分量。在实践应用中，β 和 r_{be} 可从特性曲线求出，或参考产品手册给出的数值。r_{be} 常用近似公式来计算，即

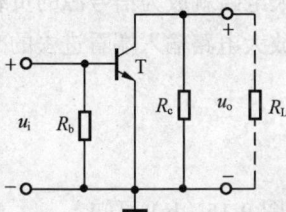

图 9-13　单管共射放大电路交流通路　　　图 9-14　三极管的微变等效电路

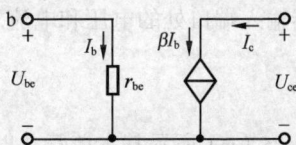

$$r_{be} = r'_{bb} + (1+\beta)\frac{U_T}{I_{EQ}} \tag{9-7}$$

式中，r_{bb}' 为基区半导体的体电阻，可以查阅产品手册得到，在本书中如无特殊指明则近似为 300Ω，在常温下 U_T 可取 26mV，I_{EQ} 为发射极的静态电流。本书中如无特殊说明，式（9-7）常写为下面的形式：

$$r_{be} = 300 + (1+\beta)\frac{26(mV)}{I_{EQ}(mA)}\Omega \tag{9-8}$$

下面采用微变等效电路分析基本共射放大电路，计算其各性能指标。图 9-15 所示为阻容耦合的基本放大电路图及其微变等效电路。

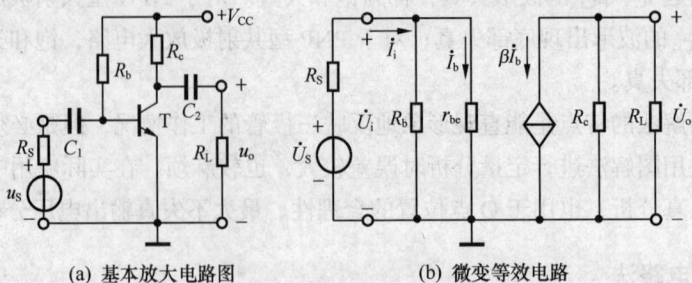

(a) 基本放大电路图　　　　　(b) 微变等效电路

图 9-15　基本共射放大电路与微变等效电路

（3）放大电路的性能指标。为了比较和评价放大电路性能的好坏，常制定一些性能指标，这些指标描述了放大电路对信号放大能力和质量的好坏，它是分析和设计放大电路的依据。放大电路的性能指标有：放大倍数、输入电阻、输出电阻、最大输出幅度、非线性失真系数、通频带、最大输出功率、效率等，本节对放大电路的分析主要为前面几个指标。现假设加上一个正弦输入电压，常用向量表示其电压与电流等。

① 放大倍数。放大电路的电压放大倍数 $\dot{A}_u$ 定义为放大电路的输出电压与输入电压之比，即

$$\dot{A}_u = \frac{\dot{U}_o}{\dot{U}_i} \tag{9-9}$$

对于如图 9-15（a）所示的基本单管共射放大电路，由图 9-15（b）可知

$$\dot{U}_i = \dot{U}_{be} = \dot{I}_b r_{be} \tag{9-10}$$

$$\dot{U}_o = -\dot{I}_C (R_C // R_L) = -\dot{I}_C R'_L \tag{9-11}$$

式中 $R'_L = R_C // R_L$，式（9-10）和式（9-11）可得电压放大倍数为

$$\dot{A}_u = \frac{\dot{U}_o}{\dot{U}_i} = -\beta \frac{R'_L}{r_{be}} \tag{9-12}$$

② 输入电阻。把信号源加到放大电路输入端时，放大电路就成为信号源的负载，这个负载用等效电阻 R_i 来表示，称为放大电路的输入电阻，它是从放大电路输入端看进去的交流等效电阻。R_i 定义为放大器输入端口处的电压和电流之比，即

$$R_i = \frac{\dot{U}_i}{\dot{I}_i} \tag{9-13}$$

对于如图 9-15（a）所示基本单管共射放大电路，由图 9-15（b）可知

$$R_i = r_{be} // R_b \tag{9-14}$$

输入电阻描述放大电路对信号源索取电流的大小，通常希望放大电路的输入电阻越大越好，R_i 越大说明放大电路对信号源索取的电流越小，信号电压损失越小。

若信号源有内阻 R_S 时，则放大电路输入电压是信号源电压在输入电阻上的分压，即

$$\dot{U}_i = \dot{U}_S \frac{R_i}{R_S + R_i} \tag{9-15}$$

③ 输出电阻。放大电路向负载提供信号电流和电压，对负载而言它是电源，电源的内阻 R_o 称为放大电路的输出电阻。由于 R_o 的存在，所以放大电路带上负载 R_L 后，输出电压会降低。

R_o 反映了放大器带负载能力。通常希望放大电路的输出电阻越小越好，越小说明放大电路的带负载能力越强。

如果放大电路的输出电阻 R_o 较大，当负载 R_L 变化时，输出电压 U_o 的变化较大，我们称放大器带负载能力差，反之带负载能力强。

放大电路的输出电阻是从放大电路输出端看进去的等效电阻，其求解可以用戴维南等效电路中的求等效电阻的方法。将信号源短路，负载 R_L 端开路，在输出端外加测试电压 $\dot{U}$，产生了相应的测试电流 $\dot{I}$，其输出电阻为

$$R_o = \frac{\dot{U}}{\dot{I}} \qquad (9\text{-}16)$$

对于如图 9-15（a）所示基本单管共射放大电路，由图 9-15（b）可知

$$R_o = R_c \qquad (9\text{-}17)$$

④ 通频带。通频带用于衡量放大电路对不同频率信号的放大能力。由于放大电路中电容、电感等电抗的存在，在某一频率范围附近升高或降低时，放大倍数都将较小，通常将放大倍数在高频和低频段分别下降至中频段放大倍数的 $1/\sqrt{2}$ 时所包括的频率范围，定义为放大电路的通频带，用符号 BW 表示。通频带越宽，表明放大电路对信号频率的变化具有更强的适应能力。

⑤ 其他性能。最大输出幅度表示在输出波形没有明显失真的情况下，放大电路能够提供给负载的最大输出电压。

最大输出功率指放大电路能够向负载提供的最大交变功率，通常用 P_{omax} 表示，最大效率表示最大输出功率与直流电源消耗的功率之比，用 η 表示。

（4）微变等效电路分析步骤。

① 首先确定放大电路的静态工作点 Q。

② 求出静态工作点处的微变等效电路的参数 β 和 r_{be}。

③ 画出放大电路的微变等效电路，可先画出电路的交流通路，然后将三极管转化为等效电路，得出其微变等效电路。

④ 列出电路方程求解各主要性能指标：求电压放大倍数、输入电阻和输出电阻。

【例 9-2】 图 9-16 所示电路中，已知 $V_{CC}=15V$，$R_b=510k\Omega$，$\beta=60$，$R_C=R_L=5k\Omega$，三极管为硅管，求：（1）放大器的静态工作点 Q；（2）计算电压放大倍数 $\dot{A}_u$、输入电阻 R_i、输出电阻 R_o。

解：（1）根据式（9-2）、式（9-3）和式（9-4）可得放大器的静态工作点 Q 的数值。

$$I_{BQ} = \frac{V_{CC} - U_{BE}}{R_{b2}} = \frac{15 - 0.7}{510} \approx 0.028mA = 28\mu A$$

$$I_{CQ} = \beta I_{BQ} = 1.68mA$$

$$U_{CEQ} = V_{CC} - I_{CQ}R_C = 6.6V$$

$$I_{EQ} = (1+\beta)I_{BQ} = 1.71mA$$

（2）画微变等效电路图，如图 9-17 所示，计算 r_{be} 的值，根据式（9-12）、式（9-14）式（9-17）可得

$$r_{be} = 300 + (1+\beta)\frac{26(mV)}{I_{EQ}(mA)} = 300 + 61 \times \frac{26}{1.71} \approx 1228\Omega \approx 1.23k\Omega$$

$$R_L' = R_C // R_L = 2.5k\Omega$$

$$\dot{A}_u = \frac{\dot{U}_o}{\dot{U}_i} = -\beta\frac{R_L'}{r_{be}} \approx -122$$

$$R_i = r_{be} // R_b \approx 1.23k\Omega$$

$$R_o = R_C = 5k\Omega$$

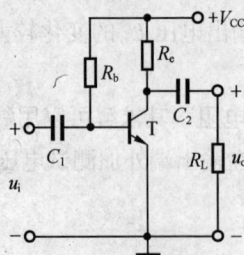

图 9-16 例 9-2 图

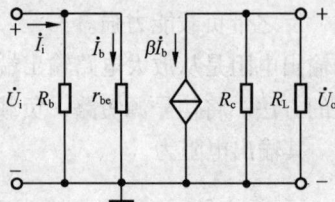

图 9-17 例 9-2 图电路微变等效电路

9.2.3 共射放大电路的特点与应用

共射放大电路具有较大的电压放大倍数和电流放大倍数，输出电压与输入电压相位相反，同时输入电阻和输出电阻又比较适中，所以，一般只要对输入电阻、输出电阻和频率响应没有特殊要求的地方，均可以采用。共射放大电路广泛应用于作低频电压放大的输入级、中间级和输出级。

9.2.4 典型静态工作点稳定电路

我们知道，在对放大电路进行动态分析之前，必须计算其静态工作点，这说明静态工作点影响放大电路的性能指标，它不仅与放大倍数、输入电阻等指标有关，而且如果设置不合理还会造成输出信号的失真。影响静态工作点的因素较多，如电源电压的波动，元件的老化，温度的变化等，其中影响最大的是温度，对于温度的影响，通常采用 3 种措施：一种是将放大器置于恒温装置中，这种方法造价很高；另一种是在直流偏置中引入负反馈来稳定静态工作点；还有一种是在偏置电路中采用温度补偿措施。

典型的分压式静态工作点稳定电路，如图 9-18（a）所示，它的偏置电路由电阻 R_{b1}、R_{b2} 和射极电阻 R_e 组成。在图 9-18（b）中，B 点的电流方程为：$I_2=I_1+I_{BQ}$。为了稳定静态工作点，通常情况下，参数的选取应满足：$I_1 \gg I_{BQ}$，因此 $I_2 \approx I_1$，故 B 点的电位为

$$U_{BQ} \approx \frac{R_{b1}}{R_{b1}+R_{b2}} \cdot V_{CC} \qquad （9-18）$$

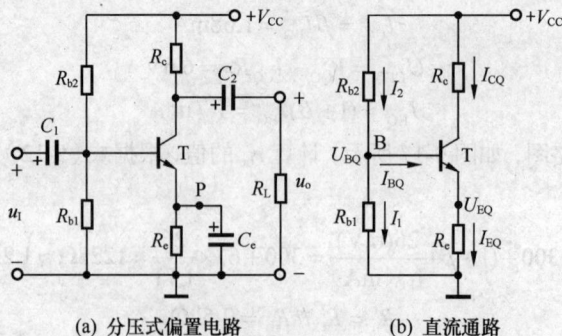

(a) 分压式偏置电路 (b) 直流通路

图 9-18 静态工作点稳定电路

式（9-18）表明基极电位几乎仅决定于 R_{b1} 与 R_{b2} 对 V_{CC} 的分压，而受环境温度很小，即当温度变化时，U_{BQ} 基本不变。

　　当温度降低时，集电极电流 I_C 减小，发射极电流 I_E 必然相应减小，因而射极电阻 R_e 上的电位 V_E 也随之减小；因为 U_{BQ} 基本不变，而 $U_{BE}=V_B-V_E$，所以 U_{BE} 必然增大，导致基极电流 I_B 增大，从而 I_C 也随之将增大，结果 I_C 随温度降低而减小的部分几乎被因 I_B 增大而增大的部分相抵消，使 I_C 基本保持不变，U_{CE} 也将基本不变，从而达到了稳定 Q 点的目的。同样当温度升高时，各物理量向相反方向变化，读者可自行分析。可见，分压式偏置电路具有自动调节静态工作点的能力。

　　【例 9-3】 图 9-19 所示电路中，已知 $V_{CC}=12\text{V}$，$R_{b1}=20\text{k}\Omega$，$R_{b2}=10\text{k}\Omega$，$\beta=50$，$R_c=R_e=2\text{k}\Omega$，$R_L=4\text{k}\Omega$，三极管为硅管，求：
（1）放大器的静态工作点 Q；（2）计算电压放大倍数 $\dot{A}_u$、输入电阻 R_i、输出电阻 R_o；（3）当不接电容 C_3 时的电压放大倍数 $\dot{A}_u$，输入电阻 R_i、输出电阻 R_o。

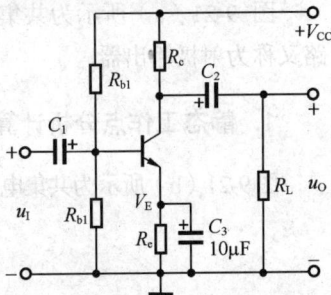

图 9-19　例 9-3 电路图

　　解：（1）首先确定直流工作点，放大器的直流等效电路如图 9-20（a）所示。

$$U_{BQ}=\frac{R_{b2}}{R_{b1}+R_{b2}}V_{CC}=\frac{10}{10+20}\times12=4\text{V}$$

$$I_{EQ}=\frac{U_{BQ}-U_{BE}}{R_e}=\frac{4-0.7}{2}=1.65\text{mA}$$

$$I_{BQ}=\frac{I_{EQ}}{\beta+1}=\frac{1.65}{51}=0.0323\text{mA}=32.3\mu\text{A}$$

$$I_{CQ}=\beta I_{BQ}=1.62\text{mA}$$

$$U_{CEQ}\approx V_{CC}-I_{CQ}(R_c+R_e)=12-1.62\times4=5.5\text{V}$$

　　（2）微变等效电路如图 9-20（b）所示，估算放大器的电压放大倍数。

$$r_{be}=r'_{bb}+(1+\beta)\frac{26\text{mV}}{I_{EQ}}=300+(1+50)\frac{26}{1.65}\approx1.1\text{k}\Omega$$

$$\dot{A}_u=\frac{\dot{U}_o}{\dot{U}_i}=\frac{-\beta R'_L}{r_{be}}=-\frac{50\times1.33}{1.1}\approx-60.6 \qquad (R'_L=R_e//R_L)$$

$$R_i=R_{b1}//R_{b2}//r_{be}=20//10//1.1\approx1.1\text{k}\Omega$$

$$R_o=R_c=2\text{k}\Omega$$

　　（3）当不接电容器 C_3 时，微变等效电路如图 9-20（c）所示，估算放大器的电压放大倍数。

$$\dot{A}_u=\frac{\dot{U}_o}{\dot{U}_i}=\frac{-\beta R'_L}{r_{be}+(1+\beta)R_e}=-\frac{50\times1.33}{1.1+51\times2}\approx-0.65 \qquad (R'_L=R_e//R_L)$$

$$R_i=R_{b1}//R_{b2}//[r_{be}+(1+\beta)R_e]=10//20//[1.1+51\times2]\approx6.32\text{k}\Omega$$

$$R_o=R_c=2\text{k}\Omega$$

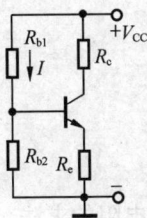
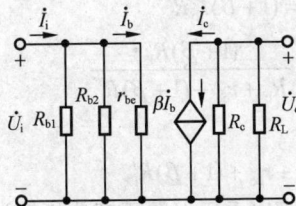
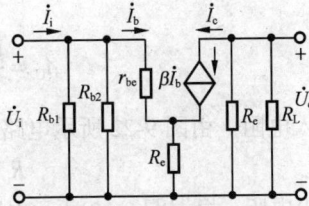

(a) 直流通路　　　　(b) 接 C_3 时微变等效电路　　　　(c) 不接 C_3 时微变等效电路

图 9-20　例 9-3 直流通路与微变等效电路

9.3 射极输出器

根据所选输入信号与输出信号公共端电极的不同，放大电路有 3 种基本的接法，除了前面讲过的共发射极放大电路以外，还有共基极和共集电极放大电路。

图 9-21（a）所示为共集电极放大电路的完整图，由于输出信号是从发射极输出，故这种电路又称为射极输出器。

1. 静态工作点分析计算

图 9-21（b）所示为共集电极放大电路直流通路，根据直流通路，可以确定此电路的静态工作点为

$$I_{BQ} = \frac{V_{BB} - U_{BEQ}}{R_b + (1+\beta)R_e} \tag{9-19}$$

$$I_{EQ} = (1+\beta)I_{BQ} \tag{9-20}$$

$$U_{CEQ} = V_{CC} - I_{EQ}R_e \tag{9-21}$$

2. 动态分析

图 9-22 所示为共集电极放大电路交流通路图 9-21（c）的微变等效电路图。根据微变等效电路可计算出各动态性能指标。

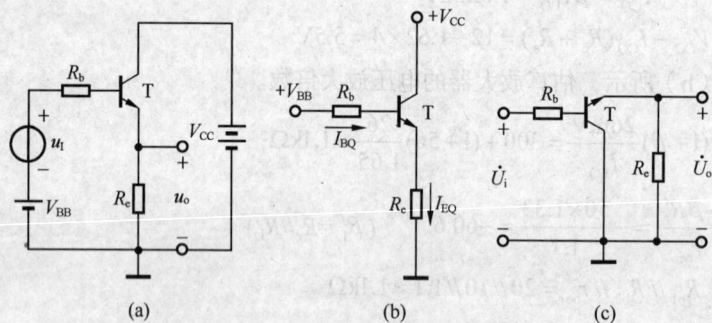

图 9-21　基本共集电极放大电路

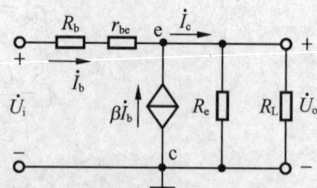

图 9-22　基本共集电极放大
电路微变等效电路

（1）电压放大倍数。由图 9-22 所示电路可知

$$\dot{U}_i = \dot{I}_b(R_b + r_{be}) + \dot{I}_e R_L' \tag{9-22}$$

其中，$R_L' = R_e // R_L$，R_L 为负载。

$$\dot{U}_o = (1+\beta)\dot{I}_b R_L' \tag{9-23}$$

$$\dot{A}_U = \frac{\dot{U}_o}{\dot{U}_i} = \frac{(1+\beta)R_L'}{R_b + r_{be} + (1+\beta)R_L'} \tag{9-24}$$

（2）输入电阻。由图 9-22 所示电路可知

$$R_i = R_b + r_{be} + (1+\beta)R_L' \tag{9-25}$$

（3）输出电阻。根据图 9-22 所示电路，可以采用电路原理分析等效电阻的求法，在输出端外加一个电压 U_o，将输入信号短路，负载断开，求出 I_o，然后两者之比即为输出电阻 R_o，见式（9-26），读者可试采用该法计算。

$$R_{\mathrm{o}} = R_{\mathrm{e}} // \frac{R_{\mathrm{b}} + r_{\mathrm{be}}}{1 + \beta} \qquad (9\text{-}26)$$

（4）特点与应用。射极输出器的主要特点是：输入电阻大，输出电阻小，电压放大倍数小于1而接近1，输出电压与输入电压相位相同，虽然没有电压放大倍数，但仍有电流和功率放大作用。由于具有这些特点，射极输出器常被用作多级放大电路的输入级、输出级或作为隔离用的中间级。

9.4　共基极放大电路

图 9-23（a）所示为一个共基极放大电路，图 9-23（b）所示为该电路的直流通路，图 9-23（c）所示为该电路的交流通路电路，图 9-23（d）所示为该电路的微变等效电路。在该电路中，输入电路信号从三极管的发射极和基极之间输入，输出信号从三极管的集电极和基极之间输出。基极是输入回路和输出回路的公共端，因此该电路称为共基极放大电路。

(a) 共基极放大电路　　　　　　(b) 直流通路

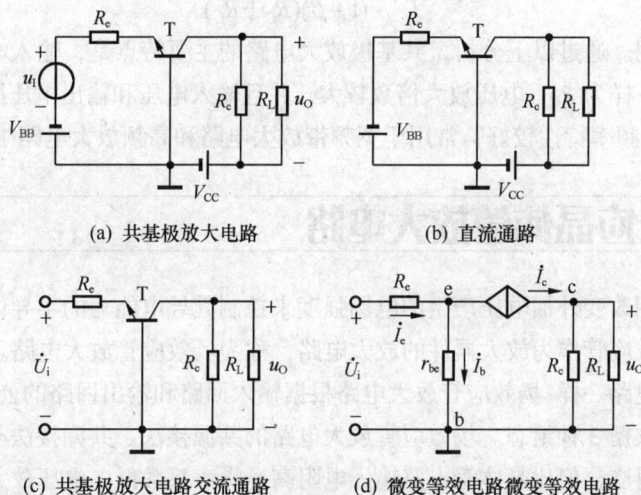

(c) 共基极放大电路交流通路　　　(d) 微变等效电路微变等效电路

图 9-23　基本共集极放大电路

1．静态工作点的分析计算

将图 9-23（a）中的输入信号短路，即得到该电路的直流通路，如图 9-23（b）所示。根据电路可知，发射极电位 $V_{\mathrm{EQ}} = -U_{\mathrm{BE}}$，集电极电位 $V_{\mathrm{CQ}} = V_{\mathrm{CC}} - I_{\mathrm{CQ}}(R_{\mathrm{C}} // R_{\mathrm{L}})$，故该电路静态工作点为

$$I_{\mathrm{EQ}} = \frac{V_{\mathrm{BB}} - U_{\mathrm{BE}}}{R_{\mathrm{e}}} \qquad (9\text{-}27)$$

$$I_{\mathrm{BQ}} = \frac{I_{\mathrm{EQ}}}{1 + \beta} \qquad (9\text{-}28)$$

$$I_{\mathrm{CQ}} = \frac{\beta}{1 + \beta} I_{\mathrm{EQ}} \qquad (9\text{-}29)$$

$$U_{\mathrm{CEQ}} = V_{\mathrm{CC}} - I_{\mathrm{CQ}}(R_{\mathrm{C}} // R_{\mathrm{L}}) + U_{\mathrm{BE}} \qquad (9\text{-}30)$$

2．动态分析

画出图 9-23（a）的交流通路如图 9-23（c）所示，其微变等效电路如图 9-23（d）所示。

（1）电压放大倍数。由微变等效电路可得

$$\dot{U}_i = \dot{I}_b r_{be} + \dot{I}_e R_e \qquad (9\text{-}31)$$

其中，$R'_L = R_c \ // \ R_L$，R_L 为负载。

$$\dot{U}_o = \dot{I}_c R'_L \qquad (9\text{-}32)$$

$$\dot{A}_U = \frac{\dot{U}_o}{\dot{U}_i} = \frac{\beta R'_L}{r_{be} + (1+\beta)R_e} \qquad (9\text{-}33)$$

（2）输入电阻与输出电阻。由图 9-23（d）所示电路可知

$$R_i = \frac{\dot{U}_i}{\dot{I}_i} = R_e + \frac{r_{be}}{(1+\beta)} \qquad (9\text{-}34)$$

$$R_O = R_C \qquad (9\text{-}35)$$

（3）电流放大倍数。根据图 9-23（d）所示电路，可以计算出

$$\dot{A}_i = \frac{\dot{I}_o}{\dot{I}_i} = \frac{\beta R_C}{(1+\beta)(R_C + R_L)} < 1 \qquad (9\text{-}36)$$

（4）特点与应用。通过以上分析，共基极放大电路的主要特点是，输入电阻较低，输出电阻同共射极放大电路一样为 R_C，电压放大倍数较大，并且输入电压和输出电压同相，电流放大倍数小于 1。由于该电路频率特性较好，常用于宽频带放大电路和高频放大电路中。

9.5　场效应晶体管放大电路

场效应管是利用改变外加电压产生的电场强度来控制其导电能力的半导体器件，它是一种电压控制元件。用场效应管作为放大器件的放大电路，称为场效应管放大电路。

与三极管放大电路一样，场效应管放大电路根据输入回路和输出回路的公共端连接方式不同，分为共源、共漏和共栅 3 种组态。场效应管放大电路的共源接法、共漏接法与晶体管放大电路的共射、共集接法相对应，但比晶体管电路输入电阻高、噪声系数低、电压放大倍数小，适用于作电压放大电路的输入级。本节主要介绍常用的共源和共漏两种放大电路。

9.5.1　直流偏置电路

与三极管放大电路一样，为了使场效应管正常工作，必须要求建立合适的直流偏置电压 U_{GS}。采用的方法主要有自给栅偏压电路，如图 9-24 所示；分压式偏压电路，如图 9-25 所示，前者适用于耗尽型场效应管，后者适用于各种类型的场效应管，应用较广。

1. 自给栅偏压电路

图 9-24 所示为 N 沟道耗尽型 MOS 管共源放大电路，图中 R_g 为栅极电阻，其作用为将 R_g 上的压降加至栅极；R_s 为源极电阻，利用 I_{DQ} 在其上的压降为栅极提供偏压；R_d 为漏极电阻，降漏极电流转化为漏极电压，并影响放大倍数 A_u；C_s 为旁路电容，用于消除 R_s 对交流信号的衰减。对该电路进行静态分析，可以按下列步骤进行。

（1）求栅偏压 U_{GS}。由于栅极电阻上无直流电流，所以栅极电位为零，这样，选取合适的 R_s 值可获得合适的栅极偏压 U_{GS}，即

$$U_{GS} = -I_D R_s \tag{9-37}$$

（2）求漏极电流。由于在 $U_{GS(OFF)} \leqslant U_{GS} \leqslant 0$ 的范围内，漏极电流和栅源电压的关系可表示为

$$I_D = I_{DSS}\left(1 - \frac{U_{GS}}{U_{GS(OFF)}}\right)^2 \tag{9-38}$$

当场效应管给定后，I_{DSS} 和 $U_{GS(OFF)}$ 便可通过产品手册查出相应的值。联立式（9-37）和式（9-38）便可以求解出 I_D 和 U_{GS} 的值。

（3）求漏源电压。由图 9-24 可知，漏源电压 U_{DS} 可表示为

$$U_{DS} = V_{DD} - I_D(R_d + R_s) \tag{9-39}$$

2．分压式偏置电路

由于增强型场效应管不能形成自给偏压，故不能采用自给栅偏压电路，但可以采用分压式偏置电路，如图 9-25 所示，栅极电阻 R_{g1} 和 R_{g2} 用于使栅极获得合适的工作电压，栅极电阻 R_{g3} 用于提高输入电阻。分压式偏置电路静态工作点计算可以按下列步骤进行。

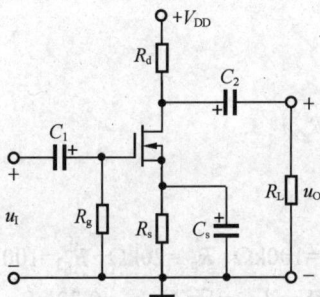

图 9-24　自给偏压式共源放大电路　　　　图 9-25　分压偏置式共源放大电路

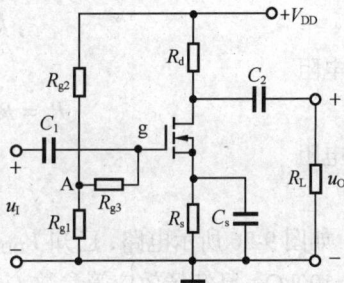

（1）求栅偏压。由图 9-25 可得，该电路栅源间偏置电压可表示为

$$U_{GS} = V_G - V_S = \frac{R_{g2}}{R_{g1} + R_{g2}} V_{DD} - I_D R_S \tag{9-40}$$

（2）求漏极电流。由于当 $u_{GS} \geqslant U_{GS(th)}$ 时，漏极电流和栅源电压的关系可表示为

$$I_D = I_{DM}\left(\frac{U_{GS}}{U_{GS(th)}} - 1\right)^2 \tag{9-41}$$

当管子给定后，I_{DM} 和 $U_{GS(th)}$ 便可通过手册查出相应的值。联立式（9-40）和式（9-41）便可以求解出 I_D 和 U_{GS} 的值。

（3）求漏源电压。由图 9-25 可知，漏源电压 U_{DS} 可表示为

$$U_{DS} = V_{DD} - I_D(R_d + R_s) \tag{9-42}$$

9.5.2　场效应管的动态分析

场效应管的动态分析与三极管的动态分析方法一样，当场效应管在小信号情况工作时，也可以采用微变等效电路来代替。在输入回路中，由于场效应管输入电阻很高，故栅源间通常作为开路处理；在输出回路中，漏极电流 i_D 是受栅源电压 u_{gs} 控制的，故漏源间可用受控源 $g_m u_{gs}$ 代替，一般情况下，当漏极负载电阻 R_d 比 r_{ds} 小得多时，可将等效电路中的 r_{ds} 视为开路。因此，场效应

管电路与其微变等效电路如图 9-26 所示。

1. 共源放大电路

图 9-25 中的微变等效电路如图 9-27 所示。

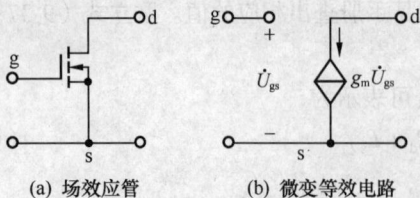

(a) 场效应管　(b) 微变等效电路

图 9-26　场效应管与其微变等效电路

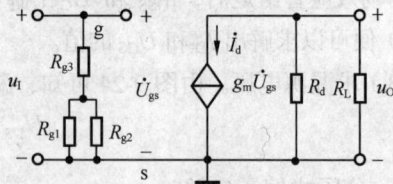

图 9-27　分压偏置式共源放大微变等效电路

（1）电压放大倍数。由图 9-27 得

$$\dot{A}_\mathrm{u} = \frac{\dot{U}_\mathrm{o}}{\dot{U}_\mathrm{i}} = -\frac{\dot{I}_\mathrm{d}(R_\mathrm{d} // R_\mathrm{L})}{\dot{U}_\mathrm{gs}} = -g_\mathrm{m}R'_\mathrm{L} \tag{9-43}$$

式中

$$R'_\mathrm{L} = R_\mathrm{L} // R_\mathrm{d}$$

（2）输入电阻

$$R_\mathrm{i} = R_\mathrm{g3} + (R_\mathrm{g1} // R_\mathrm{g2}) \tag{9-44}$$

（3）输出电阻

$$R_\mathrm{o} = R_\mathrm{d} \tag{9-45}$$

【例 9-4】 如图 9-26 所示电路，已知 $V_\mathrm{DD}=12\mathrm{V}$，$R_\mathrm{g1}=100\mathrm{k\Omega}$，$R_\mathrm{g2}=20\mathrm{k\Omega}$，$R_\mathrm{g3}=100\mathrm{M\Omega}$，$R_\mathrm{s}=5\mathrm{k\Omega}$，$R_\mathrm{d}=10\mathrm{k\Omega}$，$R_\mathrm{L}=100\mathrm{k\Omega}$，已知场效应管参数 $U_\mathrm{GS(OFF)}=-5\mathrm{V}$，$I_\mathrm{DSS}=1\mathrm{mA}$，$g_\mathrm{m}=0.32\mathrm{mS}$。（1）分析放大器的静态工作点 Q；（2）计算电压放大倍数 $\dot{A}_\mathrm{u}$、输入电阻 R_i、输出电阻 R_o。

解：（1）求静态工作点，由式（9-38）、式（9-39）和式（9-40）联立解方程组得

$$I_\mathrm{DQ1}=0.61\mathrm{mA}, \quad U_\mathrm{GSQ1}=-1\mathrm{V}; \quad I_\mathrm{DQ2}=1.64\mathrm{mA}, \quad U_\mathrm{GSQ2}=8\mathrm{V}（不合理，舍去）$$

因此 $U_\mathrm{DS}=2.8\mathrm{V}$

（2）画出微变等效电路图（同图 9-27），由式（9-43）、式（9-44）、式（9-45）得

$$\dot{A}_\mathrm{u}=-3.2, \quad R_\mathrm{i}=100\mathrm{M\Omega}, \quad R_\mathrm{o}=10\mathrm{k\Omega}$$

2. 共漏极放大电路

共漏极放大电路又称源极输出器或源极跟随器，如图 9-28（a）所示。图中栅极电阻 R_g1 和 R_g2 用于使栅极获得合适的工作电压，栅极电阻 R_g3 用于提高输入电阻，静态分析方法同前面分压式偏置电路静态工作点计算步骤一样。

共漏极放大电路微变等效电路如图 9-28（b）所示。它具有与三极管射极输出器相似的特性，输入电阻高，输出电阻低，电压放大倍数小于 1 并接近 1。

（1）电压放大倍数。由图 9-28 得

由于 $\dot{U}_\mathrm{i}=\dot{U}_\mathrm{gs}+\dot{U}_\mathrm{o}=(1+g_\mathrm{m}R'_\mathrm{L})\dot{U}_\mathrm{gs}$，所以

$$\dot{A}_\mathrm{u}=\frac{\dot{U}_\mathrm{o}}{\dot{U}_\mathrm{i}}=\frac{g_\mathrm{m}R'_\mathrm{L}}{1+g_\mathrm{m}R'_\mathrm{L}} \tag{9-46}$$

式中

$$R'_\mathrm{L}=R_\mathrm{L} // R_\mathrm{d}$$

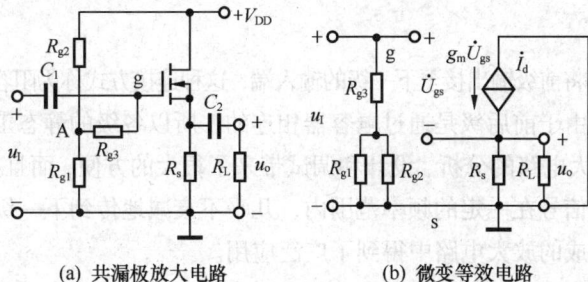

(a) 共漏极放大电路　　　　　　(b) 微变等效电路

图 9-28　共漏极放大电路与微变等效电路

（2）输入电阻

$$R_i = R_{g3} + \left(R_{g1} \; / / \; R_{g2} \right) \qquad\qquad (9\text{-}47)$$

（3）输出电阻

$$R_o = R_s \; / / \; \frac{1}{g_m} \qquad\qquad (9\text{-}48)$$

9.6　多级放大电路

单管放大电路在放大倍数和其他性能指标上往往不能满足实际要求，因此在实际中，常常采用把若干个单管放大电路连接起来，组成所谓的多级放大电路。

9.6.1　多级放大电路的组成

多级放大电路组成框图如图 9-29 所示。多级放大通常包括输入级、中间级和输出级。

对输入级的要求，往往与信号源的性质有关。例如，当输入信号源为高阻电压源时，则要求输入级也必须有高的输入电阻，以减

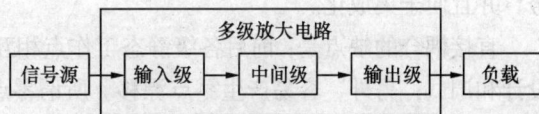

图 9-29　多级放大电路方框图

少信号在内阻上的损失；当输入信号为电流源时，为了充分利用信号电流，则要求输入级有较低的输入电阻。

中间级的主要任务是电压放大，多级放大电路的放大倍数，主要取决于中间级，因为它本身就可能由几级放大电路组成。

输出级主要是推动负载。当负载仅需较大的电压时，则要求输出具有大的电压动态范围。更多场合下，输出级推动扬声器、电机等需要足够大功率的执行部件，因此，输出级电路常称为功率放大电路。

9.6.2　多级放大电路的耦合方式

在多级放大电路中，各个基本放大电路之间的连接称为级间耦合。常见的耦合方式有：阻容耦合、直接耦合和变压器耦合。

1. 阻容耦合

通过电阻器、电容器将前级输出接至下一级的输入端，这种连接方式称为阻容耦合，如图 9-30 所示。

阻容耦合的优点：由于前后级是通过电容器相连的，所以各级的静态工作点是相互独立的，互相不受影响，这给放大电路的分析、设计和调试带来了很大的方便，而且只要电容选得足够大，就可以使得前级输出的信号在一定的频率范围内，几乎不衰减地传到下一级。这些优点使得阻容耦合方式在分立元件组成的放大电路中得到了广泛应用。

阻容耦合的缺点是，不适合传送缓慢变化的信号，更不适合传送直流信号；另外，大容量的电容器在集成电路中难以制造，所以，阻容耦合在线性集成电路中无法采用。

2. 直接耦合

将前级的输出端直接通过电阻器或导线连接至下一级的输入端，这种连接方式称为直接耦合，如图 9-31 所示。

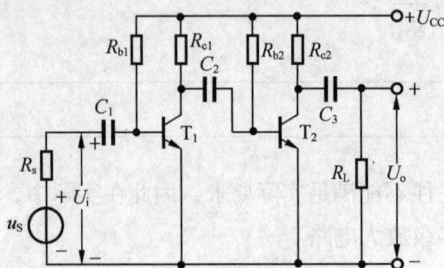

图 9-30　阻容耦合放大电路　　　　图 9-31　直接耦合放大电路

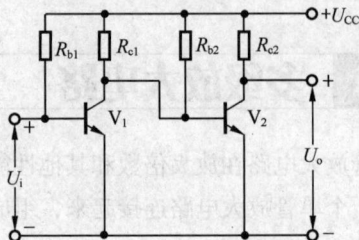

直接耦合的优点是：具有良好的低频特性，既能放大交流信号，也能放大缓慢变化和直流信号，并且便于集成化。

直接耦合的缺点是：前后各级静态工作点相互影响，不能独立；对于多级放大电路不便分析、设计和调试；另外，容易产生零点漂移。所谓零点漂移，是指在无输入信号下，由于温度、电源电压等因素变化，使输出电压离开零点，缓慢地发生不规则的变化。

3. 变压器耦合

通过变压器，把初级的交流信号传送到次级，这种连接方式称为变压器耦合。这种方式不能通过变压器传送直流电压和电流。变压器耦合主要用于功率放大电路。

变压器耦合的优点是，静态工作点各自独立，具有阻抗变换作用，与负载阻抗可实现合理配合。缺点是体积大、重量大、频率特性差，且不能传递直流信号。

9.6.3　多级放大电路的分析

1. 静态分析

计算多级放大电路静态工作点的时候，需要根据耦合方式进行处理。

对于阻容耦合放大电路，由于电容对直流量的电抗为无穷大，所以阻容耦合放大电路各级之间的直流通路互不相通，各级的静态工作点相互独立，在求解或实际调试 Q 点时可按照单级放大电路进行处理。

对于直接耦合多级放大电路，由于各级之间的直流通路相连，因而静态工作点相互影响，在求解静态工作点时，应写出直流通路中各个回路的方程，然后求解。

2．动态分析

在多级放大电路中，前一级输出信号可以看成是后一级的输入信号，而后一级又可以看成是前一级的负载，如图 9-32 所示。

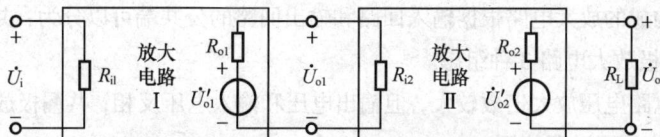

图 9-32　多级放大电路极间示意图

（1）多级放大电路的输入电阻和输出电阻。多级放大电路的输入电阻就是第一级放大电路的输入电阻，即 $R_i = R_{i1}$。同样道理多级放大电路的输出电阻就是最后一级放大电路的输出电阻，即 $R_o = R_{on}$。

（2）多级放大电路的放大倍数。在多级放大电路中，前一级的输出就是后一级的输入，因此，多级放大器的电压放大倍数等于各级放大倍数之积。

多级放大器的放大倍数为每一级放大倍数的乘积，如果一个 3 级放大电路，如果每一级均为 100 倍，则 3 级放大倍数是 1 000 000，级数越多，放大倍数就会非常庞大，计算和表示起来都不方便，因此常取另外一种表示方法：对数表示。在声学理论中，放大电路的输出功率与输入功率之比的功率放大倍数用对数表示，其单位为贝尔（Bel），为了减小单位，常取分贝，简写 dB。当放大倍数用分贝单位表示时，称为增益。电压增益定义为

$$\dot{A}_U = 20 \lg \frac{\dot{U}_o}{\dot{U}_i} \, \text{dB} \tag{9-49}$$

这样用增益表示多级放大电路的总电压放大倍数时，便可把各级电压放大倍数的乘积转化为各级放大电路的电压增益之和。

小结

1．放大的本质是在输入信号的作用下，通过放大器件对直流电源的能量进行控制和转移，使负载从直流电源中获得的能量比信号源向放大电路提供的能量大得多。放大电路实质上是能量控制电路，即在放大器件的控制之下把直流电能转换成交流电能输出。

2．图解法既能用于求静态工作点，也能分析电路的动态工作情况，其优点为：直观与形象，分析静态工作点时，能看出静态点是否合适，动态分析可看出输出幅值大小，以及对非线性失真分析；其缺点作图误差大，只适用简单电路分析。

3．微变等效电路分析方法适用于小信号条件下放大器件基本上工作在线性范围内的简单或复杂的电路中。

4．微变等效电路分析步骤：首先计算静态工作点，然后用简化后的参数代替三极管，并画出放大电路其余部分的交流通路，即微变等效电路，最后计算电压放大倍数、输入电阻和输出电阻。

5．电压放大倍数：输出电压与输入电压之比，是衡量放大电路电压放大能力的指标；输入电阻：从输入端看进去的等效电阻，是衡量放大电路向信号源索取了多大电流的指标，输入电阻越大从信号源索取的电流就越小；输出电阻：从输出端看进去的等效电阻，是衡量放大电路带负载能力的指标，输出电阻越小则输出电压越稳定，带负载能力越强。

6．由场效应管构成的放大电路根据输入回路和输出回路的公共端可以分为：共源极放大电路、共栅极放大电路和共漏极放大电路 3 种组态。

7．共源极放大电路电压放大倍数较大，但输出电压和输入电压反相；共漏极放大电路的放大倍数小于 1 但接近 1，可作为跟随器使用。

8．多级放大电路的输入电阻就是第一级放大电路的输入电阻，即 $R_i=R_{i1}$。多级放大电路的输出电阻就是最后一级放大电路的输出电阻，即 $R_o=R_{on}$。在多级放大电路中，前一级的输出就是后一级的输入，因此，多级放大器的电压放大倍数等于各级放大倍数之积。

习题 9

一、填空题

1．在电子设备中，放大电路的作用是将_____，以便于测量和利用，表面上是将信号的_____，实质上是_____。放大电路放大的对象是_____。

2．单管共射放大电路中，V_{CC} 的作用是_____，R_c 的作用是_____，电容的作用是_____，基极偏置电阻 R_b 的作用是_____。

3．在对放大电路做静态分析时，电容器视为_____；作动态分析时，电容视为_____。

4．输入电阻和输出电阻是衡量放大电路性能的重要指标，为了减小对信号源的影响，希望_____；为了增大带负载能力，一般是希望_____。

5．共射放大电路的特点是：不仅具有电流放大倍数，而且_____；放大电路中三极管的管压降 U_{CE} 随 I_C_____；输出信号与输入信号_____。

6．多级放大电路的输入电阻就是_____，多级放大电路的输出电阻就是_____。

7．某 3 级放大电路，已知 $A_{u1}=A_{u2}=100$，$A_{u3}=10$，用分贝表示其增益为_____dB。

二、判断题

1．只有电路既放大电流又放大电压，才称其有放大作用。（　　）

2．可以说任何放大电路都有功率放大作用。（　　）

3．共集放大电路只能放大电流，不能放大电压。（　　）

4. 电路中各电量的交流成分是交流信号源提供的。（　　　　）

5. 放大电路必须加上合适的直流电源才能正常工作。（　　　）

6. 由于直接耦合放大器间没有耦合电容和变压器，因而不能放大交流信号，只能放大直流信号。（　　　）

7. 只要是共射放大电路，输出电压的底部失真都是饱和失真。（　　　　）

8. 放大器的输出电阻越大，则带负载能力越强。（　　　）

三、计算题

1. 分析如题图 9-1 所示电路，判断各电路是否可能实现正常放大？为什么？

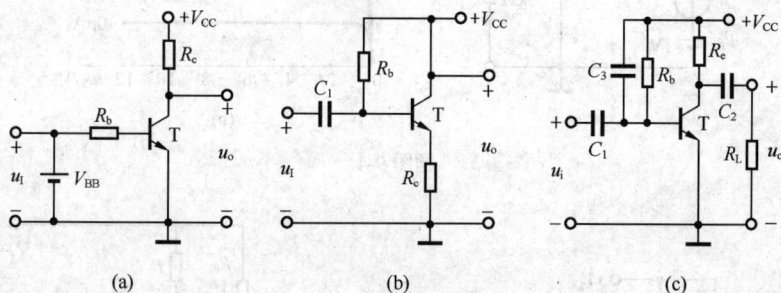

(a)　　　　　　　　　　(b)　　　　　　　　　　(c)

题图 9-1

2. 在题图 9-2 所示电路中，已知 V_{CC}=12V，晶体管的 β=100，R_b'=100kΩ。（填空：要求先填文字表达式后填得数）

（1）当 $\dot{U}_i$ =0V 时，测得 U_{BEQ}=0.7V，若要基极电流 I_{BQ}=20μA，则 R_b' 和 R_W 之和 R_b=_____ ≈ _____kΩ；而若测得 U_{CEQ}=6V，则 R_c=_____ ≈ _____kΩ。

（2）若测得输入电压有效值 U_i =5mV，输出电压有效值 U_i'=0.6V，则电压放大倍数 $\dot{A}_u$ =_____ ≈ _____。

若负载电阻 R_L 值与 R_C 相等，则带上负载后输出电压有效值 U_o=_____ = _____ V。

3. 画出如题图 9-3 所示电路的直流通路与交流通路。

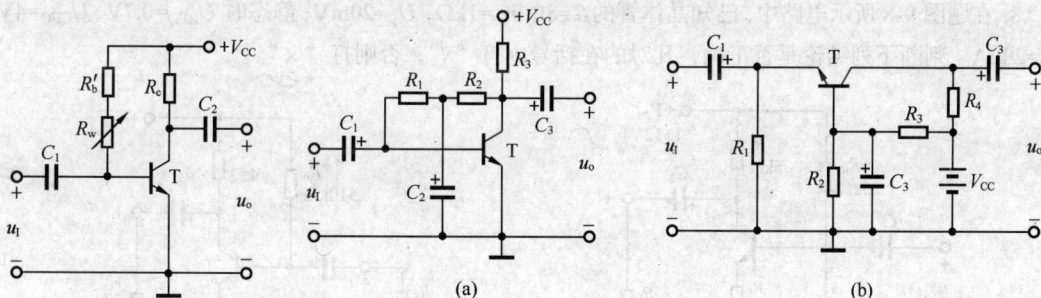

(a)　　　　　　　　　　　　(b)

题图 9-2　　　　　　　　　　　　题图 9-3

4. 电路如题图 9-4（a）所示，题图 9-4（b）为三极管的输出特性，已知三极管 β=100，静态时 U_{BEQ}=0.7V。利用估算法和图解法求静态工作点。

5. 如题图 9-5 所示电路中，已知 V_{CC}=6V，R_b=150kΩ，β=50，R_C=R_L=2kΩ，求：

（1）放大器的静态工作点 Q；

（2）计算电压放大倍数、输入电阻、输出电阻。

6. 放大电路如题图 9-6 所示。已知图中 R_{b1}=10kΩ，R_{b2}=2.5kΩ，R_c=2kΩ，R_e=750Ω，R_L=1.5kΩ，

V_{CC}=15V，β=150。设 C_1、C_2、C_3 都可视为交流短路，试用小信号分析法计算电路的电压增益 A_V，输入电阻 R_i，输出电阻 R_o。

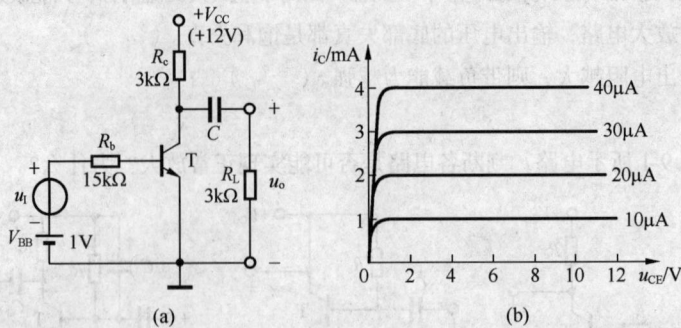

题图 9-4

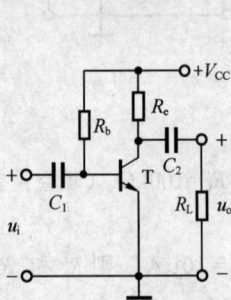

题图 9-5

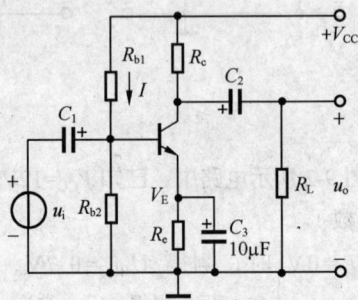

题图 9-6

7. 电路如题图 9-7 所示，晶体管的 β=100，$r_{bb'}$=100Ω。

（1）求电路的 Q 点、$\dot{A}_u$、R_i 和 R_o；

（2）若电容 C_e 开路，则将引起电路的哪些动态参数发生变化？如何变化？

8. 在题图 9-8 所示电路中，已知晶体管的 β=80，r_{be}=1kΩ，$\dot{U}_i$=20mV；静态时 U_{BEQ}=0.7V，U_{CEQ}=4V，I_{BQ}=20μA。判断下列结论是否正确，凡对的在括号内打"√"，否则打"×"。

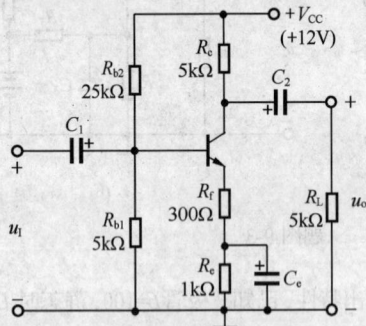

题图 9-7

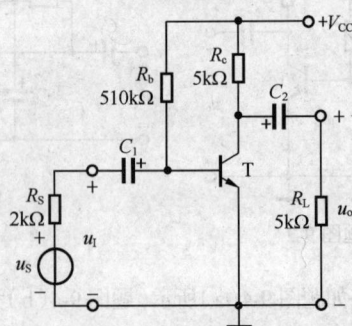

题图 9-8

（1）$\dot{A}_u = -\dfrac{4}{20 \times 10^{-3}} = -200$（　　）　　（2）$\dot{A}_u = -\dfrac{4}{0.7} \approx -5.71$（　　）

（3）$\dot{A}_u = -\dfrac{80 \times 5}{1} = -400$（　　）　　（4）$\dot{A}_u = -\dfrac{80 \times 2.5}{1} = -200$（　　）

（5）$R_i = \left(\dfrac{20}{20}\right)k\Omega = 1k\Omega$（   ）　　（6）$R_i = \left(\dfrac{0.7}{0.02}\right)k\Omega = 35k\Omega$（   ）

（7）$R_i \approx 3k\Omega$（   ）　　　　　　（8）$R_i \approx 1k\Omega$（   ）

（9）$R_o \approx 5k\Omega$（   ）　　　　　　（10）$R_o \approx 2.5k\Omega$（   ）

9. 设题图 9-9 所示电路所加输入电压为正弦波。假设 $\beta \gg 1$，试问：

（1）$\dot{A}_{u1} = \dot{U}_{o1}/\dot{U}_i \approx ?$　　$\dot{A}_{u2} = \dot{U}_{o2}/\dot{U}_i \approx ?$

（2）画出输入电压和输出电压 u_i、u_{o1}、u_{o2} 的波形。

10. 已知题图 9-10 所示共基放大电路的三极管为硅管，$\beta = 100$，试求该电路的静态工作点 Q、电压放大倍数 A_U、输入电阻 R_i 和输出电阻 R_o。

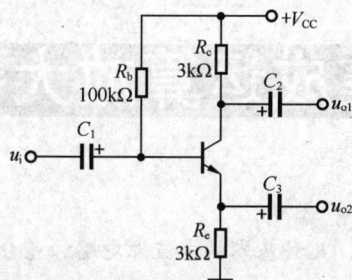

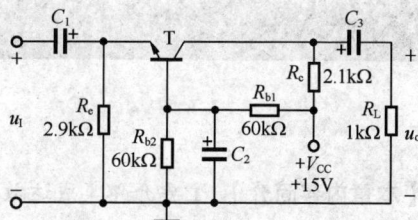

题图 9-9　　　　　　　　　　　　　　　题图 9-10

11. 电路如题图 9-11 所示，已知场效应管的低频跨导为 $g_m = 0.312 mA/V$，且 $R_L = R_3 = 1M\Omega$，$R_d = 10k\Omega$，$R_1 = 50k\Omega$，$R_2 = 150k\Omega$，试计算电压放大倍数、输入电阻、输出电阻。

12. 源极输出器电路如题图 9-12 所示，已知 $R_g = 5M\Omega$，$R_S = 10k\Omega$，$R_L = 10k\Omega$，场效应管 $g_m = 4mA/V$，试计算电压放大倍数、输入电阻、输出电阻。

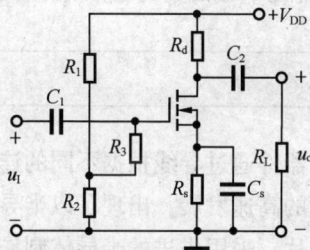

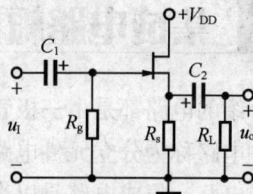

题图 9-11　　　　　　　　　　　　　　　题图 9-12

第 10 章

集成运算放大器

【本章内容简介】 主要介绍集成运放的组成部分、几种基本的电流源电路，差分放大电路的分析与计算以及4种差分放大电路的接法，然后分析理想集成放大电路的特点与应用，最后介绍由集成运放电路组成的比例电路、求和电路、减法电路、积分电路和微分电路。

【本章重点难点】 重点掌握差分放大电路的基本原理以及动态性能指标的分析；集成运算放大电路的组成部分，比例电路、求和电路、减法电路的应用。

难点是几种电流源电路的作用、双端输入双端输出差分放大电路的动态分析以及与其他3种差分放大电路的区别与联系；求和集成运算放大电路和减法集成运算放大电路的应用。

10.1 集成电路概述

前面介绍的电路都是由三极管、电阻、电容等器件通过导线根据不同的连接方式组成的，这种电路称为分立元件电路。随着电子技术的高速发展，出现了以半导体技术为基础的集成电路。集成电路是以半导体单晶硅为芯片，采用先进的半导体制作工艺，把晶体管、电阻、电容等器件以及它们的连接线组成完整的电路制作在一起，封装后形成一个整体，使之具备某种特定的功能。

集成电路是 20 世纪 60 年代初期发展起来的一种新型电子器件，它的问世使电子技术有了新的飞跃而进入了微电子学时代，从而促进了各个科学技术领域的发展。

1. 集成电路的分类

集成电路按集成度可分为小规模、中规模、大规模和超大规模集成电路。目前，超大规模的集成电路能在几十平方毫米的硅片上集成几百万个元器件；按导电类型可分为双极性晶体管集成运放和单极性场效应管集成运放；按性能不同可分为通用型和专用型两大类。专用型又有高阻型、高速型、高精度型、低功耗型、高压型、宽带型、载波稳零型、程控型、电流型、跨导型等之分；按电路功能可分为模拟集成电路和数字集成电路，模拟集成电路又分集成运放放大电路、集成功率放大电路和集成稳压电路等多种。

2. 集成电路的特点

（1）集成电路中的元件是在同样的条件下，用标准工艺制成的，因此同类元件相对误差小，匹配性好，性能比较一致，因而特别适用于制作采用对称结构的电路。

（2）由集成电路工艺制造出来的电阻，其阻值范围有一定的局限性，一般在几十欧到几十千欧，由于在硅片上制作三极管比制作电阻还容易，所以在集成电路中大量采用恒流源电路来代替大电阻，或者用来设置电路的静态电流。

（3）由于硅片上不可能制作大容量的电容，所以集成电路的内部电路结构只能采用直接耦合方式，在需要大容量电容和高阻值电阻的场合，常采用外接法。

（4）集成电路内部放大器所用的三极管通常采用复合管结构来改进单管的性能。

（5）直接耦合电路容易产生温漂，为了克服直接耦合电路的温漂，常采用补偿手段，典型的补偿型电路是差分放大电路，它是利用两个晶体管参数的对称性来抑制温漂的。

10.2　集成运放的组成

集成运算放大电路（简称集成运放）是一种高差模放大倍数、高输入电阻、低输出电阻的直接耦合集成电路。它是利用半导体的集成工艺，实现电路、电路系统和元件三结合的产物。它的内部电路一般由输入级、中间级、输出级和偏置电路 4 部分组成，示意图如图 10-1 所示，典型集成运放电路双极性集成运放 F007，如图 10-2 所示为其内部结构图。

图 10-1　集成运放电路结构图

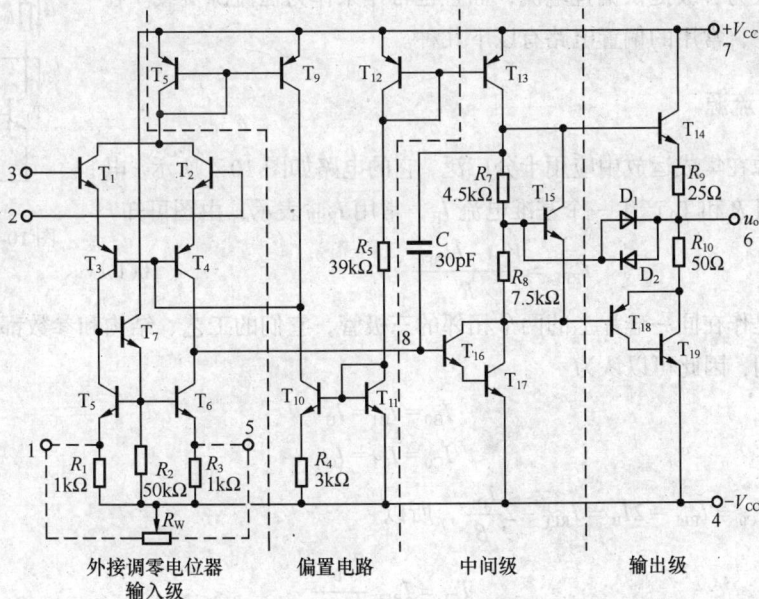

图 10-2　F007 电路原理图

输入级又称为前置级，为了使运放具有较高的输入电阻及很强的抑制零点漂移的能力，输入级大多采用差分放大电路，它有两个输入端，分别为同相输入端（输出信号的相位或极性与输入信号相位或极性相同）和反相输入端（输出信号的相位或极性与输入信号相位或极性相反）。

中间级又称电压放大级，其主要作用是对输入信号电压进行放大。它多采用共射（或共源）放大电路，常要求具有较高的电压放大倍数。为了提高电压放大倍数，经常采用共发射极多级放大或以恒流源作集电极负载的复合管放大电路。

输出级又称功率放大级，要求有较小的输出电阻以提高带负载能力，通常采用互补式共集放大电路。

偏置电路的作用是为上述各级提供静态偏置电流，确定各级静态工作点。一般采用电流源电路和温度补偿措施。此外，电路中还有一些辅助环节，如电平移动电路、过载保护电路等。

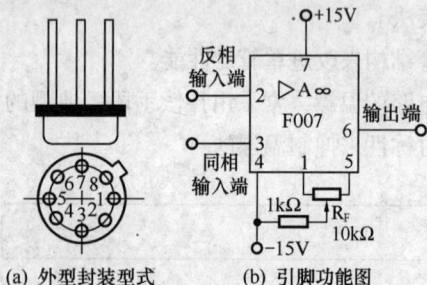

(a) 外型封装型式　　(b) 引脚功能图

图 10-3　F007 集成运放外形及引脚图

运算放大器的内部电路结构虽然较复杂，但使用者在使用的过程中，无需去深入研究它的内部结构，只需将它看成是一个能够完成某种特定功能的黑匣子，掌握集成电路的引脚功能，能正确地连接集成电路的外电路。

集成运放 F007 的外形封装常见的为圆壳式，共有 8 个脚，如图 10-3（a）所示。图 10-3（b）为集成运放各引脚功能图，其中引脚 2、3 分别为反相和同相输入端，6 为输出端，7、4 分别接正、负直流电源，1、5 两端之间接调零电位器。

10.2.1　电流源电路

由集成运放电路特点与组成可知，偏置电路在各级中占有非常重要的作用，它不仅仅为各级提供偏置电流，而且也常用来作为恒流源负载。在集成运放电路中，常用的偏置电路有以下几种。

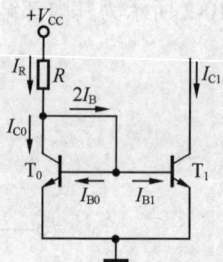

图 10-4　镜像电流源

1. 镜像电流源

镜像电流源在集成运放中应用十分广泛，它的电路如图 10-4 所示。电源 V_{CC} 通过电阻 R 和 T_0 产生一个基准电流 I_R，常用 I_{REF} 表示，由图可知

$$I_{REF} = \frac{V_{CC} - U_{BE0}}{R} \qquad (10-1)$$

由于两管是作在同一硅片上的两个相邻的三极管，它们的工艺、结构和参数都一致，并且两管的 U_{BE} 也相同，因此可以认为

$$I_{B0} = I_{B1} = I_B \qquad (10-2)$$
$$I_{C0} = I_{C1} = I_C \qquad (10-3)$$

则有 $I_{C1} = I_{C0} = I_{REF} - 2I_B = I_{REF} - 2\dfrac{I_{C1}}{\beta}$，所以

$$I_{C1} = I_{REF} \frac{1}{1 + \dfrac{2}{\beta}} \qquad (10-4)$$

当 $\beta \gg 2$ 时，上式可简化为

$$I_{C1} = I_{C0} \approx I_{REF} = \frac{V_{CC} - U_{BE1}}{R} \qquad (10\text{-}5)$$

当 R 和 V_{CC} 确定后，基准电流 I_{REF} 也就确定了，I_{C1} 也随之确定了。由于 $I_{C1} \approx I_{REF}$，我们把基准电流 I_{REF} 看作是 I_{C1} 的镜像，所以这种电流源称为镜像电流源。镜像电流源的优点是结构简单，而且具有一定的温度补偿作用。

镜像电流源的缺点：受电源的影响大，难于做成小电流的电流源，电流源的输出电阻还不够大，I_{C1} 与 I_R 近似相等，精度不高。

2．比例电流源

在镜像电流源中，$I_{C1} \approx I_{REF}$，但是在模拟集成电路中常需要 $I_{C1} \neq I_{REF}$ 的恒流源，而是成某种比例关系。在基本镜像电流源的两个三极管的发射极上分别串接了两个电阻 R_{e0}、R_{e1}，即可组成比例电流源，电路如图 10-5 所示。

由图 10-5 可知

$$U_{BE0} + I_{E0}R_{e0} = U_{BE1} + I_{E1}R_{e1} \qquad (10\text{-}6)$$

同样由于两管是作在同一硅片上的两个相邻的三极管，它们的工艺、结构和参数都一致，并且两管的 U_{BE} 也相同，因此可得到

$$I_{E0}R_{e0} = I_{E1}R_{e1} \qquad (10\text{-}7)$$

如果忽略两管的基极电流，则可得到

$$I_{C1} \approx \frac{R_{e0}}{R_{e1}} I_{C0} \approx \frac{R_{e0}}{R_{e1}} I_{REF} \qquad (10\text{-}8)$$

可见，两个三极管的集电极电流之比近似与发射极电阻的阻值成反比，故称为比例电流源。

3．微电流源

当需要集成运放的输入级工作电流很小，只有几十微安时，则上述电路就不能满足要求了。为了得到微安量级的输出电流，而又不使限流电阻过大，可采用如图 10-6 所示的电路。仅在镜像电流源电路中的 T_1 发射极串入一电阻 R_e，这种电路称为微电流源。

由图 10-6 可知

$$U_{BE0} - U_{BE1} = I_{E1}R_e \approx I_{C1}R_e \qquad (10\text{-}9)$$

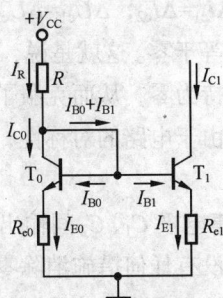

图 10-5　比例电流源　　　　　图 10-6　微电流源

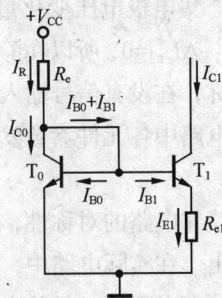

根据三极管的伏安特性方程可得

$$I_{C1} \approx I_{E1} = \frac{U_{BE0} - U_{BE1}}{R_e} \qquad (10\text{-}10)$$

由于 $U_{BE0} - U_{BE1}$ 数值很小，故用阻值不大的 R_e 就可获得微小的工作电流。

10.2.2 差分放大电路

集成运算放大电路是一种高放大倍数的直接耦合多级放大电路。直接耦合放大器的主要缺点是存在零点漂移问题。所谓零点漂移，指的是当无信号输入时，由于工作点不稳定被逐级放大，在输出端出现静态电位缓慢偏移漂动的现象。产生零点漂移的原因很多，如电源电压的波动、元件参数随温度的变化、元器件的老化等。在多级放大电路中，第一级的漂移影响尤为重要，因此必须采取措施有效地抑制零点漂移，为此，集成运算放大器的输入级常采用差分放大电路来有效地抑制零点漂移。

1. 基本差分放大电路

差分放大电路（又称差动放大电路）是构成多级直接耦合放大电路的基本单元电路。利用电路在结构上的对称性，有效抑制由于温度变化引起晶体管参数变化造成的电路静态工作点的漂移，使它在直接耦合放大器和集成电路中被广泛采用。

（1）基本差分放大电路的结构

图 10-7 所示为基本差分放大电路，它由两个单管共射放大电路组成，两边的电路完全对称，即两只三极管 T_1 和 T_2 特性完全相同，相应的电阻也完全一致，即 $R_{c1}=R_{c2}$、$R_{b1}=R_{b2}$。电路有两个输入端，两个输出端，这种形式又称为双端输入、双端输出的差分放大电路。

（2）抑制零点漂移的原理

差分放大电路是由两个对称的单管放大器组成，其差分放大管是一对特性完全相同的三极管，集电极电阻和基极电阻一一对称相等。静态时，输入信号为零，由于两边的电路完全对称，两管的集电极电流相等，即 $I_{c1}=I_{c2}$，并且两管的集电极电位也相同，即 $V_{c1}=V_{c2}$，故输出电压 $U_o=V_{c1}-V_{c2}=0$。

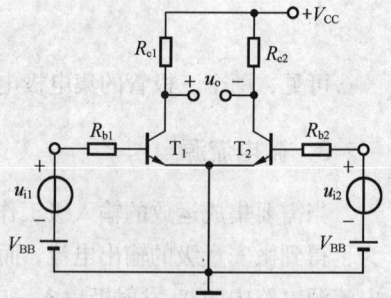

图 10-7 差分放大电路的基本形式

当温度变化或电源电压波动等因素引起差动管的工作点发生变化时，由于电路对称，两管的静态集电极电流和静态集电极电压变化量也相等，即 $\Delta I_{c1}=\Delta I_{c2}$，$\Delta U_{c1}=\Delta U_{c2}$，而差动放大器输出电压 $U_o= V_{c1}-V_{c2}=\Delta U_{c1}-\Delta U_{c2}=0$，所以在静态时输出电压等于零。这就是说，不管工作点怎样变化，只要保持电路两边对称，在没有信号输入时输出始终保持为零，从而克服了零点漂移现象。

由此可见，虽然电路中各元件参数发生了变化，但由于电路的对称性，使变化量相互抵消，抑制了零点漂移。

基本差分放大电路靠电路的对称性，在电路的两管集电极 C_1、C_2 间输出，将温度的影响抵消，这种输出称为双端输出。在实际电路中，每一个管子并没有任何措施消除零漂，由于电路很难绝对对称，所以输出仍然存在零漂；另外由于每一个管子没有采取消除零漂的措施，所以当温度变化范围十分大时，有可能差分放大管进入截止或饱和，使放大电路失去放大能力。在实际工作中，常常需要对地输出，即从 C_1 或 C_2 对地输出（单端输出），而这时的零漂与单管放大电路一样，仍然十分严重，对此，我们提出长尾式差分放大电路。

2. 长尾式差分放大电路

由于基本差分放大电路对零点漂移的抑制能力有限，为了进一步提高电路对零点漂移的控制能力，在两差分放大管的发射极上接入了公共的电阻 R_e，如图 10-8 所示电路，长尾式差分放大电路由此得名。通过证明 R_e 越大，对零点漂移抑制能力越强。

由于差分放大电路有两个输入端，其输入信号与一般的单管放大信号不同，它可分为差模信号和共模信号两类。

如果由两个输入端同时输入极性相反、幅值相同的信号，这种输入信号称为差模信号。如果两个输入端的输入信号极性相同、幅值也相同，则称为共模信号。

静态分析如下。

当 $u_1=u_2=0$ 时，即静态时，由于电路对称，故设 $I_{B1}=I_{B2}=I_B$，$U_{BE1}=U_{BE2}=U_{BE}$，$I_{C1}=I_{C2}=I_C$，$\beta_1=\beta_2=\beta$，$R_{b1}=R_{b2}=R_b$，$R_{C1}=R_{C2}=R_C$，由基—射极回路列出方程式为

$$I_{B1} = I_{B2} = I_B = \frac{V_{EE} - U_{BE}}{R_b + 2(1+\beta)R_e} \tag{10-11}$$

则

$$I_{C1} = I_{C2} = \beta \frac{V_{EE} - U_{BE}}{R_b + 2(1+\beta)R_e} \tag{10-12}$$

$$U_{CE1} = U_{CE2} = V_{CC} + V_{EE} - \beta I_B R_C - 2(1+\beta)I_B R_e \tag{10-13}$$

3. 差分放大电路的动态分析

图 10-9 所示为双端输入、双端输出的放大电路，下面我们对该电路进行动态分析。

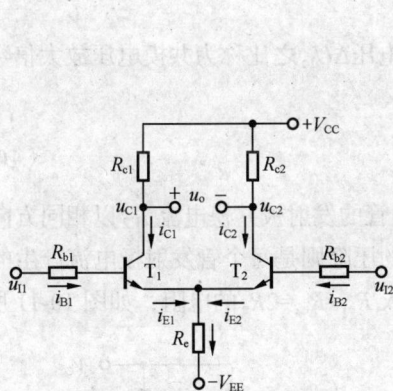

图 10-8　长尾式差分放大电路

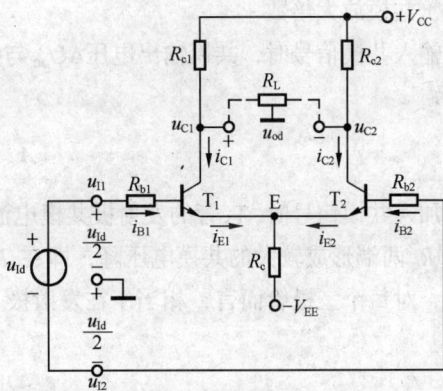

图 10-9　双端输入、双端输出差模放大电路

（1）差模放大倍数

由于接入长尾电阻 R_e 后，当输入差模信号时，两管得到的大小相等、极性相反的电流信号流过 R_e，即一管电流增大，另一管电流减小，其变化量相等，因而两管的电流之和不变，即 R_e 上总的电流不变，也就是说在 R_e 上没有信号压降，所以对差模信号而言，R_e 如同短路，自然不会影响差模放大倍数。若 T_1 集电极电位升高，则 T_2 集电极电位必然降低，反之亦然。在对称的情况下，二者变化幅度相等，因此 R_L 中点的电位必然不变，可以认为该点对地交流短路，于是相当于每边

接电阻 $R_L/2$，微变等效电路如图 10-10 所示。

当输入差模信号时，差模输出电压 ΔU_{od} 与差模输入电压 ΔU_{Id} 之比称为差模电压放大倍数，用 A_{ud} 表示

$$A_{ud} = \frac{\Delta U_{od}}{\Delta U_{Id}} \tag{10-14}$$

根据图 10-10 微变等效电路可得在输入差模电压 ΔU_{Id} 的作用下，每个管子的输出电压为

$$\Delta U_{C1} = \Delta U_{I1} A_{U1} = \frac{1}{2} \Delta U_{Id} A_{U1} \tag{10-15}$$

$$\Delta U_{C2} = \Delta U_{I2} A_{U2} = -\frac{1}{2} \Delta U_{Id} A_{U2} \tag{10-16}$$

式中 A_{U1}、A_{U2} 分别为 T_1 和 T_2 半边电路的电压放大倍数。因为对称则两者相等，所以输出电压为

$$\Delta U_{od} = \Delta U_{C1} - \Delta U_{C2} = \Delta U_{Id} A_{U1} = \Delta U_{Id} A_{U2} \tag{10-17}$$

则差模输入放大倍数为

$$A_{ud} = \frac{\Delta U_{od}}{\Delta U_{Id}} = A_{U1} = A_{U2} = -\frac{\beta \left(R_c /\!/. \dfrac{R_L}{2} \right)}{R_s + r_{be}} \tag{10-18}$$

式（10-18）表明，差分放大电路对差模信号的电压放大倍数等于组成该差分放大电路的半边电路的放大倍数。差分放大电路多用了一个三极管放大电路，并没有提高放大倍数，只起抑制温漂的作用。

从微变等效电路计算可得，差模输入电阻和差模输出电阻分别为

$$R_{id} = 2(R_s + r_{be}) \tag{10-19}$$

$$R_{od} = 2R_C \tag{10-20}$$

（2）共模放大倍数

当输入共模信号时，共模输出电压 ΔU_{oc} 与共模输入电压 ΔU_{Ic} 之比称为共模电压放大倍数，用 A_{uc} 表示

$$A_{uc} = \frac{\Delta U_{oc}}{\Delta U_{Ic}} \tag{10-21}$$

当加入共模信号时，T_1 管的发射极共模电流 I_{E1} 和 T_2 管的发射极共模电流 I_{E2} 以相同方向流过 R_e，在 R_e 两端形成较大的共模电压降，即在 R_e 上产生的压降则是每个管发射极电流产生的压降的两倍，对每个三极管而言，相当于在发射极上分别接入 $R_{e1} = R_{e2} = 2R_e$ 的电阻，如图 10-11 所示。

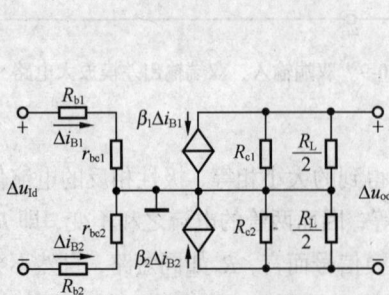

图 10-10　双端输入、双端输出差分放大电路微变等效电路

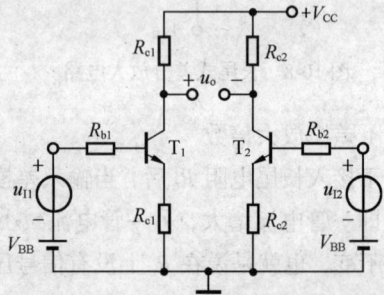

图 10-11　双端输入、双端输出共模交流通路

由于电路对称，当输入共模信号时，输出电压

$$\Delta U_{oc} = \Delta U_{C1} - \Delta U_{C2} = 0 \tag{10-22}$$

则共模电压放大倍数

$$A_{uc} = \frac{\Delta U_{oc}}{\Delta U_{ic}} = \frac{\Delta U_{C1} - \Delta U_{C2}}{\Delta U_{ic}} = 0 \tag{10-23}$$

（3）共模抑制比

实际电路的参数、管子的参数不可能完全相同，因此抑制零点漂移的效果也不可能十分理想。为了衡量抑制零点漂移效果的好坏，通常采用"共模抑制比"这一指标。

在测量和控制系统中，差模信号是有用信号，而共模信号是反映温漂和干扰等无用的信号。因此要求差分放大电路主要放大差模信号，尽量抑制共模信号。一个差分电路的 A_{ud} 越大、A_{uc} 就越小，则该电路抑制温漂效果越好，因此将比值 A_{ud}/A_{uc} 的绝对值称为共模抑制比，简称 K_{CMR}，即

$$K_{CMR} = \left| \frac{A_{ud}}{A_{uc}} \right| \tag{10-24}$$

K_{CMR} 越大，表明电路抑制共模信号的能力越强。在理想情况下，$A_{uc}=0$，$K_{CMR}=\infty$。

4．差分放大电路 4 种不同接法

差分放大电路有两个放大三极管，它们的基极和集电极分别是放大电路的两个输入端和两个输出端。差分放大电路的输入、输出端可以有 4 种不同的接法，即双端输入、双端输出如图 10-12（a）所示；双端输入、单端输出如图 10-12（b）所示；单端输入、双端输出如图 10-12（c）所示；单端输入、单端输出如图 10-12（d）所示。

对于图 10-12（b）双端输入、单端输出，由于只从三极管 T_1 的集电极输出，而另一管 T_2 集电极电压变化没有输出，所以 ΔU_o 约为双端输出时的一半，即

$$A_{ud} = \frac{\Delta U_{od}}{\Delta U_{Id}} = -\frac{1}{2} \frac{\beta(R_C /\!/ R_L)}{R + r_{be}} \tag{10-25}$$

若只从三极管 T_2 的集电极输出，则电压放大倍数为

$$A_{ud} = \frac{\Delta U_{od}}{\Delta U_{Id}} = \frac{1}{2} \frac{\beta(R_c /\!/ R_L)}{R + r_{be}} \tag{10-26}$$

差模输入电阻和输出电阻为

$$R_{id} = 2(R + r_{be}) \tag{10-27}$$

$$R_{od} = R_C \tag{10-28}$$

对于图 10-12（c）单端输入、双端输出，由于只从三极管 T_1 的集电极输出，而另一管 T_2 集电极电压变化没有输出，所以 ΔU_o 约为双端输出时的一半，即

$$A_{ud} = \frac{\Delta U_{od}}{\Delta U_{Id}} = -\frac{\beta\left(R_c /\!/ \dfrac{R_L}{2}\right)}{R + r_{be}} \tag{10-29}$$

差模输入电阻和输出电阻为

$$R_{id} \approx 2(R + r_{be}) \tag{10-30}$$

$$R_{od} = 2R_C \tag{10-31}$$

对于图 10-12（d）单端输入、单端输出，由于只从三极管 T_1 的集电极输出，而另一管 T_2 集电极电压变化仍没有输出，所以 ΔU_o 约为双端输出时的一半，即

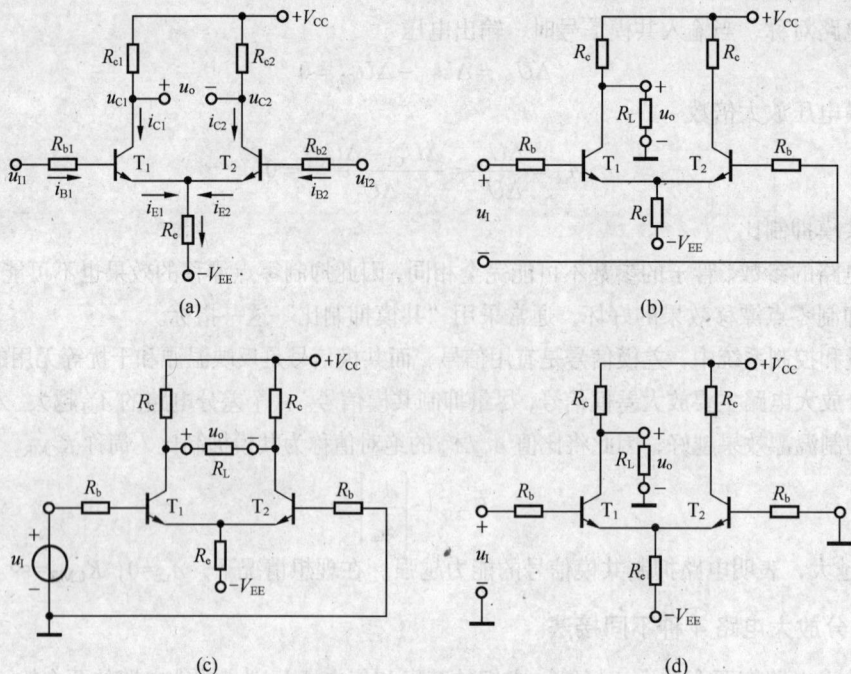

图 10-12　差分放大电路的 4 种接法

$$A_{ud} = \frac{\Delta U_{od}}{\Delta U_{Id}} = -\frac{1}{2} \frac{\beta(R_c /\!/ R_L)}{R + r_{be}} \tag{10-32}$$

差模输入电阻和输出电阻为

$$R_{id} = 2(R + r_{be}) \tag{10-33}$$

$$R_{od} = R_C \tag{10-34}$$

根据以上对差分放大电路的 4 种不同接法的分析，可以得到以下几点结论。

（1）双端输入时，差模电压放大倍数基本上与单管放大器电路的电压放大倍数相同；单端输入时，差模放大倍数约为双端输入时的一半。

（2）双端输出时，输出电阻 $R_o = 2R_c$；单端输出时，$R_o = R_c$。

（3）双端输出时，在理想情况下，共模抑制比为无穷大；单端输出时，由于通过长尾电路引入了很强的共模负反馈，因此仍能得到较高的共模抑制比。

（4）单端输出时，可以选择从不同的三极管输出，从而使输出电压与输入电压反相或同相。

10.3　集成运放的主要参数

以上部分主要介绍了集成运放的组成与特点，对于合理选用和正确使用集成运放，必须了解集成运放各主要技术参数的意义。下面介绍几种常用的技术指标参数。

1. 开环差模电压放大倍数 A_{od}

A_{od} 指的是运放在没有外接反馈情况下的直流差模电压放大倍数。

$$A_{od} = \frac{\Delta U_o}{\Delta U_+ - \Delta U_-} \tag{10-35}$$

常采用对数表示，单位为 dB，即

$$A_{od} = 20 \lg \left| \frac{\Delta U_o}{\Delta U_+ - \Delta U_-} \right| \tag{10-36}$$

A_{od} 是决定运放精度的重要因数。开环差模电压放大倍数 A_{od} 愈高，所构成的运放电路愈稳定，运算的精度也愈高。实际集成运放 A_{od} 一般为 80～140dB。

2. 输入失调电压 U_{IO}（输入补偿电压）

一个理想集成运放，当输入电压为 0 时，输出电压也应该等于 0。由于实际的差动输入电路不可能做到完全的对称，所以，在输入电压为 0 时，集成运放的输出有一个微小的电压值，该电压值反映了集成运放差分对管 U_{BE} 失配的程度。在输入端所加的补偿电压称为输入失调电压，该电压值一般为几毫伏到几十毫伏，高质量的在 1mV 以下。

3. 输入失调电流 I_{IO}（输入补偿电流）

集成运放在输入电压为 0 时，流入放大器两个输入端的静态基极电流之差称为输入失调电流 I_{IO}，即

$$I_{IO} = \left| I_{B1} - I_{B2} \right| \tag{10-37}$$

该值反映了输入级差分电路输入电流的不对称程度。一般运放的输入失调电流 I_{IO} 都很小。

4. 输入偏置电流 I_{IB}

输入电压为 0 时，两个输入端静态电流的平均值称为运放的输入偏置电流，即

$$I_{IB} = \frac{(I_{BN} + I_{BP})}{2} \tag{10-38}$$

输入偏置电流是集成运放的一个重要指标，I_{IB} 愈小，说明集成运放受信号源内阻变化的影响也愈小。

5. 最大输出电压 U_{OPP}（输出峰—峰电压）

U_{OPP} 表示最大输出不失真时的最大输出电压值。

6. 最大共模输入电压 U_{ICmax}

U_{ICmax} 表示集成运放在工作时，输入端所能承受的最大共模电压。共模输入信号若超出此范围，运放内部管子工作的状态将不正常，抑制共模信号的能力将显著下降，甚至造成器件损坏。

7. 最大差模输入电压 U_{Idmax}

U_{Idmax} 表示集成运放工作时，反相输入端与同相输入端之间能够承受的最大电压。若超过这个限度，输入级差分对管中的一个管子的发射结可能被反向击穿。

8. 共模抑制比 K_{CMR}

K_{CMR} 表示集成运放开环差模电压放大倍数与开环共模电压放大倍数之比，一般用对数表示，单位为分贝，即

$$K_{CMR} = 20 \lg \left| \frac{A_{od}}{A_{oc}} \right| \qquad (10-39)$$

这个指标用以衡量集成运放抑制温漂的能力。多数集成运放的共模抑制比在 80dB 以上，高质量的可达 160dB。

除了以上介绍的几项主要技术指标外，集成运放还有很多其他指标，如差模输入电阻、输出电阻、温度漂移、输入失调电流温漂静态功耗等参数，使用时可从手册上查到，这里不再赘述。

10.4 集成运算放大器的应用

利用集成运放，引入各种不同的反馈，就可以构成具有不同功能的实用电路。在对运算放大器进行分析时，通常把它看成一个理想的运算放大器，本节如果未作特殊说明，集成运算放大器均视为理想的运算放大器。

10.4.1 理想运算放大器的特点

用理想运放代替实际运放进行分析，可使分析过程大大地简化。

1．理想运算放大器的主要条件

（1）开环电压放大倍数 $A_{od}=\infty$；

（2）输入电阻 $R_{id}=\infty$；

（3）输出电阻 $R_o=0$；

（4）共模抑制比 $K_{CMR}=\infty$。

除了上述几个主要的条件以外，还有输入失调电压、失调电流以及温漂等条件。

实际上，集成运放的技术指标均为有限值，理想化后必然带来分析误差，但是，在一般的分析计算中，这些误差在工程上都是允许的。随着新型运放的不断出现，实际运放的性能指标越来越接近理想运放，分析计算的误差也就越来越小，所以在分析运放应用电路的工作原理时，运用理想运放的概念，有利于抓住事物的本质，忽略次要因素，可简化分析过程。

2．理想运算放大器的特点

尽管集成运放的应用电路多种多样，但就其输出与输入关系特性（称为集成运放的传输特性）来讲，集成运放不是工作在线性区，就是工作在非线性区。理想集成运放放大器符号有两种表示方法，如图 10-13 所示（本书采用图（a）表示）。下面讨论理想运放处在不同工作区的基本特点，这些特点是分析集成运放应用电路的基础。

（1）理想运放在线性工作区的特点

当集成电路引入深度负反馈时，可以认为集成运放工作在线性区。设集成运放同相输入端和反相输入端的电位分别为 u_+ 和 u_-，电流分别为 i_+ 和 i_-，当集成运放工作在线性区时，输出电压与输入差模电压成线性关系，即

$$u_o = A_{od}(u_+ - u_-) \qquad (10-40)$$

在线性工作区，理想的集成运放具有以下重要特点。

① 由于 u_o 为有限值，对于理想运放 $A_{od}=\infty$，因而净输入电压 $u_+-u_-=0$，即

$$u_+ = u_- \qquad\qquad (10-41)$$

此等式说明，运放的两个输入端虽然没有短路，但却具有与短路相同的特征，这种情况称为两个输入端"虚短路"，简称"虚短"。

② 因为理想运放的输入电阻为无穷大，所以流入理想运放两个输入端的输入电流 i_+ 和 i_- 也为零，即

$$i_+ = i_- = 0 \qquad\qquad (10-42)$$

此等式说明理想集成运放的两个输入端虽然没有断路，却具有与断路相同的特征，这种情况称为两个输入端"虚断路"，简称"虚断"。

对于工作在线性区的理想运放"虚短"和"虚断"是非常重要的两个特点，这两个概念是分析运放电路输入信号和输出信号关系的两个基本关系式。

（2）理想运放工作在非线性区的特征

在理想运放组成的电路中，若理想运放工作在开环状态（即没有引入反馈）或正反馈状态下，因运放电路的 A_{od} 或 A_u 等于 ∞，所以，当两个输入端之间有微小的输入电压时，根据电压放大倍数的定义，运放的输出电压 u_o 也将是 ∞，∞ 的电压值超出了运放输出的线性范围，这使得运放电路进入非线性工作区。

（3）工作在非线性工作区的运放，输出电压不是正向的最大电压 U_{OM}，就是负向的最大电压 $-U_{OM}$。输出电压与输入电压之间的关系特性曲线 $u_o=f(u_i)$，称为运放的电压传输特性曲线，理想运放电压传输特性曲线如图 10-14 所示。

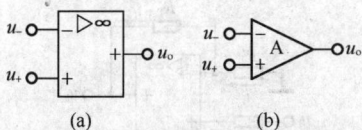

图 10-13　理想集成运放符号　　　　　图 10-14　理想集成运放传输特性

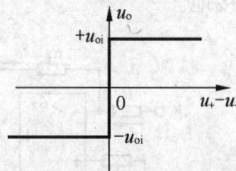

10.4.2　基本运算电路

集成运放的应用电路很多，首先表现在它能构成各种的运算电路，并因此而得名。从实现的功能来看，除了有信号的运算以外，还存在信号的处理和信号的产生等。在运算电路中，以输入电压作为自变量，以输出电压作为函数；当输入电压变化时，输出电压将按一定的数学规律变化，即输出电压反映了对输入电压某种运算的结果。这些数学运算包括比例、加、减、积分、微分、对数和指数等。在信号处理电路中，包括取样/保持、电压比较、有源滤波和精密整流等。在信号产生电路中，包括正弦波和方波、三角波等非正弦波。

1. 反相比例运算电路

反相比例运算电路的组成，如图 10-15 所示（输入输出信号电压参考方向均对地为"＋"，不一一画出）。由图可见，输入电压 u_i 通过电阻 R_1 加在运放的反相输入端。同相输入端通过 R_2 接地，电阻 R_2 称为电路的平衡电阻，为保证集成运放输入级差分放大电路的对称性，该电阻等于从运放

的同向输入端往外看除源以后的等效电阻，使用中应使 $R_2=R_1//R_f$。R_f 是连接输出和输入的通道，称为电路的反馈电阻。

根据理想运放工作在线性区，由"虚断"的特点可知

$$i_+=0, \quad i_-=0$$

由"虚短"特点可得

$$u_-=u_+=0$$

反相输入端与同相输入端的电位均为 0，与地具有相同电位，但又不是真正地接地，故这种情况又称之为"虚地"。由电路分析可知，$i_i=i_f$，而

$$i_f=\frac{u_- - u_o}{R_f}, \quad i_i=\frac{u_i - u_-}{R_1}, \quad 将 u_-=0 代入可得$$

$$u_o=-\frac{R_f}{R_1}u_i \tag{10-43}$$

由式（10-43）可知，输出电压 u_o 与 u_i 成比例关系，比例系数为 $-R_f/R_1$，式中负号说明输入信号与输出信号的相位相反，该比例系数又称为该电路的放大倍数。

2. 同相比例电路

同相比例运算电路的组成，如图 10-16 所示。由图可见，输入电压 u_i 通过电阻 R_2 加在运放的同相输入端。与反相比例运算电路一样，为了保证两个输入端平衡，保持反相输入端和同相输入端对地的电阻相等，避免输入偏置电流产生附加的差分输入电压，也应选取电阻 $R_2=R_1//R_f$。反相输入端通过 R_1 接地。

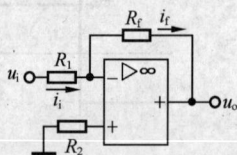

图 10-15 反相比例运算电路   图 10-16 同相比例运算电路

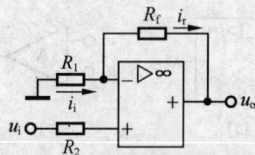

根据理想运放工作在线性区，由"虚断"的特点可知

$$i_+=i_-=0$$

由"虚短"特点可得

$$u_-=u_+$$

故

$$u_-=u_+=u_i$$

由电路分析可知 $i_i=i_f$，$i_i=\frac{0-u_-}{R_1}$，$i_f=\frac{u_- - u_o}{R_f}$

将 $u_-=u_i$ 代入可得

$$u_o=\left(1+\frac{R_f}{R_1}\right)u_i \tag{10-44}$$

由式（10-44）可知，输出电压 u_o 与 u_i 成比例关系，比例系数为 $1+R_f/R_1$，仅由 R_1 和 R_f 决定，而与集成运算放大器的参数无关。式（10-44）说明输入信号与输出信号的相位相同，故称为同相比例，该比例系数又称为该电路的放大倍数，该放大倍数大于 1。如果让 R_1 开路或 $R_f=0$，则 $A_{uf}=1$。这时输出电压等于输入电压，而且同相位，这种电路又称之为电压跟随器，如图 10-17 所示。

3. 加法（求和）运算电路

电路的输出量能反映多个输入量相加结果的电路，称之为加法运算电路。在集成运算放大器的反相输入端加入若干个求和的输入信号，即增加反向比例运算放大器的输入端，就组成了反相加法运算电路。图 10-18 为 2 个信号反相加法电路。

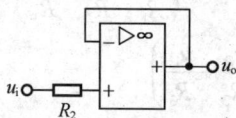

图 10-17　电压跟随器　　　图 10-18　反相加法运算电路

根据理想运放工作在线性区，由"虚断"的特点可知

$$i_+ = i_- = 0$$

由"虚短"特点可得

$$u_- = u_+ = 0$$

由电路分析可知 $i_f = i_{i1} + i_{i2}$，而

$$i_{i1} = \frac{u_{i1} - u_-}{R_1}, \quad i_{i2} = \frac{u_{i2} - u_-}{R_2}, \quad i_f = \frac{u_- - u_o}{R_f}$$

将 $u_- = 0$ 代入可得

$$u_o = -\left(\frac{R_f}{R_1} u_{i1} + \frac{R_f}{R_2} u_{i2} \right) \tag{10-45}$$

由式（10-45）可知，输出端的电压是各输入端电压不同比例的负的和。只要选取不同的 R_1、R_2 和 R_f，就可将输入信号按不同比例进行加法运算，而且与集成运算放大器本身的参数没有关系。例如当选取 $R_1 = R_2 = R_f$ 时，得

$$u_o = -(u_{i1} + u_{i2}) \tag{10-46}$$

为了使运算放大器两个输入端的对称，通常选取 $R_3 = R_1 // R_2 // R_f$。如果我们在反相输入端再增加 1 个输入信号 u_{i3}，如图 10-19 所示，则构成了三相的反相之和，即

$$u_o = -\left(\frac{R_f}{R_1} u_{i1} + \frac{R_f}{R_2} u_{i2} + \frac{R_f}{R_3} u_{i3} \right) \tag{10-47}$$

同样为了使运算放大器两个输入端对称，通常选取 $R_4 = R_1 // R_2 // R_3 // R_f$。在集成运算放大器的同相输入端加入若干个求和的输入信号，反相输入端接地，就组成了同相加法运算电路，如图 10-20 所示。

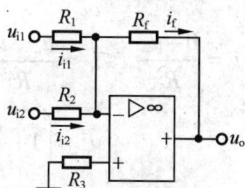

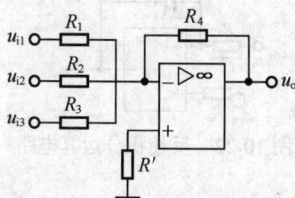

图 10-19　三输入端反相加法运算电路　　　图 10-20　三输入端同相加法运算电路

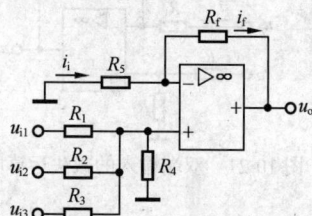

根据理想运放工作在线性区，由"虚断"的特点可知 $i_+ = i_- = 0$，由"虚短"特点可得 $u_- = u_+$，

由电路分析可知

$$\frac{u_+}{R_4} = \frac{u_{i1} - u_+}{R_1} + \frac{u_{i2} - u_+}{R_2} + \frac{u_{i3} - u_+}{R_3},$$

设 $R = R_1 // R_2 // R_3 // R_4$，整理得

$$u_+ = R\left(\frac{u_{i1}}{R_1} + \frac{u_{i2}}{R_2} + \frac{u_{i3}}{R_3}\right)$$

又因为 $i_f = i_i$，而 $i_i = \frac{0 - u_-}{R_5}$，$i_f = \frac{u_- - u_o}{R_f}$，将 $u_- = u_+ = R\left(\frac{u_{i1}}{R_1} + \frac{u_{i2}}{R_2} + \frac{u_{i3}}{R_3}\right)$ 代入可得

$$u_o = \left(1 + \frac{R_f}{R_5}\right) R \left(\frac{u_{i1}}{R_1} + \frac{u_{i2}}{R_2} + \frac{u_{i3}}{R_3}\right) \tag{10-48}$$

由式（10-48）可知，输出端的电压是各输入端电压的函数和。由于涉及电阻多，调整麻烦，若为了得到同相加法器的效果，可以在反相加法器的后面加一个反相器即可。

4. 差分比例运算电路

在一个集成运算放大器的同相输入端和反相输入端都接有输入信号，如图 10-21 所示，则构成差分比例运放电路，又称减法运算电路。

根据理想运放工作在线性区，由"虚断"的特点可知 $i_+ = i_- = 0$，由"虚短"特点可得 $u_- = u_+$，又由电路分析可知

$$u_+ = \frac{R_3}{R_2 + R_3} u_{i2}, \quad u_- = u_{i1} - i_1 R_1, \quad i_1 = i_f = \frac{u_- - u_o}{R_f}$$

整理得

$$u_o = \left(1 + \frac{R_f}{R_1}\right) \frac{R_3}{R_2 + R_3} u_{i2} - \frac{R_f}{R_1} u_{i1} \tag{10-49}$$

如果选择 $R_1 = R_2$，$R_3 = R_f$，上式可简化为

$$u_o = \frac{R_f}{R_1} (u_{i2} - u_{i1}) \tag{10-50}$$

由此可见，只要适当选择电路中的电阻，就可使输出电压与两输入电压的差值成比例。

5. 积分运算电路

积分运算是指运算放大器输出电压与输入电压成积分比例的运算，只要把反相比例运算电路中的反馈电阻 R_f 改为 C 即可，如图 10-22 所示。

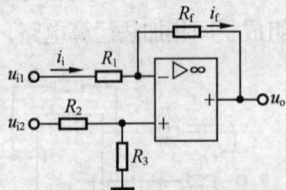

图 10-21 双端输入的减法运算电路   图 10-22 反相积分运算电路

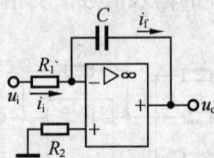

根据理想运放工作在线性区，由"虚断"的特点可知 $i_+ = i_- = 0$，由"虚短"特点可得 $u_- = u_+ = 0$。又由电路分析可知

$$i_1 = i_f$$

而

$$i_1 = \frac{u_i}{R_1}, \quad i_f = -C\frac{\mathrm{d}u_o}{\mathrm{d}t}$$

整理得

$$u_o = -u_c = -\frac{1}{R_1 C}\int u_i \mathrm{d}t \tag{10-51}$$

式（10-51）反映出输出电压与输入电压的积分关系，负号表示输出电压与输入电压反相。一个理想的积分电路应该是：当给积分电路一个输入信号时，积分电路对此信号进行积分运算，如果某一时刻，输入信号变为 0，电容 C 又无放电回路，那么积分电路的输出应保持该瞬时的电压。

积分运算电路是模拟计算机中的基本运算单元，也是测量与控制电路系统中的重要运算单元，同时可以利用它充放电的过程实现定时、延时和产生各种波形。积分运算电路在不同输入情况下存在不同输出的波形。

当 $t=0$，$u_c=0$ 时，如果在基本积分电路的输入端加上一个直流电压，则输出波形如图 10-23（a）所示；如果在基本积分电路的输入端加上一个矩形波电压，则输出波形如图 10-23（b）所示；如果在基本积分电路的输入端加上一个正弦波电压，则输出波形如图 10-23（c）所示。

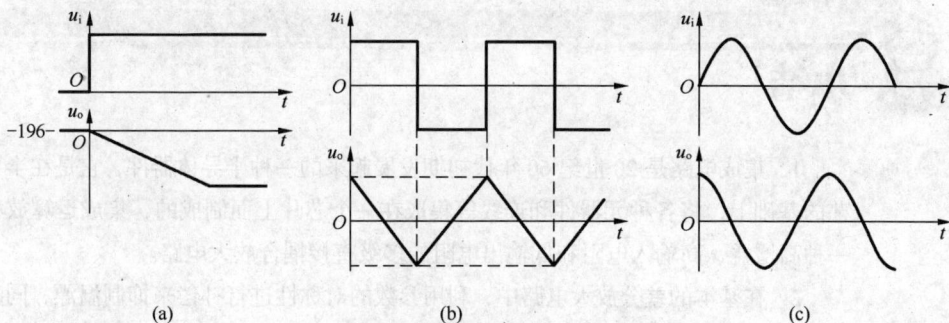

图 10-23　积分电路的 u_i、u_o 波形

6．微分运算电路

微分运算是积分的逆运算，微分运算电路就是积分运算电路的逆运算电路，将积分运算电路中的电阻 R_1 和电容 C 的位置相互对换，即可组成简单的微分运算电路，如图 10-24 所示。

根据理想运放工作在线性区，由"虚断"的特点可知 $i_+=i_-=0$，

由"虚短"特点可得 $u_-=u_+=0$。

又由电路分析可知

$$i_1 = i_f$$

而

$$i_1 = C\frac{\mathrm{d}u_i}{\mathrm{d}t}, \quad i_f = -\frac{u_o}{R_1}$$

整理得

$$u_o = -R_1 i_1 = -R_1 C\frac{\mathrm{d}u_i}{\mathrm{d}t} \tag{10-52}$$

式（10-52）表明输出电压与输入电压的变化率成正比。微分电路的输入和输出波形如图 10-25 所示。从图中可以看出，当输入信号发生突变时，输出端将会出现尖脉冲电压，当输入电压不变

时，输出电压为零。

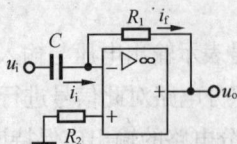

图 10-24 微分运算电路

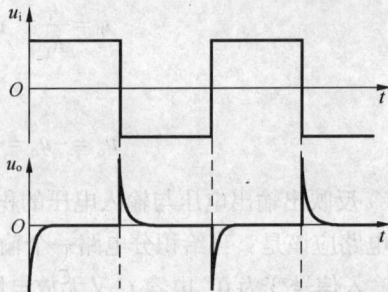

图 10-25 微分电路的输入、输出波形

由于微分电路对输入信号的变化十分敏感，因此易受外界信号的干扰，尤其是高频信号，电路的工作稳定性较差，很少应用。

小结

1. 集成电路是 20 世纪 60 年代初期发展起来的一种半导体器件，它是在半导体工艺的基础上，将各种元器件和连线等集成在一个芯片上而制成的，集成运算放大器是一种高增益、高输入电阻和低输出电阻的多级直接耦合放大电路。

2. 在基本的差分放大电路中，利用参数的对称性进行补偿来抑制温漂，同时利用发射极电阻 R_e 的共模负反馈作用，抑制每只放大管的温漂，抑制共模信号的放大能力，提高共模抑制比 K_{CMR}，在理想情况下，共模电压放大能力 $A_{uc}=0$，所以，共模抑制比 $K_{CMR}=\infty$。

3. 差分放大电路有 4 种不同的接法：双端输入、双端输出；双端输入、单端输出；单端输入、双端输出；单端输入、单端输出。双端输入时，差模电压放大倍数基本上与单管放大器电路得电压放大倍数相同；单端输入时，差模放大倍数约为双端输入时的一半；双端输出时，输出电阻 $R_o=2R_c$；单端输出时，$R_o=R_c$；双端输出时，在理想情况下，共模抑制比为无穷大；单端输出时，由于通过长尾电路引入了很强的共模负反馈，因此仍能得到较高的共模抑制比；单端输出时，可以选择从不同的三极管输出，而使输出电压与输入电压反相或同相。

4. 在实际使用中，依据集成放大器的理想条件，将其开放电压放大倍数视为无穷大，输入电阻视为无穷大，输出电阻视为零。为了简化对集成运放的分析，可以采用"虚短"和"虚断"的特点分析。

5. 集成运算放大器的用途很广，同样的一个集成运算放大器只要改变输入回路中的元件类型、连接方式和反馈网络的结构，就可以实现不同的运算和作用。

6. 运算放大电路的典型电路有同相比例、反相比例、加法运算电路、减法运算电路、积分电路和微分电路。

7．比例运算电路是最基本的信号运算电路，它的输出电压与输入电压之间可实现比例运算关系，根据输入信号的接法不同，比例电路有 3 种常见的电路形式，它们是反相输入、同相输入以及差分输入比例电路。在此基础上可以扩展、演变成为其他运算电路。

8．积分和微分互为逆运算，这两种电路是在比例电路的基础上分别将反馈回路或输入回路中的电阻换为电容而构成的，其原理主要是利用电容两端的电压与流过电容的电流之间存在着积分关系。

习题 10

一、填空题

1．零点漂移是指放大器输入端_____，输入信号时，输出端会出现电压忽大忽小、忽快忽慢变化的现象。

2．如果两个输入信号电压的大小_____，极性_____，就称为差模输入信号。

3．差分放大电路对共模信号的抑制能力，可用_____来表征，它定义为放大电路对_____的放大倍数与_____的放大倍数之比。

4．差分放大电路有 4 种输入输出方式，其中_____抑制点漂移能力最好。

5．运算放大器的输出电阻愈小，它带负载能力_____；如果是恒压源，带负载的能力_____。

6．如果一个运算放大器的共模抑制比是 100dB，这说明这个运算放大器的差模电压与共模电压放大倍数之比是_____。

7．理想集成运放工作在线性区的两个基本特点可概括为_____和_____。

8．集成运算放大器通常由_____、_____、_____和_____4 个部分组成。

9．在模拟集成放大电路中，电流源的主要作用是_____和_____。

二、选择题

1．通常要求运算放大器带负载能力强，负载能力强是指（　　）。

　　A．负载电阻大　　　　　　B．负载功率大　　　　　　C．负载电压大

2．集成运放电路采用直接耦合方式是因为（　　）。

　　A．可获得很大的放大倍数　　　　　　　　　　B．可使温漂小

　　C．集成工艺难于制造大容量电容

3．通用型集成运放适用于放大（　　）。

　　A．高频信号　　　　　　B．低频信号　　　　　　C．任何频率信号

4．集成运放制造工艺使得同类半导体管的（　　）。

　　A．指标参数准确　　　　B．参数不受温度影响

　　C．参数一致性好

5．为了提高输入电阻，减小温漂，通用型集成运放的输入级大多采用（　　）。

　　A．共射放大电路　　　　B．共集放大电路　　　　　　C．差分放大电路

6．为增大电压放大倍数，集成运放的中间级多采用（　　）。

A．共射放大电路 　　　　B．共集放大电路 　　　　C．共基放大电路

7．为了减小输出电阻，通用型集成运放的输出集大多采用（　　）。

A．互补对称型电路 　　　B．共集放大电路 　　　C．差分放大电路

8．直接耦合放大电路存在零点漂移的主要原因是（　　）。

A．电阻阻值有误差 　　　B．电源电压不稳定 　　　C．晶体管参数受温度影响

9．差分放大电路中，双端输入时差模电压放大倍数是 A_{ud}，当变为单端输入时，差模电压放大倍数为（　　）。

A．$2A_{ud}$ 　　　　　　　B．$0.5A_{ud}$ 　　　　　C．A_{ud}

三、判断题

1．运放的输入失调电压 U_{IO} 是两输入端电位之差。（　　）

2．运放的输入失调电流 I_{IO} 是两端电流之差。（　　）

3．集成运算放大电路只能对直流信号进行运算，不能对交流信号进行运算。（　　）

4．有源负载可以增大放大电路的输出电流。（　　）

5．在输入信号作用时，偏置电路改变了各放大管的动态电流。（　　）

6．理想集成运放电路中的"虚地"表示两输入端对地短路。（　　）

7．集成运放工作在非线性区时，输出电压不是高电平，就是低电平。（　　）

四、简答题

1．通用型集成运放一般由几部分电路组成，每一部分常采用哪种基本电路？通常对每一部分性能的要求分别是什么？

2．差分放大电路在结构上有什么特点？

3．集成运放工作在线性和非线性区各有什么特点？

4．什么是差模信号？什么是共模信号？什么是共模抑制比？

5．理想放大器有什么特点？什么是"虚断"？什么是"虚短"？什么是"虚地"？

6．典型差分放大电路中 R_{EE} 和负电源的作用是什么？

7．典型差分放大电路是如何抑制零点漂移的？

8．典型差分放大电路是怎样放大差模信号的？

五、计算题

1．如题图 10-1 所示，已知三极管 T_1 和 T_2 参数相同，$V_{CC}=30V$，$\beta_1=\beta_2=100$，$R=100k\Omega$，试计算 I_c 的值。

2．如题图 10-2 所示的长尾式差动电路绝对对称，已知该三极管由硅管组成，其放大倍数为 $\beta=100$，$R_{b1}=R_{b2}=8.2k\Omega$，$R_{c1}=R_{c2}=8.2k\Omega$，$R_e=4.7k\Omega$，$V_{CC}=V_{EE}=12V$，求：

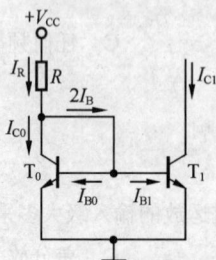

题图 10-1

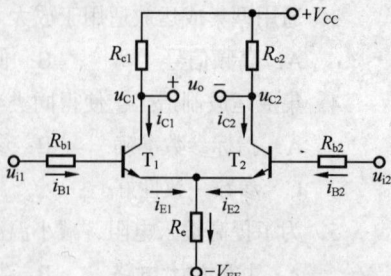

题图 10-2

（1）其静态工作点；

（2）A_{ud}，A_{uc}，K_{MRR}，R_{id} 和 R_{od}。

3. 如题图 10-3 所示反向比例运算电路，已知 $U_i=10V$，$R_1=20\Omega$，$R_f=60\Omega$，求平衡电阻 R_2 和输出 U_o 的值。

4. 如题图 10-4 所示运算电路，已知 $U_i=30V$，$R_1=10\Omega$，$R_2=20\Omega$，$R_f=20\Omega$，求 U_o 的值。

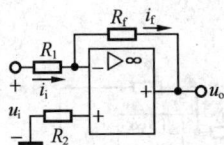 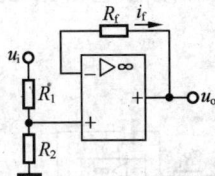

题图 10-3　　　　　　　　题图 10-4

5. 如题图 10-5 所示运算电路，已知 $U_{i1}=20V$，$U_{i2}=10V$，$R_1=60\Omega$，$R_2=30\Omega$，$R_3=15\Omega$，$R_f=60\Omega$，求 U_o 的值。

6. 如题图 10-6 所示运算电路，已知 $U_{i1}=20V$，$U_{i2}=10V$，$R_1=30\Omega$，$R_2=30\Omega$，$R_3=60\Omega$，$R_4=20\Omega$，$R_f=60\Omega$，求 U_o 的值。

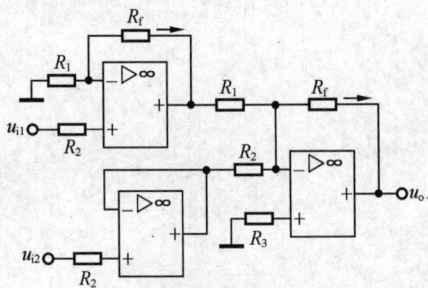 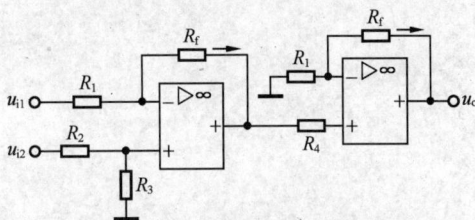

题图 10-5　　　　　　　　题图 10-6

7. 试求如题图 10-7 所示各电路输出电压与输入电压的运算关系式。

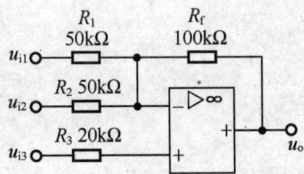 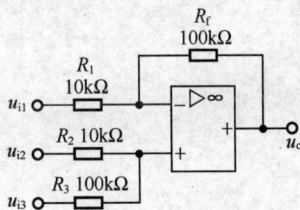

(a)　　　　　　　　(b)

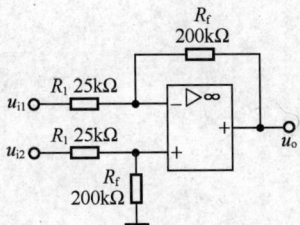 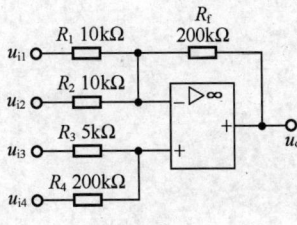

(c)　　　　　　　　(d)

题图 10-7

8．试用集成运放实现 $U_o=0.2U_i$ 的比例运算，画出电路图，建议电路中各电阻值在 10kΩ～100kΩ 之间。

9．如题图 10-8 所示电路，已知 $R_1=10Ω$，$R_2=20Ω$，$C=0.1μF$，试回答下面问题。

（1）该电路完成了怎样的运算功能？写出 u_o 的函数表达式。

（2）若输入端 $u_i=2V$，电容上初始电压为 0，求经过 $t=2ms$ 后，电路输出电压 u_o 的值为多少伏？

10．如题图 10-9 所示电路，已知 $R_1=20kΩ$，$R_2=50kΩ$，$U_Z=10V$，求输出电压 u_o 与 u_i 的关系式，并画出其曲线。

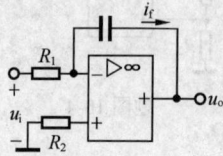

题图 10-8

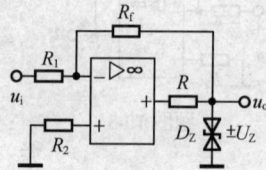

题图 10-9

第11章

负反馈放大电路

【本章内容简介】 介绍反馈的基本概念，交流负反馈放大电路的分类和判断方法，分析负反馈对放大电路性能的影响。

【本章重点难点】 重点理解负反馈的概念与作用，掌握采用瞬时极性法判断正负反馈，采用负载短接法判断电压电流负反馈。理解负反馈对放大电路性能的影响。

熟练掌握两种电路（由三极管组成的放大电路和集成运放电路）中存在的负反馈的组态形式，以及负反馈对放大电路性能的影响。

11.1 反馈的基本概念及分类

前面介绍了基本放大电路的性能指标，在实际应用中，这些指标往往无法达到理想的情况，在各种电子设备中，经常采用各种反馈方法来改善电路的性能，以达到预定的指标。

11.1.1 反馈的基本概念

1. 反馈的定义

将放大电路输出信号的部分或全部，通过一定的电路送回到输入端，并与原输入信号共同控制电路的输出，这种信号的反送过程称为反馈。反馈放大器电路的组成框图如图11-1所示。

图11-1中，$\dot{X}_i$、$\dot{X}_o$ 和 $\dot{X}_F$ 分别表示输入信号、输出信号和反馈信号。为了实现反馈，必须有一个既连接输出回路又连接输入回路的中间环节，即反馈网络。引入反馈网络后的放大器称为反馈放大器，也叫闭环放大器；未引入反馈的基本放大器叫开环放大器。

在反馈放大电路中,电路的输出不仅取决于输入,还取决于反馈信号,可以通过反馈来调节输出情况,以达到改善放大电路性能的目的。

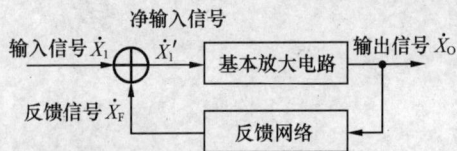

图 11-1　反馈放大器框图

2．反馈电路分析

下面我们看一下两种具有反馈性质的放大电路。

固定偏置基本放大电路,属于开环放大电路,该电路的静态工作点受温度等外界因素影响而无法自行补偿,其放大倍数也不稳定。图 11-2 为射极输出器电路,输出信号 u_o 被直接引回到输入回路来,在这个电路中真正控制输出的,并不直接是 u_i,而是 u_i 和 u_o 的差,如果改变负载,使 u_o 变小,则 u_{be} 增大,从而使 i_b 增大,i_c、i_e 也随之增大,使输出电压 u_o 增大,从而稳定输出,使 u_o 近似维持不变,从而实现负反馈。

图 11-3 所示为分压式静态工作点偏置电路,当环境温度上升使三极管的静态集电极电流 I_{CQ} 增大时,I_{EQ} 也随之增大,则 $U_{EQ}=I_{EQ}R_e$ 也增加,由于固定了 U_{BQ},加在基极和发射极之间的电压 $U_{BEQ}=U_{BQ}-U_{EQ}$ 将随之减小,从而使 I_{BQ} 减小,I_{CQ} 也随之减小,这样就牵制了 I_{CQ} 和 I_{EQ} 的增加,使它们基本上不随温度而变化,从而稳定了静态工作点。

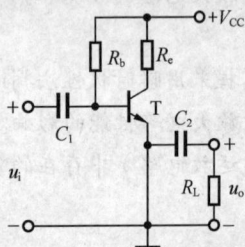

图 11-2　射极输出器电路

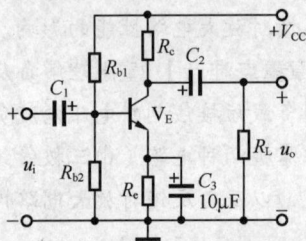

图 11-3　分压式静态工作点稳定电路

11.1.2　反馈的分类

1．直流反馈与交流反馈

根据反馈信号成分分类,反馈可以分为直流反馈、交流反馈和交直流反馈 3 种。

直流反馈:反馈信号中只含有直流分量的反馈,直流反馈影响电路的直流性能,如静态工作点。

交流反馈:反馈信号中只含有交流信号分量的反馈,交流反馈影响电路的交流性能。

交直流反馈:反馈信号中只既有交流分量又有直流分量的反馈。

2．正负反馈

根据反馈极性的不同,可将反馈分为正反馈和负反馈。反馈作用结果将产生两种类型的净输入信号。反馈信号使放大器净输入信号增加的,称为正反馈;反馈信号使放大器净输入信号减小的,称为负反馈。处在负反馈工作状态下的放大器称为负反馈放大器。

引入负反馈后,削弱了外加输入信号的作用,使放大电路的放大倍数降低了,但可以稳定放大电路中的某个电量,能使其他性能得到改善。

通常,可采用瞬时极性法来判断正负反馈的类型。瞬时极性法为在放大电路的输入端,先假设一个输入信号对地的极性（用+、–号表示瞬时极性的正、负或代表该点瞬时信号变化的升高或降低），然后按照先放大、后反馈的正向传输顺序，逐级推出电路中有关各点的瞬时极性，最后判断反馈到输入回路信号的瞬时极性是增强还是减弱原输入信号（或净输入信号），增强者为正反馈，减弱者则为负反馈。

根据基本放大电路的分析，共射放大电路的输入与输出信号极性相反，共基极放大电路和共集极放大电路的输入和输出信号极性相同。

根据集成运放电路结构的特点可知，如果信号从同相端输入，则输出端信号极性与输入端相同，如果信号从反相输入则输出端信号极性与输入相反。

【例 11-1】　试判断如图 11-4 所示电路中的反馈是正反馈，还是负反馈。

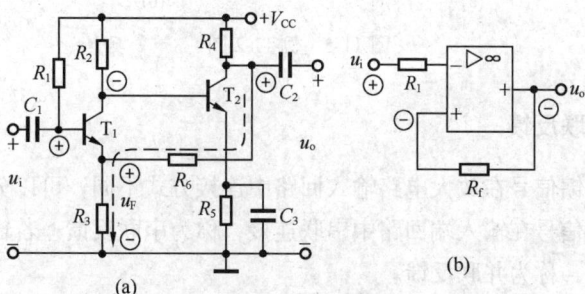

图 11-4　例 11-1 图

解： 图 11-4（a）所示电路中，假设输入端输入信号的瞬时极性对地为"+"，即 T_1 基极为"+"，我们知道单管共射放大电路中，输入与输出相位相反，所以集电极反相后为"–"，同样可推出 T_2 集电极输出为"+"，通过 R_6 反馈至 T_1 的发射极端 u_F 的极性为"+"，由于净输入为 $u_{be}=u_i-u_f$，比没有反馈信号时减小了，故该反馈为负反馈。

图 11-4（b）所示电路中，净输入 $u_{id}=u_i-u_f$，而 u_i 和 u_f 对地的极性分别为"+"和"–"，可见在输入回路中，实际上两者是相加的，由此该反馈为正反馈。

由以上例题可以得出简单的判别方法：当输入信号和反馈信号在同一节点引入时，若两者极性相同，则为正反馈；若两者极性相反，则为负反馈。当输入信号和反馈信号在不同节点引入时，若两者极性相同，则为负反馈；若两者极性相反，则为正反馈。

3．电压反馈和电流反馈

根据反馈信号在放大电路输出端采样方式不同，可为电压反馈和电流反馈。凡反馈信号取自输出电压信号的称为电压反馈，即反馈信号与输出电压成正比；凡反馈信号取自输出电流信号的称为电流反馈，即反馈信号与输出电流成正比。

放大电路引入电压负反馈，将使输出电压保持稳定，其效果是降低了电路的输出电阻；而电流负反馈将使输出电流保持稳定，其效果是提高了电路的输出电阻。

为了判断放大电路中引入电压反馈还是电流反馈，一般可假设将输出端交流短路（输出电压等于零），看电路中此时是否还有反馈信号，如果存在反馈信号，则为电流反馈，如果反馈信号不再存在，则为电压反馈。

【例 11-2】　试判断如图 11-5 所示电路中的反馈是电压反馈还是电流反馈。

解： 图 11-5（a）通过"瞬时极性法"容易判断该反馈为负反馈，假设输出端交流短路，即将

负载 R_L 短路，则 $U_o=0$，但反馈信号仍然存在，故该电路为电流负反馈。

图 11-5（b）通过"瞬时极性法"容易判断该反馈为负反馈，假设输出端交流短路，即将负载 R_L 短路，则 $U_o=0$，不再存在反馈信号，故该电路为电流反馈。

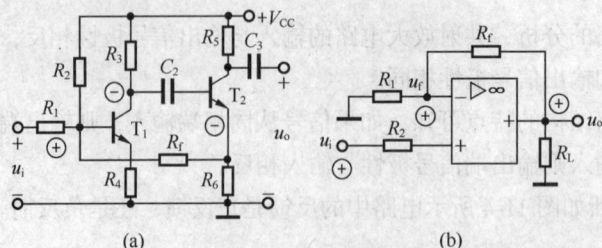

图 11-5　例 11-2 图

4. 串联反馈和并联反馈

根据输入信号和反馈信号在放大电路输入回路中连接方式不同，可以分为串联反馈和并联反馈。若输入信号与反馈信号在输入端回路中串联连接，称为串联反馈；若输入信号与反馈信号在输入端回路中并联连接，称为并联反馈。

如果在放大电路输入回路中，反馈信号与输入信号以电压的形式相加（反馈信号与输入信号串联），即为串联反馈；如果反馈信号与输入信号以电流的形式相加（反馈信号与输入信号并联），即为并联反馈。

在分立元件的共射放大电路中，一般来说，如果输入信号加在三极管的基极，而来自输出端的反馈信号引到三极管的发射极，通常为串联反馈；如果来自输出端的反馈信号直接引到三极管的基极，通常为并联反馈。

11.2　负反馈放大电路的基本组态

实际上一个电路中反馈形式不是单一的而是多种多样的。对于负反馈而言，按其连接方式来说，我们可以归结为如图 11-6 所示的 4 种基本组态：电压串联负反馈、电流串联负反馈、电压并联负反馈和电流并联负反馈。

在分析反馈放大电路时，一般可以按以下顺序进行：首先，找出放大电路的输出回路与输入回路的反馈网络，并用瞬时极性法判断反馈的极性（正反馈，还是负反馈）；其次，从放大电路的输出回路分析，反馈信号是取样输出电压还是取样输出电流，确定为电压反馈，还是电流反馈，常采用"负载短接法"；最后从放大电路的输入回路来分析，反馈信号与输入信号的连接方式，从而确定是并联反馈，还是串联反馈。

对于 4 种负反馈组态，它们具有不同的特点。电压串联负反馈稳定输出电压、闭环电压放大倍数（表示引入反馈后，放大电路的输出电压与外加输入电压之间总的放大倍数）和提高输入电阻；电压并联负反馈稳定输出电压、闭环互阻放大倍数（表示引入反馈后，放大电路的输出电压与外加输入电流之间总的放大倍数）和降低输入电阻；电流串联负反馈稳定输出电流、闭环互导放大倍数（表示引入反馈后，放大电路的输出电流与外加输入电压之间总的放大倍数）和提高输入电阻；电流并联负反馈稳定输出电流、闭环电流放大倍数（表示引入反馈后，放大电路的输出电流与外加输入电流之间总的放大倍数）和降低输入电阻。

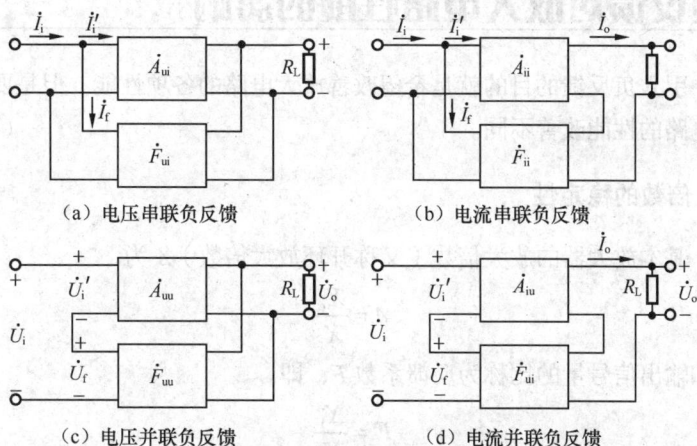

（a）电压串联负反馈　　　　　　　　（b）电流串联负反馈

（c）电压并联负反馈　　　　　　　　（d）电流并联负反馈

图 11-6　4 种反馈组态方框图

【例 11-3】　试判断图 11-7 所示电路中的反馈属于何种组态。

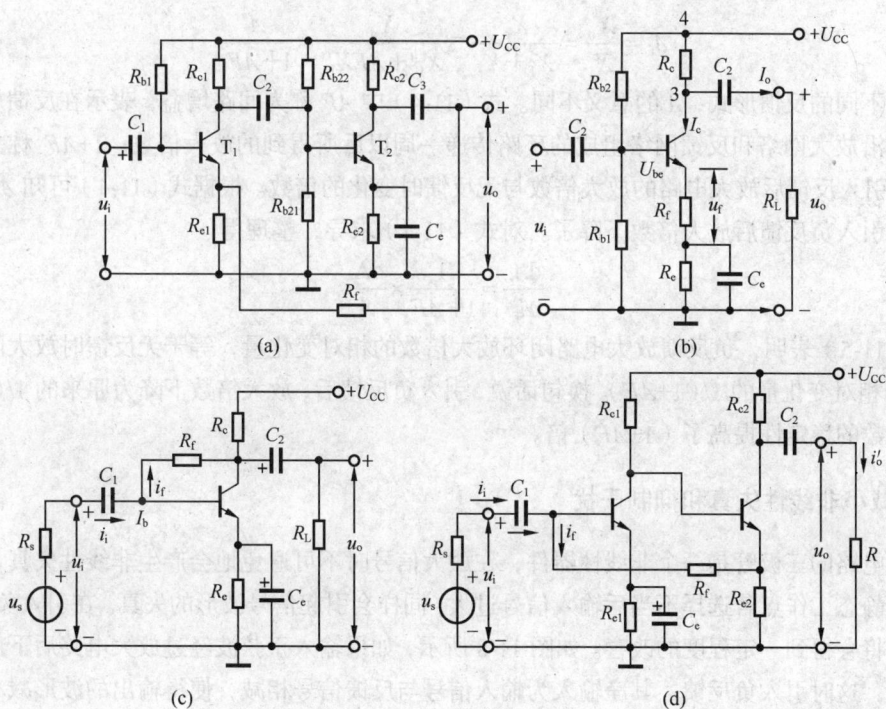

图 11-7　4 种负反馈组态

解： 图 11-7（a）通过 R_f 引回级间反馈，根据瞬时极性法易判断此反馈为负反馈，根据短接负载，则不存在负反馈，故可判断为电压反馈。由于反馈点和输入点不在同一点，故可判断为串联反馈，所以图 11-7（a）的反馈组态为电压串联负反馈。

同样方法可以判断图 11-7（b）、图 11-7（c）和图 11-7（d）分别为：电流串联负反馈、电压并联负反馈和电流并联负反馈。

11.3 负反馈对放大电路性能的影响

在放大电路中引入负反馈的目的就是希望改善放大电路的各项性能。但是要注意，不同类型的负反馈对放大电路的性能改善不同。

1．提高放大倍数的稳定性

在无反馈时，基本放大器的放大倍数（又称开环放大倍数）A 为

$$A = \frac{X_o}{X_i} \tag{11-1}$$

反馈信号量和输出信号量的比称为反馈系数 F，即

$$F = \frac{X_f}{X_o} \tag{11-2}$$

当反馈信号 X_f 加到放大器的输入端时，基本放大器的净输入信号量为

$$X_i' = X_i - X_f \tag{11-3}$$

则式（11-3）反馈时放大电路的放大倍数（闭环放大倍数）A_f 为

$$A_f = \frac{X_o}{X_i} = \frac{X_o}{X_f + X_f} = \frac{X_o}{X_i' + AFX_i'} = \frac{A}{1+AF} \tag{11-4}$$

对于不同的反馈形式，A 的意义不同。式（11-4）中 AF 称为回路增益，表示在反馈放大电路中，信号沿放大网络和反馈网络组成的环路传递一周以后所得到的放大倍数；$1+AF$ 称为反馈深度，表示引入反馈后放大电路的放大倍数与无反馈时变化的倍数。根据式（11-4）可知 $A_f < A$，说明放大器引入负反馈后放大倍数下降了。对式（11-4）求导，整理得

$$\frac{dA_f}{A_f} = \frac{1}{1+AF} \times \frac{dA}{A} \tag{11-5}$$

式（11-5）表明，负反馈放大电路闭环放大倍数的相对变化量，等于无反馈时放大网络放大倍数 A 的相对变化量的 $1/(1+AF)$。换句话说，引入负反馈后，放大倍数下降为原来的 $1/(1+AF)$，但放大倍数的稳定性提高了（$1+AF$）倍。

2．减小非线性失真和抑制干扰

放大电路的三极管是一个非线性器件，在放大信号时不可避免地会产生非线性失真，另外放大电路中静态工作点若选择不当后输入信号过大，同样会引起信号波形的失真。在引入负反馈后，这种失真将会得到一定程度的改善。如图 11-8 所示，如果输入正弦波经过放大电路后下部分波形出现失真，这时引入负反馈，其净输入为输入信号与反馈信号相减，使得输出的波形减小非线性失真，负反馈越深，则改善得越好。但是，放大电路中不可避免地存在噪声的干扰，如果将噪声视为放大电路内部产生的谐波电压，根据加入负反馈后放大倍数下降为原来的 $1/(1+AF)$ 这一特性，则噪声将会得到有效地抑制。

3．扩展放大电路的通频带

在放大电路中，放大倍数与频率有关。在高频频率段，通常规定：当放大倍数下降到中频放大倍数的 0.707 倍时所对应的频率称为上限频率，同样在低频频率段，放大倍数下降到中频放大

倍数的 0.707 倍时所对应的频率称为下限频率。上限频率与下限频率之差为通频带。由于负反馈可以提高放大倍数的稳定性，因此在整个频段内，放大电路中频放大倍数减小了，从而提高了上限频率，减小了下限频率，则相应地展宽了通频带。

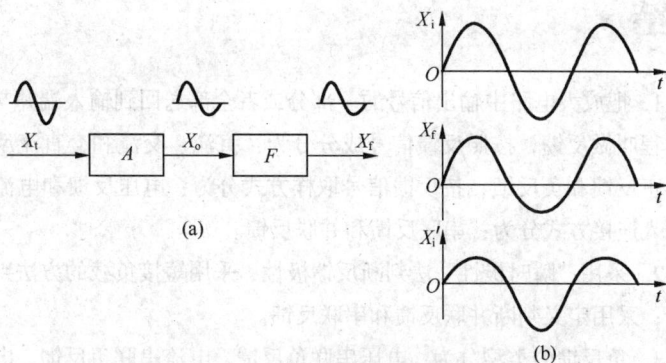

图 11-8　负反馈改善非线性失真

4．改变输入电阻和输出电阻

负反馈放大电路对输入电阻的影响，主要取决于串联、并联反馈的类型，而与输出端取样的方式无关。可以通过计算，引入串联负反馈后，输入电阻可以提高（$1+F_A$）倍；引入并联负反馈后，输入电阻减小为开环输入电阻的 $1/$（$1+F_A$）。

负反馈放大电路对输出电阻的影响，主要取决于输出端取样的方式，而与输入端连接方式无关。可以通过计算，引入电压负反馈后可使输出电阻减小到 $R_o/$（$1+F_A$）；引入电流负反馈后可使输出电阻增大到（$1+F_A$）R_o。

由以上分析可知，负反馈对放大器性能的影响是多方面的，且负反馈对放大器性能的改善均与反馈深度（$1+F_A$）有关。在电子技术课程中，因为负反馈放大器均是处在深度负反馈的状态下，所以对负反馈放大器的定性分析比定量分析更重要，对负反馈放大器的定性分析主要是判断反馈的组态，熟悉各反馈组态对放大器性能改善的影响，为设计负反馈放大器提供参考。下面是设计电路时，根据需要而引入负反馈的一般原则。

（1）引入直流负反馈是为了稳定静态工作点；引入交流负反馈是为了改善放大器的动态性能。

（2）引入串联反馈还是并联反馈主要由信号源的性质来定。当信号源为恒压源或内阻很小的电压源时，增大放大器的输入电阻，可减小放大器对信号源的影响，放大器也可从信号源获得更大的电压信号输入，在这种情况下应选用电压负反馈；当信号源为恒流源或内阻很大的电压源时，减少放大器的输入电阻，可提高放大器从电流源吸收电流的大小，使放大器从信号源获得更大的电流信号输入，在这种情况下应选用电流负反馈。

（3）根据放大器所带负载对信号源的要求来确定选用电压反馈还是电流反馈。当负载需要稳定的电压输入时，因电压反馈可稳定放大器的输出电压，所以应选用电压反馈；当负载需要稳定的电流输入时，因电流反馈可稳定放大器的输出电流，所以应选用电流反馈。

（4）根据信号变换的需要，选择合适的组态，在实施负反馈的同时，实现信号的转换。

小结

1. 把放大电路中输出信号的一部分或者全部送回到输入端并与输入回路信号叠加的过程叫做反馈，按照反馈信号成分分为：直流、交流和交直流反馈；按反馈极性分为：正反馈和负反馈；按反馈信号取样方式分为：电压反馈和电流反馈；按反馈信号的输入连接方式分为：串联反馈和并联反馈。

2. 采用"瞬时极性"法判断反馈极性，采用短接负载的方法判断电压反馈和电流反馈；采用定义判断并联反馈和串联反馈。

3. 负反馈的类型分为：电压串联负反馈、电流串联负反馈、电压并联负反馈和电流并联负反馈 4 种。

4. 反馈是改善放大电路性能的重要手段，负反馈可提高放大倍数的稳定性、减小非线性失真和抑制干扰、扩展放大电路的通频带和改变输入电阻和输出电阻。

习题 11

一、填空题

1. 将_____信号的一部分或全部通过某种电路_____端的过程称为反馈。

2. 反馈放大电路由_____电路和_____网络组成。

3. 与未加反馈时相比，如反馈的结果使净输入信号变小，则为_____，如反馈的结果使净输入信号变大，则为_____。

4. 对于放大电路，若无反馈网络，称为_____放大电路；若存在反馈网络，则称为_____放大电路。

5. 直流负反馈是指_____通路中有负反馈；交流负反馈是指_____通路中有负反馈。

6. 根据反馈信号在输出端的取样方式不同，可分为_____反馈和_____反馈；根据反馈信号和输入信号在输入端的比较方式不同，可分为_____反馈和_____反馈。

7. 为了减小放大电路的输入电阻，在电路中应引入_____负反馈。

8. 为了稳定放大电路的输出电流，在电路中应引入_____负反馈。

9. 负反馈对输出电阻的影响取决于_____端的反馈类型，电压负反馈能够_____输出电阻，电流负反馈能够_____输出电阻。

10. 某测量仪表要求输入电子高，输出电压稳定，应选_____反馈电路。

11. 交流负反馈通常分为_____、_____、_____和_____4种类型。

二、判断题

1. 只要在放大电路中引入反馈，就一定能使其性能得到改善。（　　）

2. 既然负反馈使放大电路的放大倍数降低，因此一般放大电路都不会引入负反馈。（　　）

3. 既然电流负反馈稳定输出电流，那么必然稳定输出电压。（　　）

4. 若放大电路的放大倍数为负，则引入的反馈一定是负反馈。（　　）

5. 放大电路的级数越多，引入的负反馈越强，电路的放大倍数也就越稳定。（　　）

6. 反馈量仅仅决定于输出量。（　　）

7. 在放大电路中引入负反馈后，能使输出电阻降低的是电压反馈。（　　）

8. 在放大电路中引入负反馈后，能使输入电阻降低的是串联反馈。（　　）

9. 在放大电路中引入负反馈后，能稳定输出电流的是电流反馈。（　　）

10. 电压并联负反馈使放大电路输入电阻和输出电阻都减小。（　　）

11. 电压串联负反馈使放大电路的输入电阻增加，输出电阻减小。（　　）

三、简答题

1. 什么是直流反馈和交流反馈？为什么引入直流反馈？直流负反馈与交流负反馈的作用分别是什么？

2. 什么是负反馈？为什么放大电路中一般都要引入负反馈？

3. 从反馈效果来看，为什么说串联负反馈电路中，信号源内阻越小越好？在并联负反馈中，内阻越大越好？

4. 负反馈对放大电路性能有哪些影响？

5. 负反馈放大电路有哪几种类型？每种类型有何特点？

6. 应该引入何种类型的反馈，才能分别实现以下要求：

（1）稳定静态工作点；

（2）稳定输出电压；

（3）稳定输出电流；

（4）提高输入电阻；

（5）降低输出电阻。

四、分析题

1. 分析题图 11-1 中各电路是否存在反馈；若存在，请指出是直流反馈，还是交流反馈，是正反馈还是负反馈。

2. 分析题图 11-2 中各电路是否存在反馈；若存在，请指出是直流反馈还是交流反馈、是正反馈还是负反馈。

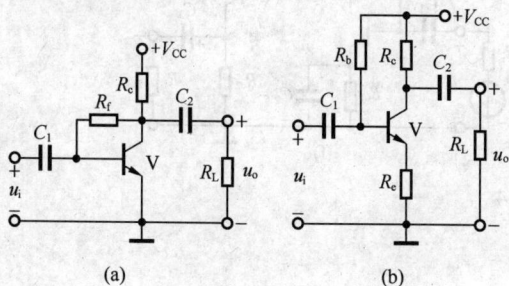

题图 11-1

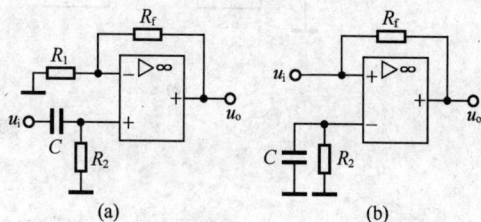

题图 11-2

3. 分析题图 11-3 中各运算放大电路中是否存在反馈；若存在，请指出其反馈组态。

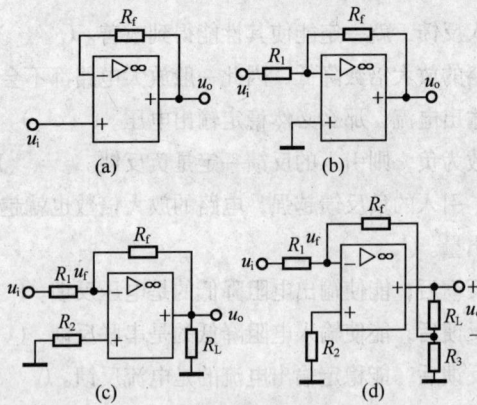

题图 11-3

4. 分析题图 11-4 中各电路是否存在反馈；若存在负反馈，请指出其反馈组态。

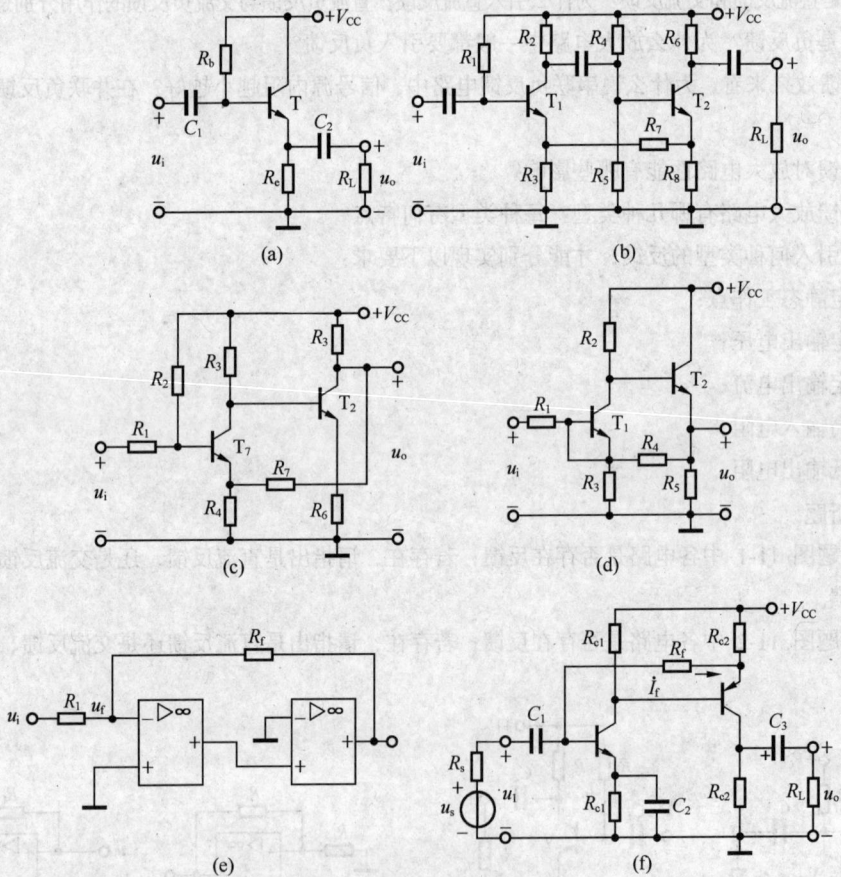

题图 11-4

第12章

低频功率放大电路

【本章内容简介】 主要介绍功率放大器的基本知识，两种常见的功率放大电路的组成、工作原理、特点和输出功率等，集成功率放大器的简单应用。

【本章重点难点】 重点掌握功率放大器的特点、结构和一般要求，掌握两种基本的功率放大电路，以及常见功率放大电路的分析与计算。

难点是正确估算功率放大电路最大输出功率与效率，集成功率放大器的应用。

12.1 功率放大器的特点与分类

放大电路的作用是将放大后的信号输出，并驱动负载，例如驱动扩音机的扬声器；驱动电动机旋转；驱动仪表的指针偏转等。不同的负载具有不同的功率，功率放大器就是以输出功率为主要技术指标的放大电路。能够向负载提供足够输出功率的电路称为功率放大器，简称功放。

由于放大电路的实质是能量的转换和控制电路。从能量转换和控制的角度来看，功率放大器和电压放大器没有什么本质的区别，电压放大器和功放电路的主要差别是所完成的任务不同。

电压放大器是对小信号进行放大，其主要性能指标是电压放大倍数、输入电阻、输出电阻；而功率放大器则要求在高的效率下，通过对信号的放大，获得足够大的功率去驱动负载，其主要性能指标是输出功率和效率。因此，功率放大电路中包含一系列在电压放大电路中所没有出现过的特殊问题，这些就是功率放大电路具备的特点。

1. 功率放大器的特点

（1）输出功率足够大

为了获得足够大的输出功率，要求功放管的电压和电流都要有足够大的输出幅度，因此，三极管常常工作在极限的状态下。

（2）具有较高的功率转换效率

功率放大器的转换效率是指负载上得到的信号功率与电源供给的直流功率之比，设放大器的输出功率为 P_O，电源消耗的功率为 P_E，则功放电路的效率为

$$\eta = \frac{P_O}{P_E} \qquad\qquad （12\text{-}1）$$

（3）尽量减小非线性失真

由于三极管常常工作在大信号状态下，不可避免地会产生非线性失真，这样功率放大器的非线性失真和输出足够大功率就形成了一对矛盾。在不同的应用场合，根据设备的要求，处理这对矛盾的方法不相同。例如，在测量系统中，对失真的要求很严格，因此，在采取措施避免失真条件下，还应满足一定输出功率要求；而在工业控制系统中，通常对非线性失真不要求，只要求功放的输出功率足够大。

（4）其他特点

由于功率放大器承受高电压、大电流，因而必须采用适当的措施对功放管进行散热，以降低管温和管子承受管耗的能力。

功率放大电路性能以分析功率为主，包括输出功率 P_O、管子消耗功率 P_E、电源供给功率 P_V 和效率 η 等，由于功率管为大信号工作状态，故分析时常采用图解法估算，而不能用微变等效电路方法来分析计算。

2. 功率放大器的分类

（1）按输入信号的频率可分为：低频功率放大电路，用于放大音频范围（几十赫兹至几十千赫兹）；高频功率放大电路，用于放大射频范围（几百千赫兹至几十兆赫兹）。

（2）按功率放大电路中三极管导通时间分为：甲类功率放大器、乙类功率放大器、甲乙类功率放大器和丙类功率放大器。

甲类功率放大电路：它的主要特征是静态工作点位于直流负载线中点，输入信号在整个周期内都处于导通的状态，即导通角为 2π，无论是否有信号，始终有较大的静态工作电流 I_{CQ}，这样要消耗一定的电源功率 P_V，可以证明，在理想的情况下，甲类工作状态下的放大电路其最高效率为 50%，因甲类放大器能量转换的效率较低，所以甲类放大器主要用于电压放大，在功放电路中较少用。

乙类功率放大电路：它的主要特征是输入信号在整个周期内，三极管仅半个周期内导通，即导通角为 π，静态时，基本上无 I_{CQ}，故功率较高，效率也较甲类高，可以证明，在理想的情况下，乙类工作状态下的放大电路其最高效率为 78.5%，但由于一个管子仅半周期工作，故需要采用两个管子组成的互补对称放大电路。

甲乙类功率放大电路：它的主要特征是输入信号在整个周期内，三极管在信号半个周期以上的时间内处于导通的状态，即导通角为 $\pi \sim 2\pi$。在理想的情况下，此类放大器的转换效率接近乙类放大器。

（3）按功率放大器与负载之间的耦合方式可分为：变压器耦合功率放大器；电容耦合功率放大器，也称为无输出变压器功率放大器，即 OTL 功率放大器；直接耦合功率放大器，常称为无输出电容功率放大器，即 OCL 功率放大器。

12.2 互补对称式功率放大器

传统的功率放大器常常采用变压器耦合方式的互补对称电路，通常简称推挽放大电路，如图 12-1 所示。其中 T_1 和 T_2 输入变压器和输出变压器，三极管 T_1、T_2 接成对称形式。由图可知，当输入信号为正半周时，三极管 T_1 因正向偏置而导通，三极管 T_2 因反向偏置而截止，三极管 T_1 对输入的正半周信号实施放大，在负载电阻上得到放大后的正半周输出信号。当输入信号为负半周时，三极管 T_1 因反向偏置而截止，三极管 T_2 因正向偏置而导通，三极管 T_2 对输入的负半周信号实施放大，在负载电阻上得到放大后的负半周输出信号。虽然正、负半周信号分别是由两个三极管放大的，但两个三极管的输出电路都是负载电阻 R_L，输出的正、负半周信号将在负载电阻 R_L 上合成一个完整的输出信号。

传统的功率放大器的主要优点是便于实现阻抗匹配，但体积庞大、笨重，消耗有色金属，而且在低频和高频部分因产生相移而发生自激振荡。目前采用比较多的为无输出变压器的功率放大电路。

1. 乙类双电源互补对称功率放大电路（OCL）

乙类双电源互补对称功率放大电路又称无输出电容功率放大电路（简称 OCL）。OCL 功率放大器的电路组成如图 12-2 所示。由图可见，OCL 功率放大器有两个供电电源，且采用 NPN 和 PNP 组成的共集电极对称电路来实现对正、负半周输入信号的放大。

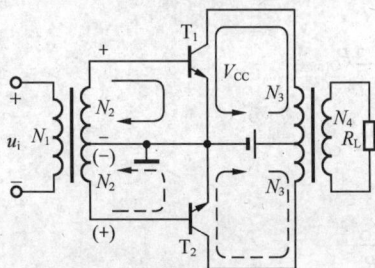

图 12-1 推挽放大电路   图 12-2 OCL 乙类互补对称电路

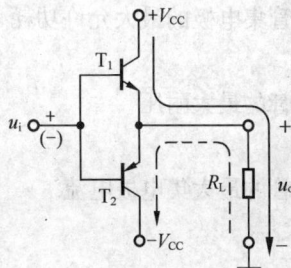

（1）工作原理

该电路的工作原理是：当输入信号为正半周时，三极管 T_2 因反向偏置而截止，三极管 T_1 因正向偏置对输入的正半周信号实施放大，在负载上得到放大后的正半周输出信号。当输入信号为负半周时，三极管 T_1 因反向偏置而截止，三极管 T_2 因正向偏置而导通，三极管 T_2 对输入的负半周信号实施放大，在负载电阻上得到放大后的负半周输出信号。虽然正、负半周信号分别是由两个三极管放大的，但两个三极管的输出电路都是负载电阻 R_L，输出的正、负半周信号将在负载电阻 R_L 上合成一个完整的输出信号。

OCL 电路为了使合成后的波形不产生失真，要求两个不同类型三极管的参数要对称，但是，工作在乙类状态下的放大电路，因发射结"死区"电压的存在，在输入信号的绝对值小于"死区"电压时，两个三极管均不导电，输出信号电压为零，产生信号交接的失真，这种失真称为交越失真。消除交越失真的方法是：让两个三极管工作在甲乙类的状态下。处在甲乙类状态下工作的三极管，其静态工作点的正向偏置电压很小，两个管子在静态时处在微导通的状态，当输入信号输入时，管子即进入放大区对输入信号进行放大，电路如图 12-3 所示。

（2）OCL 功率参数计算分析

对称互补电路功率输出功率计算，可根据功率表达式 $P=U^2/R$（中 U 为交流有效值）求解，故对于 OCL 互补对称功率放大电路的最大输出功率为

$$P_{OM}=\frac{1}{2}\times\frac{U_{cem}^2}{R_L}=\frac{(V_{CC}-U_{CES})^2}{2R_L} \quad （12-2）$$

图 12-3　消除交越失真的电路

当输出功率最大时，OCL 互补对称电路中，直流电源 V_{CC} 所消耗得功率为

$$P_V=V_{CC}\cdot\frac{1}{\pi}\int_0^\pi I_{CM}\sin\omega td(\omega t)=\frac{2V_{CC}I_{CM}}{\pi}=\frac{2V_{CC}^2}{\pi R_L} \quad （12-3）$$

如果忽略三极管的饱和压降，由式（12-2）和式（12-3）可得 OCL 互补对成电路的效率为

$$\eta=\frac{P_{OM}}{P_V}\approx\frac{\pi}{4}=78.5\% \quad （12-4）$$

通过分析可以得到，OCL 互补对称电路中，每个三极管得最大功耗可表示为

$$P_{Tm}=0.2P_{OM} \quad （12-5）$$

（3）功率管的选择条件

功率管的极限参数有 P_{CM}、I_{CM}、$U_{(BR)CEO}$，应满足下列条件：

① 功率管集电极的最大允许功耗

$$P_{CM}\geqslant P_T=0.2P_{O(max)}$$

② 功率管的最大耐压

$$U_{(BR)CEO}\geqslant 2V_{CC}$$

③ 功率管的最大集电极电流

$$I_{CM}\geqslant\frac{V_{CC}}{R_L}$$

【例 12-1】 乙类双电源互补对称功率放大电路的 $V_{CC}=20V$，$R_L=8\Omega$，求功率管选用的各参数的要求。

解：（1）最大输出功率 $P_{OM}=\frac{1}{2}\times\frac{U_{cem}^2}{R_L}=\frac{(V_{CC}-U_{CES})^2}{2R_L}$，当忽略饱和管压降时，即 $U_{CES}=0$，

$P_{OM}=25W$

$$P_{CM}\geqslant P_T=0.2P_{O(max)}=0.2\times25=5W$$

（2）$U_{(BR)CEO}\geqslant 2V_{CC}=2\times20=40V$

（3）$I_{CM}\geqslant\frac{V_{CC}}{R_L}=\frac{20}{8}=2.5A$

2．OTL 功率放大器

OCL 功放电路需要双电源供电，在只有单电源供电的电子设备中不适用。在单电源供电的电

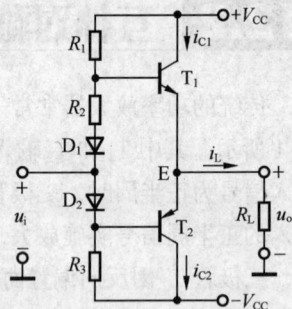

子设备中，功放电路采用 OTL 电路，该电路的组成如图 12-4 所示。由图可见，OTL 电路和 OCL 电路的组成基本相同，主要差别除了单电源供电外，负载电阻 R_L 通过大容量的电容器 C 与 OTL 电路的输出端相连。

（1）工作原理

该电路静态时，因两管对称；穿透电流 $I_{CEO1}=I_{CEO2}$，所以 A 点电位 $V_A=1/2V_{CC}$。即电容两端的电压为 $1/2V_{CC}$。有信号时，如不计 C 的容抗及电源的内阻，当正半周信号输入时，功放管 T_1 导通，T_2 截止。电源 V_{CC} 向 C 充电，并在 R_L 两端输出正半周波形；当负半周信号输入时，功放管 T_1 截止，T_2 导通，电容 C 向 T_2 放电提供电源，并在 R_L 上输出负半周波形。只要 C 容量足够大，放电时间常数远大于输入信号最低工作频率所对应的周期，则 C 两端的电压可认为近似不变，始终保持为 $1/2V_{CC}$。因此 T_1 和 T_2 管的电压都是 $1/2V_{CC}$。

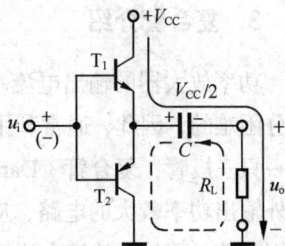

图 12-4　OTL 乙类互补对称电路

（2）分析计算

由于 OTL 采用单电源供电，实质上等效于具有 $\pm V_{CC}/2$ 双电源的互补对称电路。因此分析计算时只要把 $1/2V_{CC}$ 替换式（12-2）、（12-3）和（12-4）中的 V_{CC} 就可得出单电源互补对称电路得输出功率、直流电源供给的功率和效率。

故对于 OTL 互补对称功率放大电路的最大输出功率为

$$P_{OM}=\frac{1}{2}\times\frac{U_{cem}^2}{R_L}=\frac{1}{2}\times\frac{(V_{CC}/2-U_{CES})^2}{R_L} \tag{12-6}$$

如果忽略三极管的饱和压降，则最大电压幅度 $U_{cem}=V_{CC}/2$，所以

$$P_{OM}=\frac{1}{2}\times\frac{U_{cem}^2}{R_L}=\frac{V_{CC}^2}{8R_L} \tag{12-7}$$

当输出功率最大时，OTL 互补对称电路中直流电源 V_{CC} 所消耗得功率为

$$P_V=\frac{V_{CC}}{2}\cdot\frac{1}{\pi}\int_0^\pi I_{CM}\sin\omega t\,\mathrm{d}(\omega t)=\frac{V_{CC}I_{CM}}{\pi}=\frac{V_{CC}^2}{2\pi R_L} \tag{12-8}$$

如果忽略三极管的饱和压降，由式（12-7）和式（12-8）可得 OTL 互补对成电路的效率为

$$\eta=\frac{P_{OM}}{P_V}\approx\frac{V_{CC}^2}{8R_L}\Big/\frac{V_{CC}^2}{2\pi R_L}=\frac{\pi}{4}=78.5\% \tag{12-9}$$

通过分析可以得到，OTL 互补对称电路中每个三极管得最大功耗可表示为

$$P_{Tm}=0.2P_{OM} \tag{12-10}$$

【例 12-2】 在如图 12-5 所示电路中，已知 $V_{CC}=16V$，$R_L=4\Omega$，T_1 和 T_2 管的饱和管压降 $U_{CES}=0.5V$，输入电压足够大。试问：

（1）最大输出功率 P_{OM} 和效率 η 各为多少？

（2）三极管的最大功耗 P_{Tmax} 为多少？

解：（1）最大输出功率和效率分别为

$$P_{OM}=\frac{(V_{CC}-U_{CES})^2}{2R_L}=30W$$

$$\eta=\frac{\pi}{4}\cdot\frac{V_{CC}-U_{CES}}{V_{CC}}\approx76\%$$

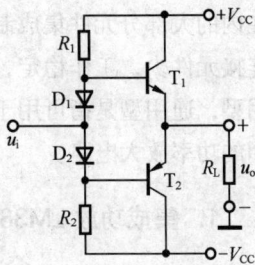

图 12-5　例 12-2 图

3. 复合管介绍

功率放大器的输出电流一般要求很大，而一般功率管的β值都不大，若要由前级提供大电流是十分困难的，因此，通常利用复合管，复合管是指用两只或多只三极管按一定规律进行组合，等效成一只三极管，复合管（Darlington connection）又称达林顿管。复合管的组合方式如图 12-6 所示。另外输出功率较大的电路，应采用较大功率的功率管。但大功率管的电流放大系数β往往较小，且选用特性一致的互补管也比较困难。故在实际应用中，同样采用复合管来解决这两个问题。

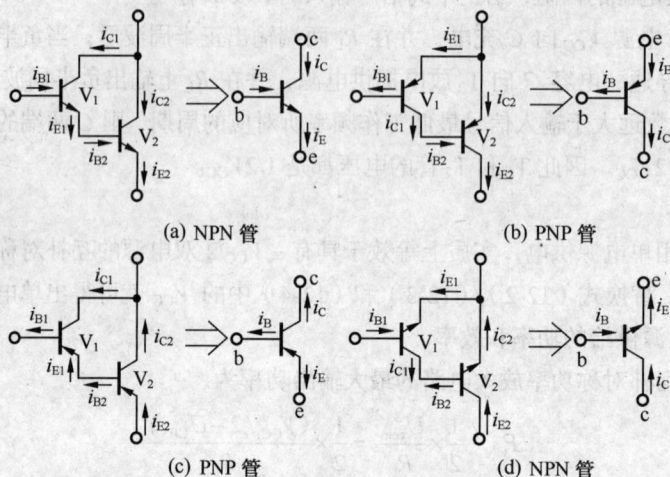

(a) NPN 管　　　　　　　　(b) PNP 管

(c) PNP 管　　　　　　　　(d) NPN 管

图 12-6　复合管的组合方式

复合管具有如下特点：

（1）复合管的导电类型取决于前一只管子，即i_B向管内流者等效为 NPN 管，如图 12-6 中的（a）、（d）所示；i_B向管外流者等效为 PNP 管，如图 12-6（b）、（c）所示。

（2）复合管的电流放大系数$\beta \approx \beta_1\beta_2$。

（3）组成复合管的各管各极电流应满足电流一致性原则，即串接点处电流方向一致，并接点处保证总电流为两管输出电流之和。

12.3　集成功率放大电路简介

随着线性集成电路的发展，集成功率放大器的应用越来越广泛，它把集成电路中包括功率管在内的大部分元件集成制作在一块芯片上，具有输出功率大，频率特性好，非线性失真小，外围连接元件少，工作稳定，易于安装和调试，使用方便等优点。集成功率放大电路分为通用型和专用型，通用型是指可用于多种场合的电路，专用型常用于某些特定场合，如收音机、电视机中专用的功率放大电路。

1. 集成功放 LM386 简介

下面以常用的集成功率放大电路 LM386 为例，对集成功率放大电路作一个简单的介绍。LM386 是音频小功率集成放大器，图 12-7 为 LM386 功率放大电路内部结构图。由内部结构图可知，该电路共有 3 级，第一级 $T_1 \sim T_6$ 组成有源负载单端输出差动放大器，用作输入级，其中 T_1、T_6 构成镜像电流源用作差动放大的有源负载，以提高单端输出时差动放大器的放大倍数，第二级是由 $T_8 \sim T_{10}$ 构成的共射放大电路，采用恒流源作有源负载来提高增益，第三级组成准互补推挽功放电路，其中 D_1 和 D_2 组成功放的偏置电路以消除交越失真。电阻 R_7 从输出端连接到 T_2 的发射极形成反馈通道，并与 R_5 和 R_6 构成反馈网络，引入深度电压串联负反馈。

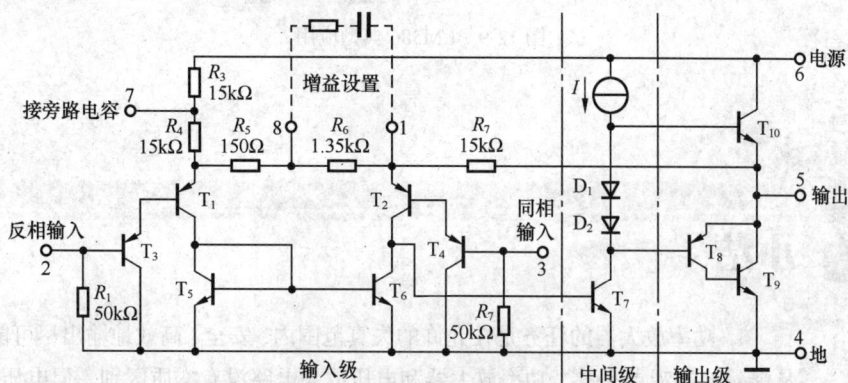

图 12-7   LM386 内部结构图

2．LM386 的电压放大倍数

在实际应用中，重点掌握 LM386 外形结构和对应引脚功能，对其内部结构没有必要掌握，图 12-8 为 LM386 外型和引脚排列，其中 2、3 脚分别为反相、同相输入端；5 脚为输出端；6 脚为正电源端；4 脚接地；7 脚为旁路端，可外接旁路电容以抑制纹波；1、8 脚为电压增益设定端。当 1、8 脚开路时，负反馈最深，电压放大倍数最小，此时 $A_{uF}=20$。

当 1、8 脚间接入 10μF 电容时，内部 1.35kΩ 电阻被旁路，负反馈最弱，电压放大倍数最大，此时 $A_{uF}=200$（46dB）。当 1、8 脚间接入电阻 R 和 10μF 电容串接支路时，调整 R 可使电压放大倍数 A_{uF} 在 20～200 间连续可调，且 R 越大，放大倍数越小。结论：电压放大倍数可以通过 1、8 脚来进行调节，调节范围为 20～200。

图 12-8   LM386 引脚排列

3．LM386 的简单应用

LM386 的典型应用电路如图 12-9 所示，是外接元件较少的一种简单应用。当工作电压为 6V，负载阻抗为 8Ω 时，输出功率为 325mW；当工作电压为 9V，负载阻抗为 8Ω 时，输出功率为 1.3W，两个输入端的输入阻抗均为 50kΩ，而且输入端对地直流电位接近于 0，即使输入端短路，输出直流电平也不会产生大的偏离。

图 12-9 中各引脚功能，引脚 5 输出：R_3 和 C_3 构成串联补偿网络，与呈感性的负载（扬声器）连接，最终使等效负载近似呈纯阻性，以防止出现高频自激和过压现象。7 脚旁路：外接 C_2 去耦电容，用以提高纹波抑制能力，消除低频自激。1、8 脚设定电压增益，其间接 R_2、10μF 串接支路，R_2 用来调整电压增益。当 $R_2=1.24$kΩ 时，$A_{uF}=50$。

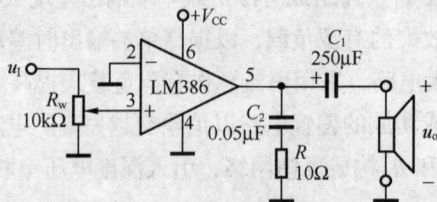

图 12-9　LM386 典型应用

小结

1. 功率放大器的任务是在允许的失真范围内，安全、高效地输出尽可能大的功率。从能量控制观点来看，功率放大器和电压放大电路没有本质区别。但电压放大器是小信号放大，要求电压放大倍数大、工作点稳定，而功率放大器是大信号放大器，要求输出功率大、效率高、失真小。

2. 功率放大电路按输出管工作状态分有甲类、乙类和甲乙类等。

甲类功放：失真最小，但效率最低，最高效率只有 50%。

乙类功放：效率高，最高可达 78.5%，但其主要缺点是输出波形的交越失真较为严重。

3. 为了提高功率放大器的效率，应选用乙类互补对称功率放大器，为克服交越失真，应采用接近乙类的甲乙类互补对称功率放大器，OCL 电路与 OTL 电路由两个射极输出器组成，两只功率管互补推挽工作。

4. 采用复合管可以解决大功率管配对困难的问题，组成复合管时，两管的电流流向应一致，复合管的类型取决于前级，特性取决于后级。

习题 12

一、填空题

1. 功率放大电路与电压放大电路在电路结构上无本质区别，但研究对象有所不同，功率放大电路主要研究＿＿＿＿、＿＿＿＿和＿＿＿＿等问题，电压放大电路主要研究＿＿＿＿、＿＿＿＿和＿＿＿＿等问题。

2. 乙类推挽功率放大电路的＿＿＿＿较高，在理想情况下其数值可达＿＿＿＿。但这种电路会产生＿＿＿＿失真，为了消除这种失真，应当使推挽功率放大器工作在＿＿＿＿状态。

3. 产生交越失真的原因是因为没有设置_____，信号进入了晶体管特性曲线_____。

4. 所谓效率是指最大不失真输出功率与_____之比。

5. 乙类功率放大电路的效率比甲类功率放大电路_____，甲类功率放大电路的效率最大不超过_____，乙类功放电路的效率最大为_____。

6. OCL 功放电路由_____电压供电，静态时，输出端直流电压为_____可以直接连接对地的负载，不需要_____耦合。

7. OTL 功放电路因输出和负载之间无_____耦合而得名，它采用_____电源供电，输出端与负载之间必须连接_____。

二、判断题

1. 在功率放大电路中，输出功率最大时，电源提供的功率也最大。（   ）

2. 功率放大器电路只研究输出功率的大小问题。（   ）

3. 功率放大器的效率定义为输出功率与晶体管损耗功率之比。（   ）

4. 功率放大器有功率放大而无电压放大作用，电压放大器只有电压放大而无功率放大作用。（   ）

5. 乙类互补推挽功率放大器有功率放大作用，但无电压放大作用。（   ）

6. 乙类推挽电路只可能存在交越失真，而不可能产生饱和或截止失真。（   ）

7. 功率放大电路，除了要求其输出功率要大外，还要求其功率损耗小，电源利用率高。（   ）

8. 乙类功放和甲类功放电路一样，输入信号愈大，失真愈严重，输入信号小时，不产生失真。（   ）

9. 饱和失真、截止失真和交越失真都属于非线性失真。（   ）

10. 在功率放大电路中，电路的输出功率要大和非线性失真要小是相矛盾。（   ）

三、简答题

1. 什么是功率放大电路？与一般电压放大电路相比，对功率放大电路有何特殊要求？

2. 试比较甲类、乙类和甲乙类功率放大电路的异同点。

3. 试分析双电源互补对称功率放大电路的工作原理。

4. 什么是交越失真？如何消除交越失真？

5. OTL 与 OCL 互补对称电路各有什么特点？两者的最大输出功率和效率的表达式有什么不同？

6. 简述复合管连接原则和等效管的判断方法。

四、计算题

1. 已知电路如题图 12-1 所示，T_1 和 T_2 管的饱和管压降 $|U_{CES}|$ =3V，V_{CC}=15V，R_L=8Ω。选择正确答案填入空内。

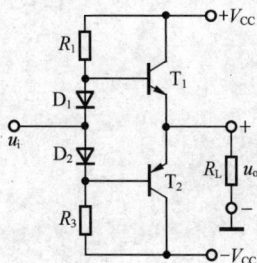

题图 12-1

（1）电路中 D_1 和 D_2 管的作用是消除_____。

A．饱和失真   B．截止失真   C．交越失真

（2）静态时，晶体管发射极电位 U_{EQ}_____。

A．$>0V$ B．$=0V$ C．$<0V$

（3）最大输出功率 P_{OM}_____。

A．$\approx 28W$ B．$=18W$ C．$=9W$

（4）当输入为正弦波时，若 R_1 虚焊，即开路，则输出电压_____。

A．为正弦波   B．仅有正半波   C．仅有负半波

（5）若 D_1 虚焊，则 T_1 管_____。

A．可能因功耗过大烧坏   B．始终饱和   C．始终截止

2．在题图 12-1 电路中，已知 $V_{CC}=16V$，$R_L=4\Omega$，T_1 和 T_2 管的饱和管压降 $|U_{CES}|=2V$，输入电压足够大。试问：

（1）最大输出功率 P_{OM} 和效率 η 各为多少？

（2）晶体管的最大功耗 P_{Tmax} 为多少？

3．OCL 推挽功率放大电路的电源电压 $V_{CC}=6V$，要求输出最大功率为 2.25W，则负载阻抗应选多大？

4．OTL 互补对称输出电路中，已知 $V_{CC}=15V$，三极管饱和压降 $|U_{CES}|=1V$，$R_L=8\Omega$，则负载 R_L 上得到的最大不失真输出功率 P_{Omax} 为多大？

【本章内容简介】 主要讨论正弦波振荡器的振荡条件、电路组成、工作原理及分析方法。详细讨论 RC 正弦波振荡器、LC 反馈式正弦波振荡器、LC 三点式正弦波振荡器。

【本章重点难点】 重点掌握正弦波振荡电路的构成及振荡条件，RC、LC 振荡电路的特点及频率计算。

难点是能否产生自激振荡的判定。

13.1 正弦波振荡的条件

正弦波振荡电路是一种不需要输入信号就能将直流电源的能量转换为具有一定频率、一定振幅、一定波形的交流能量输出电路。振荡电路与放大电路不同之处在于放大电路需要外加输入信号才会有输出信号；而振荡电路不需外加输入就有输出，因此这种电路又称为自激振荡电路。

13.1.1 振荡的条件

图 13-1（a）为正弦波振荡电路的正反馈方框图，首先讨论反馈放大电路产生自激振荡的条件。由图 13-1（a）可知，当放大电路引入正反馈时，其各信号之间的关系为

$$\dot{X}_1' = \dot{X}_i + \dot{X}_f$$

$$\dot{X}_o = \dot{A}\dot{X}_i'$$

$$\dot{X}_f = \dot{F}\dot{X}_o$$

如图 13-1（b）所示当输入信号 $\dot{X}_i = 0$ 时，即 $\dot{X}_i' = \dot{X}_f$

则

$$\frac{\dot{X}_f}{\dot{X}_i'} = \frac{\dot{X}_o}{\dot{X}_i'} \cdot \frac{\dot{X}_f}{\dot{X}_o} = 1$$

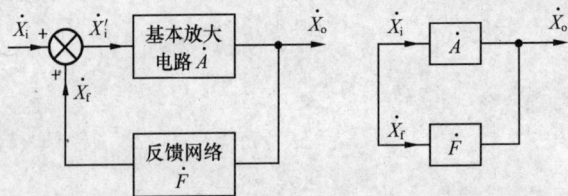

(a) 正反馈放大电路的方框图　　　　(b) 正弦振荡电路方框图

图 13-1　正反馈放大电路和正弦波振荡电路方框图

即 $$\dot{A}\dot{F} = 1 \qquad\qquad (13\text{-}1)$$

设 $\dot{A} = A \underline{/\phi_A}$ 　 $\dot{F} = F \underline{/\phi_F}$ ，则可得

$\dot{A}\dot{F} = AF \underline{/\phi_A + \phi_F} = 1$ ，即

$$|\dot{A}\dot{F}| = AF = 1 \qquad\qquad (13\text{-}2)$$

和 $$\phi_A + \phi_F = \pm 2n\pi（n \text{ 为正整数}） \qquad\qquad (13\text{-}3)$$

式（13-2）称为振幅平衡条件，而式（13-3）则称为相位平衡条件，这是正弦波振荡电路产生持续振荡的两个条件。

13.1.2　起振条件

振荡电路没有外加输入信号，那么初始的输入信号从哪来呢？振荡电路自起振到进入稳定状态需要一个建立过程。当电路接通电源时，噪声和干扰信号会使放大电路产生一个初始的微弱信号，该信号经放大器放大、选频后，通过正反馈网络回送到输入端，形成放大→选频→正反馈→再放大的过程，使输出信号的幅度逐渐增大，振荡便由小到大地建立起来。如果电路只是满足幅度平衡条件 $|\dot{A}\dot{F}| = 1$，由于噪声或扰动太小，不可能在输出端得到幅度足够大的输出电压，所以若要求振荡电路能够自行起振，开始时必须满足 $|\dot{A}\dot{F}| > 1$，当振荡信号幅度达到一定数值时，由于电路中非线性元件的限制，管子的放大作用减弱，$|\dot{A}\dot{F}|$ 值逐渐降低，最后达到 $|\dot{A}\dot{F}| = 1$，此时振荡电路进入稳定产生持续等幅振荡的平衡过程。即振荡电路的起振条件为

$$|\dot{A}\dot{F}| > 1 \qquad\qquad (13\text{-}4)$$

13.1.3　基本组成

为使振荡电路仅对某个特定频率的信号产生谐振，保证具有单一的工作频率，即振荡频率 f_0，这就要求在 $\dot{A}\dot{F}$ 环路中包含一个具有选频特性的网络，简称选频网络。根据选频网络不同，振荡电路可以分为 RC 振荡电路、LC 振荡电路和石英晶体振荡电路等几种类型。

由上述分析可知，正弦波振荡器由以下 4 部分组成。

① 放大电路：对交流信号起放大作用。

② 选频电路：选择出某一频率的信号，使其符合正反馈条件，从而产生谐振。有的振荡器选频网络和正反馈网络是同一网络。

③ 反馈网络：实现正反馈，即满足相位平衡条件。

④ 稳幅环节：使幅度稳定，改善波形。通过放大器本身的非线性实现稳幅。

13.2 *RC* 正弦波振荡电路

RC 选频网络构成的正弦波振荡电路有多种形式，其中 *RC* 串并联式振荡电路（又称 *RC* 桥式振荡电路）是一种使用十分广泛的振荡电路，其振荡电路产生的振荡频率较低，一般在几百千赫以下。

13.2.1 *RC* 串并联式振荡电路的基本组成

图 13-2 所示的振荡器为 *RC* 正弦波振荡电路，其中放大电路为一个集成运算放大器 A，它的选频网络是由 R、C 元件组成的串并联网络，R_f 和 R' 支路引入一个负反馈。串并联网络中的 R_1、C_1 和 R_2、C_2 以及负反馈支路中的 R_f 和 R' 正好组成一个电桥的 4 个臂，因此这种电路又称为文氏电桥振荡电路。

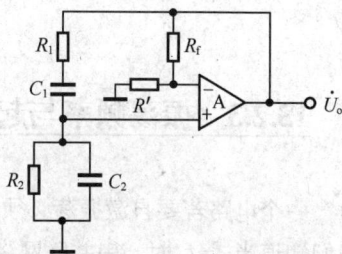

图 13-2 *RC* 桥式振荡电路

13.2.2 *RC* 串并联网络的选频原理

图 13-3（a）所示为振荡器的选频网络，它由 R_1、C_1 串联电路和 R_2、C_2 并联电路组成。

设 R_1、C_1 串联阻抗为 Z_1，R_2、C_2 并联阻抗为 Z_2，则

$$Z_1 = R_1 + \frac{1}{j\omega C_1}, \quad Z_2 = R_2 // \frac{1}{j\omega C_2} \tag{13-5}$$

设选频网络输入端为一个幅度恒定的正弦电压 $\dot{U}_o$，频率比较低时，由于 $\frac{1}{\omega C_1} \gg R_1$，$\frac{1}{\omega C_2} \gg R_2$，此时可将 R_1 和 $\frac{1}{\omega C_2}$ 忽略，则图 13-3（a）可以简化成如图 13-3（b）所示的低频等效电路（超前移相）。ω 愈低，则 $\frac{1}{\omega C_1}$ 越大，网络输出电压 $\dot{U}_f$ 的幅度越小，且其相位超前于网络输入电压 $\dot{U}_o$ 越多。当 ω 趋于零时，$\dot{U}_f$ 趋近于零，ϕ_f 接近 +90°。

当频率较高时，由于 $\frac{1}{\omega C_1} \ll R_1$，$\frac{1}{\omega C_2} \ll R_2$，可将 $\frac{1}{\omega C_1}$ 和 R_2 忽略，则图 13-3（a）可以简化成如图 13-3（c）所示的高频等效电路（滞后移相）。ω 越高，则 $\frac{1}{\omega C_2}$ 越小，$\dot{U}_f$ 的幅度也越小，而其相位滞后于 $\dot{U}_o$ 越多。当 ω 趋近于无穷大时，$\dot{U}_f$ 趋近于零，ϕ_f 接近于 –90°。

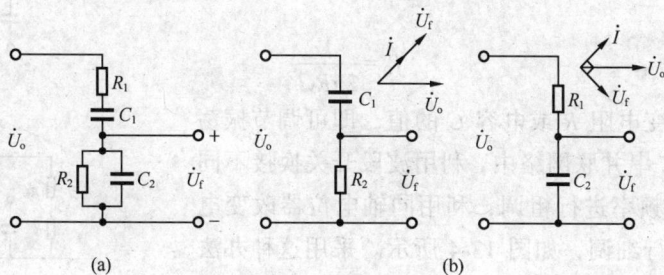

图 13-3 *RC* 串并联选频网络

由分析可知，只有当频率为某一中间值 ω_0 时，输出电压 $\dot{U}_f$ 有一个最大值，且输出电压 $\dot{U}_f$ 与输入电压 $\dot{U}_o$ 同相。

为了调节振荡频率的方便，通常取 $R_1 = R_2 = R$，$C_1 = C_2 = C$。

可以证明，当

$$\omega = \omega_0 = \frac{1}{RC} \text{ 或 } f = f_0 = \frac{1}{2\pi RC} \tag{13-6}$$

时，反馈系数最大，即

$$\dot{F} = \frac{\dot{U}_f}{\dot{U}_0} = \frac{1}{3} \tag{13-7}$$

13.2.3 振荡频率与起振条件

一个电路若要自激振荡必须满足振荡的相位平衡条件，即 $\phi_A + \phi_F = \pm 2n\pi$。通过上述分析，我们知道当 $f = f_0$ 时，串并联网络的 $\phi_F = 0$，如果在此频率下能使放大电路的 $\Phi_A = \pm 2n\pi$，即放大电路的输出电压与输入电压同相，就可达到相位平衡条件。在如图 13-2 所示的振荡器中，电路的放大部分是集成运算放大器，采用同相输入方式，与 RC 串并联网络构成正反馈闭合回路，在中频范围内 ϕ_A 近似等于零。因此，频率为 f_0 时，$\phi_A + \phi_F = 0$，而对于其他任何频率，则不满足振荡的相位平衡条件，所以电路的振荡频率为

$$f_0 = \frac{1}{2\pi RC} \tag{13-8}$$

除相位平衡条件外，电路还必须满足振幅平衡条件。当 $f = f_0$ 时，桥式振荡器选频网络的反馈系数 $|\dot{F}| = \frac{1}{3}$。为了使电路起振，必须使 $|\dot{A}\dot{F}| > 1$，由此可以求得振荡电路的起振条件为

$$|\dot{A}| > 3 \tag{13-9}$$

由于采用同相比例运算电路，电路的电压放大倍数为

$$A_{\mu f} = 1 + \frac{R_f}{R'}$$

为了使 $|\dot{A}| = A_{\mu f} > 3$，文氏电桥振荡器负反馈支路的参数应满足

$$R_f > 2R \tag{13-10}$$

13.2.4 振荡频率的调节

由式（13-8）可知，RC 串并联网络正弦波振荡电路的振荡频率为

$$f_0 = \frac{1}{2\pi RC}$$

因此，只要改变电阻 R 或电容 C 的值，即可调节振荡频率。例如，在 RC 串并联网络中，利用波段开关换接不同容量的电容对振荡频率进行粗调，利用同轴电位器改变电阻值对振荡频率进行细调，如图 13-4 所示。采用这种办法可以很方便地在一个比较宽广的范围内对振荡频率进行连

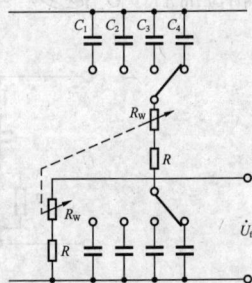

图 13-4 振荡频率调节

续调节。

由式（13-8）可知，RC 振荡电路的振荡频率与 R、C 的乘积成反比，如果需要产生振荡频率很高的正弦波信号，势必要求电阻或电容的值很小，这在制造上和电路实现上将有较大的困难，因此 RC 振荡器一般用来产生几赫至几百千赫的低频信号，若要产生更高频率的信号，一般采用下一节将要介绍的 LC 正弦波振荡电路。

13.3　LC 正弦波振荡电路

由 LC 选频网络构成的正弦振荡电路主要是用来产生高频正弦信号的，一般在 $1MH_Z$ 以上。常见的电路形式有变压器反馈式、电感三点式、电容三点式等几种。

13.3.1　LC 并联回路的选频特性

LC 选频放大电路中，经常使用的谐振回路是如图 13-5 所示的 LC 并联谐振电路。图中 R 表示回路的等效损耗电阻。

由图可知，LC 并联谐振回路的等效电阻为 $Z = \dfrac{(R + j\omega C)\dfrac{1}{j\omega C}}{R + j\omega C + \dfrac{1}{j\omega C}}$

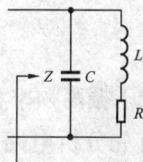

图 13-5　LC 并联谐振电路

当 $R \ll j\omega C$ 时，$Z \approx \dfrac{\dfrac{L}{C}}{R + j\left(\omega L - \dfrac{1}{\omega C}\right)}$

（1）当 $\omega = \omega_0 = \dfrac{1}{\sqrt{LC}}$ 时，电路发生谐振，这时 LC 并联回路等效阻抗为纯电阻，阻抗最大；$\omega > \omega_0$ 时，电路呈电容性；$\omega < \omega_0$ 时呈电感性。

（2）谐振频率

$$f_0 = \frac{1}{2\pi\sqrt{LC}} \tag{13-11}$$

（3）$Q = \dfrac{\omega_0 L}{R}$ 称为谐振回路的品质因数。回路的品质因数 Q 越高，谐振时等效阻抗越大，振幅谐振曲线越陡峭，选频性能越好。频率特性曲线如图 13-6 所示。

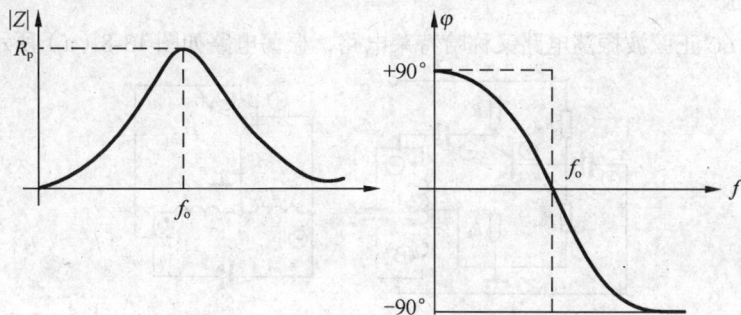

图 13-6　选频电路的频率特性

13.3.2 变压器反馈式 *LC* 振荡器

（1）电路组成

变压器反馈式正弦波振荡电路如图 13-7（a）所示。电路由放大、选频和反馈等组成。选频网络由 L_1C_1 并联电路组成，反馈由变压器绕组 L_2 来实现，图 13-7（b）为振荡器的交流通路。

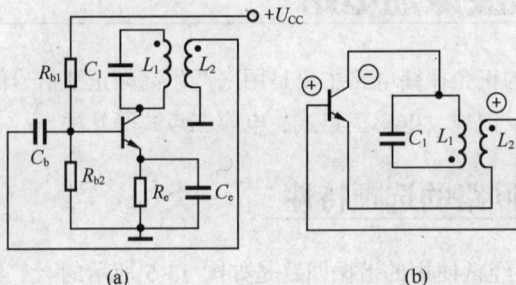

图 13-7 变压器反馈 *LC* 式振荡电路

（2）振荡频率和起振条件

首先分析电路能否满足相位平衡条件。如图 13-7（b）所示，共发射极放大器反相 180。即 $\phi_A=180°$。变压器同名端如图中所示，所以 L_2 绕组又引入 180° 的相移，即 $\phi_F=180°$。因此，$\phi_A+\phi_F=360°$，电路满足相位平衡条件。

合理选择变压器的变比，很容易满足振幅条件，所以电路满足振荡条件。

从分析相位平衡条件的过程中可以看出，只有在谐振频率 f_0 时，电路才满足振荡条件，所以振荡频率就是 *LC* 回路的谐振频率，即

$$f_0 \approx \frac{1}{2\pi\sqrt{LC}}$$

变压器反馈式振荡电路易于产生振荡，输出电压的失真不大。但是由于输出电压与反馈电压靠磁路耦合，因而损耗较大。振荡频率的稳定性不高，振荡频率几十千赫兹至几兆赫兹。

三点式 *LC* 振荡电路可以克服变压反馈振荡器频率低的缺点。图 13-8 为三点式振荡器的一般组成。

13.3.3 电感三点式 *LC* 振荡器

（1）电路组成

电感三点式 *LC* 正弦波振荡电路又称哈特莱电路，振荡电路如图 13-8（a）所示。

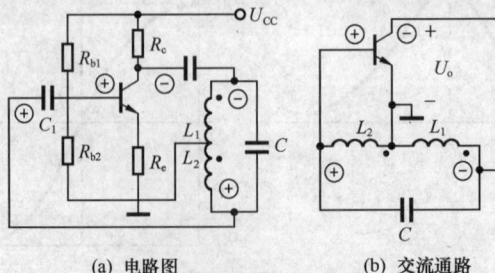

(a) 电路图   (b) 交流通路

图 13-8 电感三点式振荡电路

其交流等效电路如图 13-8（b）所示。

显然，由一个带抽头的电感线圈和电容器组成的 LC 并联谐振回路作为选频网络，回路的 3 个端点分别与三极管的 3 个极相连，其中 L_2 是反馈线圈，反馈信号是通过电感获得的，因此该电路称为电感三点式 LC 振荡电路。

（2）振荡条件分析

采用瞬时极性法分析电路是否满足相位条件，不难判断出并联回路反馈电压 $\dot{U}_\text{f}$ 与输出电压 $\dot{U}_\text{o}$ 的反相，而 $\dot{U}_\text{f}$ 与输入电压 $\dot{U}_\text{i}$ 同相。即满足相位平衡条件 $\phi_\text{A} + \phi_\text{F} = 360°$。

（3）振荡频率

当振荡回路的 Q 值很高时，振荡频率近似等于 LC 并联谐振回路的固有频率，即

$$f_0 = \frac{1}{2\pi\sqrt{LC}} \tag{13-12}$$

式中

$$L = L_1 + L_2 + 2M \tag{13-13}$$

（4）电路特点

① 反馈电压取自电感 L_2 两端，对高次谐波的电抗很大，不能将高次谐波滤除，因此输出波形中含有高次谐波，振荡器输出的电压波形较差。

② 若改变电感抽头，即改变 L_2/L_1 的比值，可以获得满意的正弦波输出，且幅度较大。通常可以选择反馈线圈 L_2 的匝数为整个线圈的 1/8 到 1/4。具体的匝数比通过实验调整确定。

③ 调节频率方便，采用可变电容，可获得一个较宽的频率调节范围。

④ 一般用于产生几十兆赫兹以下的频率。

⑤ 由于电感三点式振荡器的输出波形较差，且频率稳定度不高，因此通常用于要求不高的设备中，如高频加热器、接收机的本机振荡等。

13.3.4　电容三点式振荡电路

（1）电路组成

电容三点式振荡器又称为考毕兹振荡器，它同样由放大器和并联谐振回路构成。振荡电路如图 13-9（a）所示，其交流等效电路如图 13-9（b）所示。

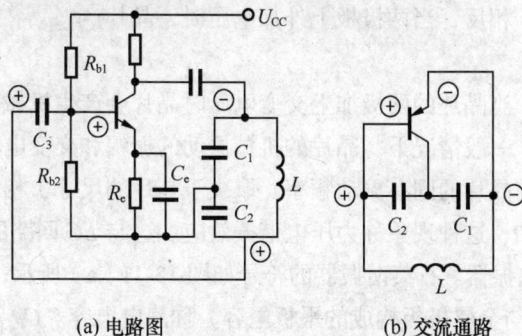

(a) 电路图　　　　　　(b) 交流通路

图 13-9　电容三点式振荡电路

图 13-11（a）所示为电容三点式振荡器的实用电路。

图 13-11（b）为交流等效电路，其振荡条件分析与电感三点式相似，在此不作详细讨论。

（2）振荡频率

电容三点式振荡电路的振荡频率近似为 LC 并联谐振回路的固有频率，即

$$f_0 = \frac{1}{2\pi\sqrt{LC}}$$ （13-14）

式中

$$C = \frac{C_1 C_2}{C_1 + C_2}$$ （13-15）

（3）电路特点

① 由于反馈电压取自 C_2 两端，而电容又是高通元件，对高次谐波的电抗很小，所以输出波形中的高次谐波分量小，振荡器输出的电压波形比电感三点式好。

② 由于电容 C_1、C_2 的容量可以选得很小，放大管的极间电容也计算到 C_1、C_2 中去了，因此振荡频率较高，一般可以达到 100MHz 以上。

③ 对于振荡频率的调节，若用改变 C_1 或 C_2 的方法，会影响反馈的强弱，这是不可取的。通常是固定 C_1、C_2，另用一个可变电容并接在电感 L 的两端，以调节 f_0，此时，回路的总电容量为 C_1 与 C_2 串联再与并接在 L 上的可变电容并联。

13.4 石英晶体振荡器

石英晶体振荡器，是用石英晶体作为选频网络的正弦波振荡电路。由于石英晶体具有极高的 Q 值，因此石英晶体振荡电路具有极高的频率稳定度，其稳定度一般优于 $10^{-5} \sim 10^{-6}$ 数量级，采用精密的恒温等措施后，频率稳定度可高达 $10^{-7} \sim 10^{-11}$ 数量级。

13.4.1 石英晶体的谐振特性及等效电路

在石英晶体上按一定方位角切割下的薄片（正方形、长方形、圆形或棒形）称为晶片，然后在晶片的两个对应表面喷涂上一对金属极板就构成了石英晶体谐振器，如图 13-10 所示。

石英晶体的基本特性是压电效应。当晶片受到机械形变时，两极板上产生感应电荷；相反，当两极板上外加电压时，晶片产生机械形变。

图 13-10 石英晶体结构示意图

由于晶片为弹性体，当晶片的两极加上交变电压时晶片会产生机械变形振动，同时机械变形振动又会产生交变电场。一般情况下，晶片的机械振动的振幅和交变电场的振幅都非常微小，但当外加交变电压的频率与晶片的固有振动频率（取决于晶片的尺寸）相等时，机械振动的幅度和感应电荷量均将急剧增加，这种现象称为压电谐振效应。这与 LC 回路的谐振现象十分相似，因此，石英晶体又称石英谐振器。石英谐振器的符号如图 13-11（a）所示，等效电路如图 13-13（b）所示。图中 C_P 为由晶片与金属极板构成的平板电容，称静电电容。C_P 与晶片的几何尺寸和电极面积有关，一般约为几皮法到几十皮法。L 与 C_S 分别为晶片的等效电感和等效电容，具体数值与晶体的切割方式、晶片和电极的尺寸、形状等有关，L 一般为 $10^{-3} \sim 10^{-2}$H，C_S 为 $10^{-2} \sim 10^{-1}$pF。rs 为振动时摩擦损耗的等效电阻，数值约为 $10^{2}\Omega$。由于晶片的 L 值很大，而 C_S 值很小，

电阻 rs 也小，所以回路的品质 Q 很大，可达 $10^4 \sim 10^6$。

由图 13-12 可见，石英晶体谐振器有两个谐振频率，一个是串联谐振频率 f_S，在这个频率上，晶体电抗趋于零。串联谐振频率 f_S 为

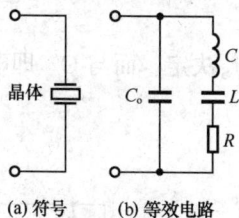

图 13-11　石英谐振器的符号和等效电路　　　图 13-12　石英谐振器的频率特性曲线

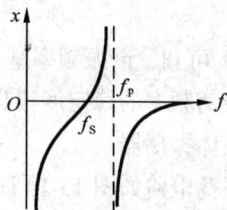

$$f_S = \frac{1}{2\pi\sqrt{LC_S}} \tag{13-16}$$

另一个是并联谐振频率 f_P，在这个频率上，晶体电抗趋于无穷大。并联谐振频率 f_P 为

$$f_P = \frac{1}{2\pi\sqrt{L\dfrac{C_S C_P}{C_S + C_P}}} \tag{13-17}$$

一般 $C_P \gg C_S$，因此 f_P、f_S 很接近。

13.4.2　石英晶体振荡电路

石英晶体振荡器的电路形式主要有两种：并联型晶体振荡器和串联型晶体振荡器。前者石英晶体工作在 f_P 与 f_S 之间，作为电感元件来组成振荡电路；后者工作在等于或接近于串联谐振频率 f_S 处，利用阻抗最小的特性来组成振荡电路。

（1）并联型晶体振荡器

如图 13-13（a）所示是并联型晶体振荡电路，石英晶体和电容 C_1、C_2 组成电容三点式振荡器，石英晶体作电感用，其交流等效电路如图 13-13（b）所示，此电路为电容三点式，其振荡频率可表示为

$$f_0 \approx \frac{1}{2\pi\sqrt{L\dfrac{C_S(C_P + C')}{C_S + C_P + C'}}} \tag{13-18}$$

式中

$$C' = \frac{C_1 C_2}{C_1 + C_2} \tag{13-19}$$

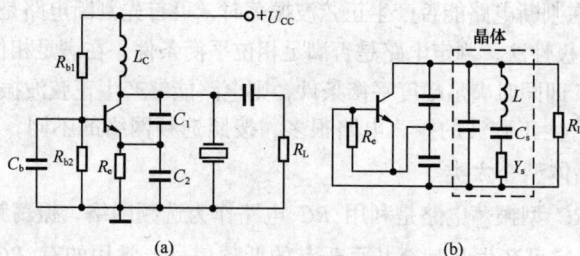

图 13-13　并联型晶体振荡器

f_0 在 f_S 和 f_P 之间，石英晶体的阻抗呈感抗，此时 $C_S \ll C_P + C'$，回路中起决定作用的是电容 C_S，谐振频率近似为

$$f_0 \approx \frac{1}{2\pi\sqrt{LC_S}} = f_S \qquad\qquad (13\text{-}20)$$

由式（13-20）可知，谐振频率基本上由晶体的固有频率 f_S 决定，而与 C' 即电容 C_1、C_2 的关系很小，所以振荡频率的稳定度很高。

（2）串联型晶体振荡器

串联型晶体振荡电路如图 13-14 所示。

石英晶体接在 VT_1、VT_2 组成的两极放大器的正反馈网络之间，起到选频和正反馈作用。当电路调谐到石英晶体的串联谐振频率 f_S 时，石英晶体阻抗最小，为纯阻性，这时电路的正反馈最强，相移为零，电路满足自激振荡条件。对于 f_S 以外其他频率的信号，晶体阻抗很大，正反馈很弱，相移不为零，电路不能起振。可见这种电路的振荡频率 f_0 是由石英晶体的串联谐振频率 f_S 所决定的，而不取决于振荡回路。

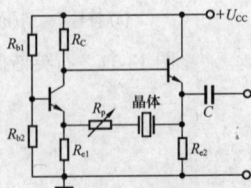

图 13-14　串联型晶体振荡器

在正反馈支路中串入电阻 R_P 用于调节反馈量的大小。R_P 过大，反馈量小，电路可能停振；R_P 过小，反馈量大，会导致波形失真。

由于石英晶体特性好、安装简单、调试方便，所以石英晶体振荡器得到了广泛的应用。

小结

1. 正弦波振荡电路主要由放大电路、反馈网络、选频网络 3 部分组成，有的电路为了达到稳幅振荡的目的，还包含有稳幅环节。

2. 电路接成正反馈时，产生正弦波振荡的条件是

$$\dot{A}\dot{F} = 1$$

或分别用幅度平衡条件和相位平衡条件表示为

$$|\dot{A}\dot{F}| = 1$$

和 $\phi_A + \phi_F = \pm 2n\pi$，$n = 0,\ 1,\ 2,\ \cdots$

3. 在判断电路能否产生正弦波振荡时，可首先判断电路是否满足相位平衡条件。采用瞬时极性法，判定电路是否满足相位平衡条件。在满足相位平衡条件的 f_0 下，若 $|\dot{A}\dot{F}| > 1$，即同时满足幅度平衡条件，则电路能够产生正弦波振荡。

4. 产生正弦波的振荡电路很多，按照选频网络的不同，可分为 RC 型、LC 型及石英晶体型 3 大类。

（1）RC 型振荡电路是利用 RC 电路作为选频网络，振荡频率一般与 RC 的乘积成反比，它可产生几赫至几百千赫的低频信号，常用的有 RC 串并联式（又称文氏桥式）。

（2）LC 型振荡电路是利用 LC 振荡回路来选频，振荡频率主要取决于 LC 并联回路的谐振频率，一般与 $\sqrt{LC}$ 成反比，通常振荡频率可达一百兆赫以上。常用的有变压器反馈式、电感三点式、电容三点式以及改进型电容三点式等。

（3）石英晶体振荡器利用石英谐振器的压电效应来选频，与 LC 振荡回路比较，其 Q 值要高的多，因而振荡频率稳定性很高，可达 $10^{-6} \sim 10^{-8}$ 的数量级。

习题 13

一、填空题

1. 正弦波振荡器由_____、_____、_____、_____组成。

2. 正弦振荡电路是_____反馈电路；产生自激振荡的振幅平衡条件是_____，相位平衡条件是_____；振荡电路的起振条件是_____。

3. RC 桥式振荡器由_____、_____、_____组成。其振荡频率为_____，起振条件是_____。

4. LC 振荡器选频网络一般采用_____谐振电路，常见的 LC 振荡电路有_____、_____、_____等。

二、简答题

1. 试判断下列电路能否产生自激振荡，说出判断的理由，并指出可能振荡的电路属于什么类型。

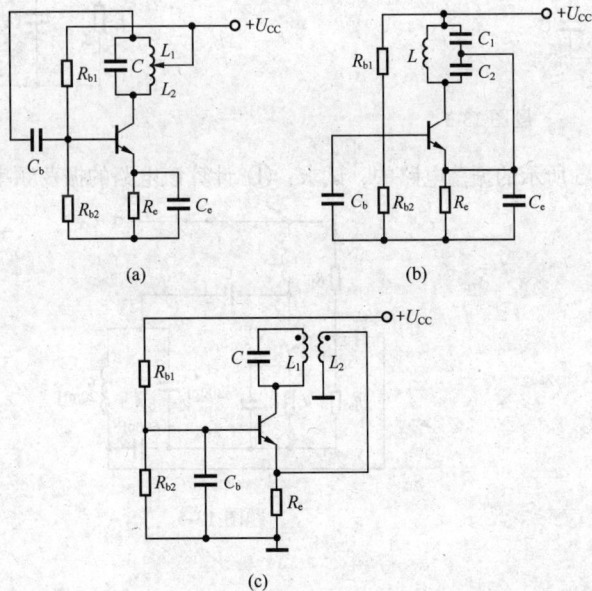

题图 13-1

2. 试标出如题图 13-2 所示的各电路中变压器的同名端，使之满足正弦振荡相位平衡条件。

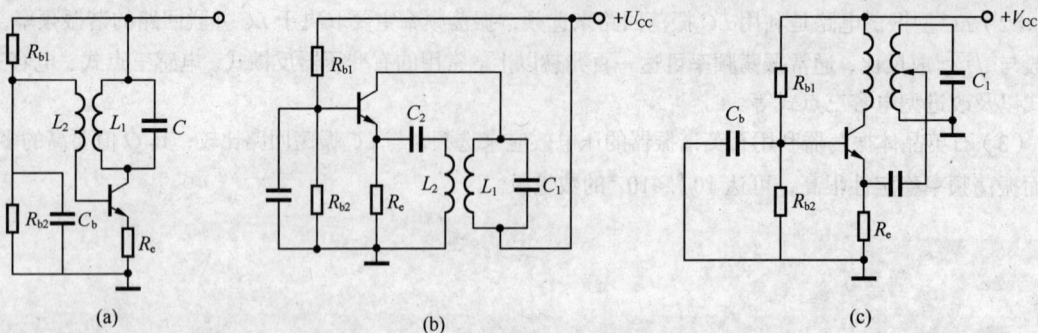

题图 13-2

3. 什么是石英晶体谐振器的压电谐振现象？画出石英晶体电抗频率特性。

4. 石英晶体在并联型和串联型晶体振荡电路中分别起什么作用？

三、计算题

1. RC 桥式振荡电路如题图 13-3 所示，已知 $R = 10\text{k}\Omega$，$C = 0.01\mu\text{F}$，$R_1 = 5\text{k}\Omega$，试求：

（1）振荡频率 f_o；

（2）为了保证电路起振，R_f 应该为多大？

2. 题图 13-4 所示电路中，试判断是否能产生自激振荡，若能产生振荡，$L_1 = 20\text{mL}$，$C_1 = 800\text{pF}$ 其振荡频率是多少？

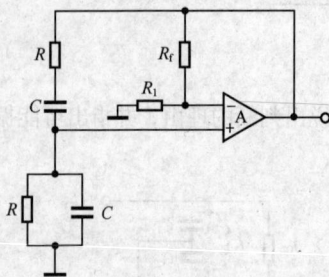

题图 13-3

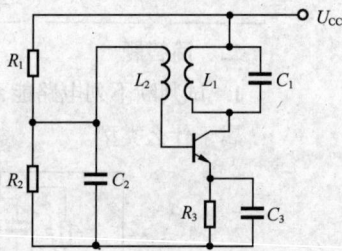

题图 13-4

3. 题图 13-5 所示的振荡电路中，试求：① 计算该电路的振荡频率；② 说明此振荡电路名称。

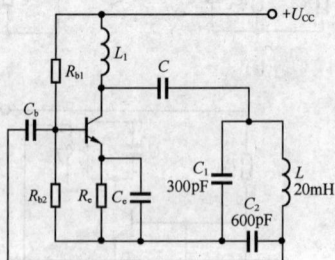

题图 13-5

第14章

直流稳压电源

【本章内容简介】 介绍直流电源的 4 个组成部分，常用几种整流电路的工作原理，各种滤波电路的滤波过程，硅稳压管组成的稳压电路以及串联型直流稳压电路的组成和稳压原理。

【本章重点难点】 重点掌握直流稳压电源的组成部分，整流电路的工作原理和电容滤波的工作原理。

难点是稳压电路的工作原理，串联式开关稳压电源及输出电压的计算。

14.1 直流稳压电源的组成

日常生活中用的收录机、电视机、影碟机等家用电器都采用直流稳压电源为整机供电，在各种电子设备和装置中，如测量仪器、自动控制系统和电子计算机等都需要用非常稳定的直流电源。为了得到直流电，除了用直流发电机外，比较经济实用的方法是利用由交流电源经过变换而得到的直流电源。

直流电源一般是从供电电网的 50Hz 的单相 220V、三相 380V 交流电源经过电源变压器，然后将变换以后的副边电压经过整流、滤波和稳压以后，得到所需要的直流电源幅值。一般的直流稳压电源的组成如图 14-1 所示，包括电源变压器、整流电路、滤波电路、稳压电路 4 个组成部分。

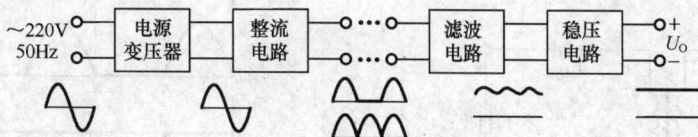

图 14-1 直流稳压电源的方框图

电源变压器的作用是根据直流电源所要求的输出电压，将交流电网中的交流电压变成符合整流要求的交流电压。

整流电路的作用是利用具有单向导电性能的整流元件，将正负交替的正弦交流电压整流成为单向脉动电压。

滤波电路的作用是利用电容、电感等储能元件，减小脉动电压中的脉动成分，尽可能地将单向脉动电压成分滤掉，使输出电压成为比较平滑的直流电压。

由于滤波电路所得到的直流电压（电流）是不稳定的，它容易受到电网电压的波动或负载大小变动的影响。稳压电路的作用是采用某些措施，使输出的直流电压在电网电压或负载电流发生变化时保持稳定。

对直流电源的要求是输出电压稳定，纹波小，抗干扰性能好，过载能力强。

14.2　整流电路

整流电路的主要任务是利用单向导电性元件，将交流电压变换成单向脉动电压。由第 8 章可知，二极管具有单向导电性，因此我们可以利用二极管的这一特性组成整流电路。常见整流电路有单相半波整流、单相全波整流和单相桥式整流电路。

14.2.1　单相半波整流电路

图 14-2 所示电路是简单单相半波整流电路。它由一个整流变压器、整流二极管 D 和电阻负载 R_L 3 个部分组成。

变压器的初级端加入 220V、50Hz 的交流电压，则在其次级绕组中产生感应电动势 u_2，设 $u_2 = \sqrt{2}U_2 \sin \omega t$，其中 U_2 表示变压器次级电压有效值。对于理想的整流电路，变压器的线间电阻和整流二极管的内阻可以忽略不计，并认为整流二极管的反向电阻为无穷大。

在 u_2 的正半周，A 点为正，B 点为负，二极管外加正向电压，则处于导通状态。电流从 A 点流出，经过二极管 D 和负载电阻 R_L 流入 B 点，通过二极管的电流 $i_d=i_o$，忽略二极管上的压降，则加到负载上的输出电压为 $u_o = u_2 = \sqrt{2}U_2 \sin \omega t$。

在 u_2 的负半周，B 点为正，A 点为负，二极管外加反向电压，二极管截止，负载 R_L 上无电流，则输出为零。整流波形如图 14-3 所示。

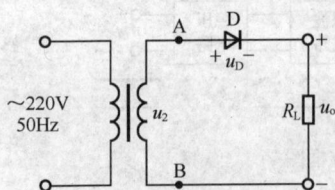

图 14-2　单相半波整流电路

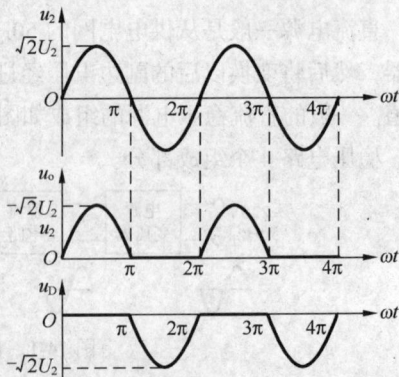

图 14-3　单相半波整流波形

利用傅立叶级数单相半波整流电路的输出电压 u_o 可表示为

$$u_{\text{o}} = \sqrt{2}U_2\left(\frac{1}{\pi} + \frac{1}{2}\sin\omega t - \frac{2}{3\pi}\cos 2\omega t - \frac{2}{15\pi}\cos 4\omega t - \cdots\right) \qquad （14\text{-}1）$$

则输出电压的直流分量（即半波整流电路电压的平均值）可表示为

$$U_{\text{o}} = \frac{\sqrt{2}}{\pi}U_2 \approx 0.45U_2 \qquad （14\text{-}2）$$

则通过二极管的直流电流等于负载的直流电流，可表示为

$$I_{\text{D}} = I_{\text{o}} = 0.45\frac{U_2}{R_{\text{L}}} \qquad （14\text{-}3）$$

由于半波整流电路中负半周时整流二极管 D 截止，它所承受的最大反向电压为 $\sqrt{2}\,U_2$。在选择二极管时，要注意二极管的正向平均电流等于负载电流平均值，即

$$I_{\text{D(AV)}} = I_{\text{o(AV)}} = \frac{U_{\text{o(AV)}}}{R_{\text{L}}} \approx 0.45\frac{U_2}{R_{\text{L}}} \qquad （14\text{-}4）$$

二极管承受的最大反向电压等于变压器副边的峰值电压，即

$$U_{\text{Rmax}} = \sqrt{2}U_2 \qquad （14\text{-}5）$$

整流输出电压的脉动系数 S：指整流输出电压的基波峰值 U_{o1m} 与输出电压平均值 $U_{\text{o(AV)}}$ 之比，即

$$S = \frac{U_{\text{o1m}}}{U_{\text{o}}} \qquad （14\text{-}6）$$

其中 U_{o1m} 可通过半波输出电压 U_{o} 的富氏级数求得，$U_{\text{o1m}} = \dfrac{U_2}{\sqrt{2}}$，故

$$S = \frac{\dfrac{1}{\sqrt{2}}U_2}{\dfrac{\sqrt{2}}{\pi}U_2} = \frac{\pi}{2} = 1.57 \qquad （14\text{-}7）$$

可见，半波整流电路的脉动系数为 157%，所以半波整流的脉动成分很大。

单相半波整流的优点是电路结构简单、所用元件少，且还可以作为充电电池的简易充电电路。单相半波整流的缺点是输出波形脉动大，直流成分比较低；电路有半个周期不导电，利用效率低；变压器电流含有直流成分，容易饱和。此类电路只适用于输出电流小、对电源性能要求不高的场合。

14.2.2　单相全波整流

全波整流电路是在半波整流电路的基础上加以改进而得到的，如图 14-4 所示。全波整流电路实际上是由两个半波整流电路组成。图中变压器的中心触头把次级分为两个半绕组，每个半绕组与一个二极管配合，使整个电路在正半周和负半周内轮流导电，而且二者流过 R_{L} 的电流保持同一方向，从而使正负半周在负载上均有输出电压。

正弦交流电正半周时，二极管 D_1 导通，电流通过 D_1 到负载 R_{L}；负半周时二极管 D_2 导通，电流通过 D_2 也到负载 R_{L}。和半波整流电路相比，在交流电压的正、负半周上都有电流通过负载，波形如图 14-5 所示。

从波形上可以看出，单相全波整流比单相半波整流平均输出的电压、平均输出电流增加一倍。即输出电压的平均值和输出的直流电流分别为

$$U_{\text{o}} = \frac{2\sqrt{2}}{\pi}U_2 \approx 0.9U_2 \qquad （14\text{-}8）$$

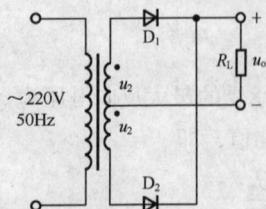

图 14-4 单相全波整流电路图

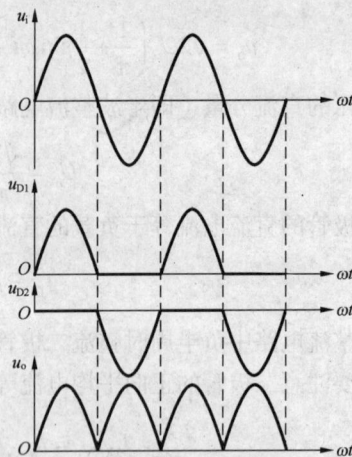

图 14-5 单相全波整流波形

$$I_o = 0.9 \frac{U_2}{R_L} \tag{14-9}$$

通过每个二极管的平均电流为

$$I_D = \frac{1}{2} I_o = 0.45 \frac{U_2}{R_L} \tag{14-10}$$

二极管承受的最大反向电压等于变压器副边的峰值电压，即

$$U_{Rmax} = 2\sqrt{2} U_2 \tag{14-11}$$

整流输出电压的脉动系数 S 为

$$S \approx 0.67 \tag{14-12}$$

可见，全波整流电路的输出电压是半波整流电路输出电压的 2 倍，且输出电压的波动小于半波整流。由于在整个周期内都由电流流过负载，使整流效率明显高于半波整流电路。

【例 14-1】 电路如图 14-6 所示，变压器副边电压有效值为 $2U_2$。

（1）画出 u_2、u_{D1} 和 u_o 的波形；

（2）求出输出电压平均值 $U_{o(AV)}$ 和输出电流平均值 $I_{L(AV)}$ 的表达式；

（3）二极管的平均电流 $I_{D(AV)}$ 和所承受的最大反向电压 U_{Rmax} 的表达式。

解：（1）全波整流电路，波形如图 14-7 所示。

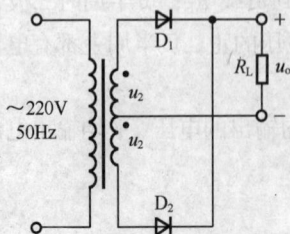

图 14-6 例 14-1 图

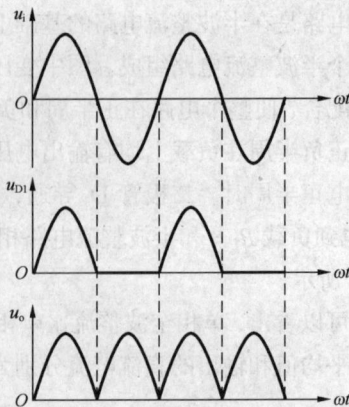

图 14-7 例 14-1 图

（2）输出电压平均值 $U_{o（AV）}$ 和输出电流平均值 $I_{L（AV）}$ 为

$$U_{o(AV)} \approx 0.9U_2 \qquad I_{L(AV)} \approx \frac{0.9U_2}{R_L}$$

（3）二极管的平均电流 $I_{D（AV）}$ 和所承受的最大反向电压 U_R 为

$$I_D \approx \frac{0.45U_2}{R_L}, \quad U_{Rmax} = 2\sqrt{2}U_2$$

14.2.3　单相桥式整流电路

半波整流电路虽简单，但只利用了电源的半个周期，并且输出的整流电压的脉动较大，平均值较低，单相全波整流电路虽电源整个周期在负载上能产生输出电压，但必须采用具有中心抽头的变压器，而且每个线圈只有一半的时间通过电流，所以变压器的利用率仍不高。

针对上述整流电路的不足，提出了单相桥式整流电路，如图 14-8 所示。电源变压器没有中心触头，采用 4 个二极管接成电桥形式，桥式整流电路因此而得名。图 14-9（a）为习惯画法，图 14-9（b）为电路的简易画法。

当 u_2 为正半周时，D_1 和 D_3 管导通，D_2 和 D_4 管截止，电流由变压器次级上端流出，A 端为正，B 端为负，电流方向如图 14-9（a）所示实线箭头方向。

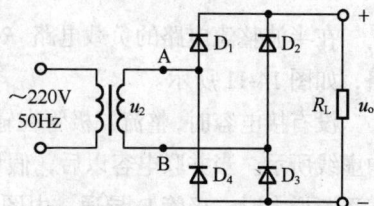

图 14-8　单相桥式全波整流电路图

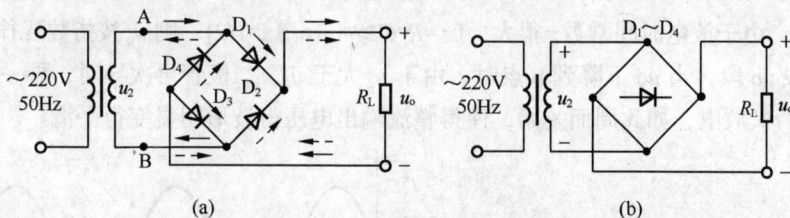

图 14-9　单相桥式全波整流电路图习惯画法与简易画法

当 u_2 为负半周时，D_2 和 D_4 管导通，D_1 和 D_3 管截止，电流由变压器次级下端流出，电流方向如图 14-9（a）所示虚线箭头方向。

由此可见，由于 D_1、D_3 和 D_2、D_4 两对二极管交替导通，使在正、负半周期均有电流流过负载电阻 R_L，而且在整个周期内，流过负载电阻 R_L 的电流方向保持不变，波形如图 14-10 所示。

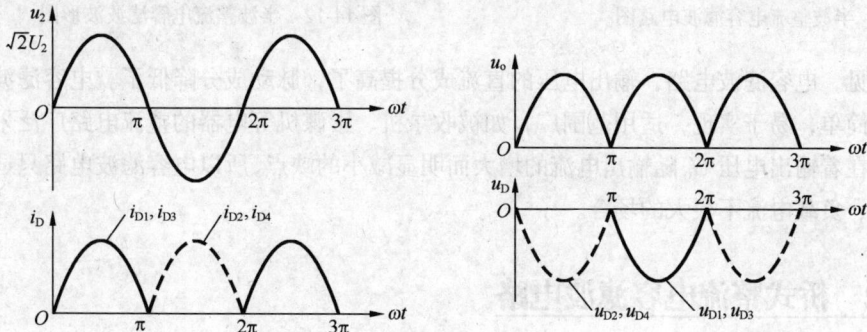

图 14-10　单相桥式全波整流电路波形图

14.3 滤波电路

由上面几种整流电路的直流输出波形分析可看出，整流电路输出电压的方向不改变，但输出的电压波动很大，这说明输出电压中含有交流成分。在许多场合下不能直接作电源使用，通常采用滤波器，一方面尽量降低输出电压中的脉动成分，另一方面要尽量保留其中的直流成分，使输出电压接近于理想的直流电压。常用的滤波器一般由电抗元件组成。由于电抗元件在电路中具有储能的作用，在电源电压升高时，能把部分能量储存起来，在电源电压下降时则把能量释放出来，使负载电压比较平滑。电容元件和电感元件是两种最常见的具有储能作用的元件。

14.3.1 半波整流电容滤波电路

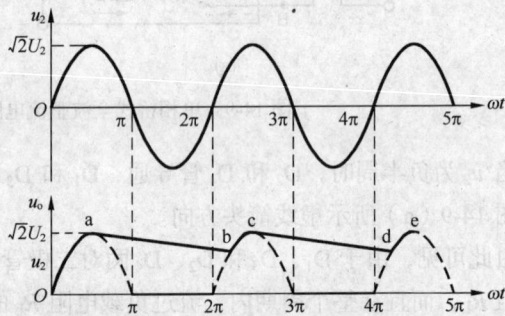

在半波整流电路的负载电路 R_L 上并联一个足够大的电容，构成了一个半波整流电容滤波电路，如图 14-11 所示。

没有接电容时，整流二极管在输入电压正半周导通，在负半周截止，输出电压波形，如图 14-12 中虚线所示。当并联电容以后，假设在 $\omega t=0$ 时接通电源，此时电容 C 没有存储能量，则当 u_2 由零逐渐增大时二极管 D 导通，由图 14-11 可知，二极管导电时除了有一个电流 i_O 流向负载以外，还有一个电流 i_C 向电容充电。在理想情况下，可认为电容两端电压 u_C 按 u_2 正弦规律上升，达到正半周的最大值，如图 14-12 实线 Oa 段，到了最大值后，u_2 开始下降，二极管方向截止，电容 C 向负载 R_L 放电，由于放电时间常数 τ 很大，$[\tau=R_L C \geqslant（3\sim5）T/2]$，则 u_C 按指数规律缓慢下降，如图 14-12 实线 ab 段，当 u_C 下降到 b 点时，由于 u_2 大于 u_C，二极管再次导通，再一次向电容充电，到达 C 点后又放电，如此周而复始，使得整流输出电压得波形明显变得平滑。

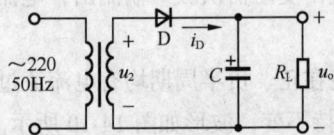

图 14-11 半波整流电容滤波电路图   图 14-12 半波整流电容滤波波形图

由此可见，电容滤波电路，输出电压的直流成分提高了，脉动成分降低了。电容滤波电路的特点是电路简单，易于实现，适用范围广，如被收录机、影碟机等电器的整流电路广泛采用。但电容滤波存在着输出电压 U_o 随输出电流的增大而明显减小的缺点，所以电容滤波电路只适用于负载变动不大、负载电流不很大的场合。

14.3.2 桥式整流电容滤波电路

如果在桥式整流电路的负载 R_L 上并联一个足够大的电容 C，如图 14-13（a）所示，构成了一个桥式整流电容滤波电路。电容 C 将起到减小输出电压脉动的作用。

在交流电源电压 u_2 为正半周时，二极管 D_1 和 D_3 管导通，二极管 D_2 和 D_4 管截止，向负载提供电流的同时，向电容 C 充电，电容电压为 U_c。当 u_2 交流电源电压达到正半周最大值时，u_2 按正弦规律下降，当下降至 $u_2 < U_c$ 时，D_1 和 D_3 被反偏而截止，电容向负载电阻 R_L 放电。电容放电一直持续到负半周中交流电压大过电容上电压值 U_c 时，D_2 和 D_4 开始导通，交流电源电压又向电容开始新的一轮充电。负载得到如图 14-13（b）所示的平滑的波形。电容向负载电阻放电的时间越长，输出电压的脉动程度也就越小。而放电时间表达式为 $\tau = R_L C \geq （3\sim5）T/2$，故在实际应用中常改变 C 来控制电容放电的时间。

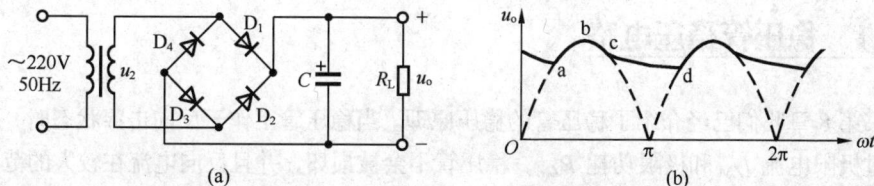

图 14-13　桥式整流电容滤波电路与波形图

【例 14-2】　设计一单相桥式整流、电容滤波电路，要求输出电压 U_o=48V，已知负载电阻 R_L=100Ω，交流电源频率为 f=50Hz，（1）试选择整流二极管；（2）选择滤波电容器。

解：（1）选择整流二极管

流过二极管的平均电流

$$I_D = \frac{1}{2}I_o = \frac{1}{2} \times \frac{U_o}{R_L} = \frac{1}{2} \times \frac{48}{100} = 0.24A = 240mA$$

变压器副边电压有效值

$$U_2 = \frac{U_o}{1.2} = \frac{48}{1.2} = 40V$$

整流二极管承受的最高反向电压

$$U_{DRM} = \sqrt{2}U_2 = 1.41 \times 40 = 56.4V$$

因此可选择 2CZ11B 作整流二极管，其最大整流电流为 1A，最高反向工作电压为 200V。

（2）选择滤波电容

放电时间常数：这里取 $\tau = 5 \times \dfrac{T}{2}$

$$\tau = R_L C = 5 \times \frac{T}{2} = 5 \times \frac{1}{2f} = 5 \times \frac{1}{2 \times 50} = 0.05s，则$$

$$C = \frac{\tau}{R_L} = \frac{0.05}{100} = 500 \times 10^{-6}F = 500\mu F$$

选用 C=1 000μF、耐压为 100V 的电解电容器。

14.4　直流稳压电路

输入交流电压经过整流滤波后，电压脉动虽然得到了很大的改善，但离理想的直流电源还有相当的差距。而且当负载电流变化时，由于整流滤波电路中存在内阻，会造成输出电压随之发生变化。另外当电网电压波动时，因整流电路的输出电压直接与变压器的副边电压有关，因此也要发生相应的变化。在工程上，这些不稳定的因素会引起测量和计算的误差，甚至会引起控制系统不稳定，导致仪器不能正常工作。因此，必须进一步对电压采取稳定措施，以保证输出电压可靠和稳定。直流稳压电路的功能就是在整流滤波之后实现稳压作用。所谓稳压电路，就是当电网电压波动或负载发生变化时，能使输出电压保持稳定的电路。最简单的直流稳压电源是硅稳压管稳压电路。

直流稳压电路按照其稳压的工作方式可分为线性直流稳压电路和开关直流稳压电路。按照电压调整器件与输出电压的连接方式可分为串联直流稳压电源和并联直流稳压电源。

14.4.1 稳压管稳压电路

在本书第 8 章我们已经介绍了稳压管的稳压原理。当稳压管工作于反向击穿状态时，只要反向电流不超过极限电流 I_{ZM} 和极限功耗 P_{ZM}，稳压管不会被损坏，并且反向电流在较大的范围内变化时，稳压管两端电压 U_Z 变化很小，从而具有稳压作用，硅稳压管的伏安特性图如图 14-14 所示。

利用稳压管这一特性，在桥式整流滤波电路的负载 R_L 两端并联一个由稳压管 D 组成的稳压电路，这样就组成了最简单的直流稳压电路，稳压管稳压电路，有时又称并联型稳压电路。如图 14-15 所示。其中 R 是稳压管的限流电阻，用来确定稳压管的工作电流。

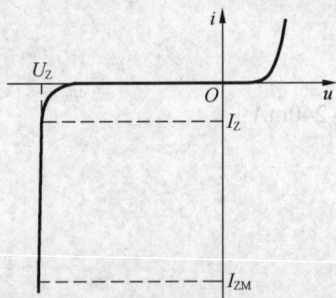

图 14-14 硅稳压管的伏安特性图

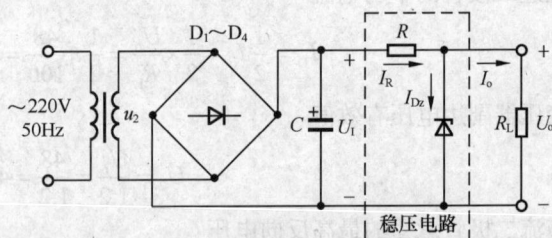

图 14-15 硅稳压管的稳压电路

在负载 R_L 不变的情况下，当电网电压升高时，整流滤波输出电压 U_I 也随之升高，使输出电压 U_o 升高，U_o 的升高使稳压管两端电压 U_Z 同样升高，则反方向电流 I_Z 增大，电阻 R 上的压降增大，导致输出电压下降。由于输出电压的下降量近似等于输出电压的上升量，使得输出电压基本稳定，实现稳压过程。

当负载电阻 R_L 增大时(假设电网电压不变)，输出电流 I_o 相应减小，通过电阻 R 的电流 $I_R=I_Z+I_o$ 减小，电阻 R 上的压降 U_R 也减小，使输出电压 U_o 升高，U_o 的升高使稳压管二极管两端电压 U_Z 同样升高，则反向电流 I_Z 升高，由于稳压二极管反向电流 I_Z 的增加量近似等于输出电流 I_o 的减小量，使得电阻 R 上的压降 U_R 基本不变，从而输出电压 U_o 保持基本稳定，从而实现了稳压的过程。

14.4.2 串联型稳压电路

稳压管稳压电源电路简单，但受稳压管最大电流限制，又不能任意调节输出电压，所以适用输出电压不需调节，负载电流小，要求不甚高的场合。串联型稳压电路能够弥补稳压管稳压电路的不足。

1. 串联型稳压电路的组成

串联型稳压电路如图 14-16 所示。由电路图可知，电路包括 4 个组成部分：调整管、取样电路、基准电压电路和比较放大电路。

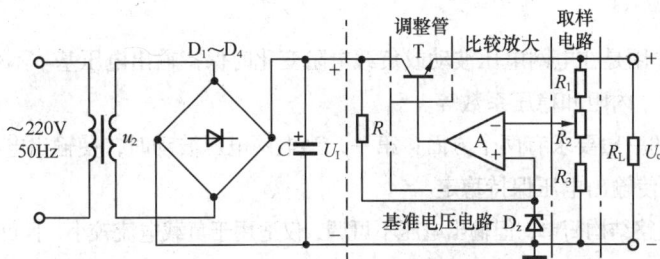

图 14-16　串联型稳压电路

R_1、R_2 和 R_3 构成取样电路，当输出电压 U_o 发生变化时，采样电阻通过分压，将输出电压的一部分送到放大电路的反相输入端。

图中，D_z 与 R 组成硅稳压管稳压电路，给调整管基极提供一个稳定的电压，叫基准电压 U_z，基准电压接到放大电路的同相输入端，然后与采样电压进行比较后，再将二者的差值进行放大。R 的作用是保证 D_z 有一个合适的工作电流。

A 为比较放大电路，它的作用是将稳压电路输出电压的变化量进行放大，然后再送到调整管的基极。如果放大电路的放大倍数比较大，则只要输出电压产生一点微小的变化，即能引起调整管的基极电压发生较大的变化，提高了稳定效果。

晶体管 T 在电路中起电压调整作用，故称调整管，因它与负载 R_L 是串联连接的，串联型稳压电路由此而得名。

2. 串联型稳压电路工作原理

串联型稳压电路稳压的过程，实质上是通过电压负反馈使输出电压保持基本稳定的过程。

当输入电压 U_I 或 R_L 波动引起输出电压 U_o 变化时，取样电路通过分压将输出电压的一部分送到比较放大器 A 的反相输入端与基准电压 U_z 比较，比较后的差值电压经 A 放大后，控制调整管 T 的基极电位，从而使 T 的管压降 U_{CE} 相应变化，补偿了输出电压 U_o 的变化，使输出电压稳定。

当电网电压升高或负载 R_L 变化时，引起输出电压 U_o 升高。U_o 的升高，通过采样以后反馈到放大电路的反相输入端的电压也按比例地增大，但其同向输入端的电压，即基准电压 U_z 保持不变，故放大电路的差模输入电压将减小，于是放大电路的输出电压减小，使调整管的基极输入电压 U_{BE} 减小，则调整管的集电极电流 I_c 随之减小，同时集电极电压 U_{CE} 增大，结果使输出电压 U_o 保持基本不变。

小结

1. 电子设备中所用的直流电源，通常是由电网提供的交流电变压后经过整流、滤波和稳压以后得到的。

2. 整流的目的是利用二极管的单向导电作用将交流电压变换成单向的脉动电压。

3. 利用具有中心抽头的电源变压器和两个二极管可以组成全波整流电路。

4. 直流电源中的滤波电路，其主要作用是滤掉整流电路输出电压中的交流脉动成分，并要求尽可能地保留直流成分。

5. 稳压电路的作用是在电网电压波动或负载电阻变化时保持输出电压基本不变。衡量稳压电路质量的主要技术指标有：内阻和稳压系数等。

6. 对稳压电路的一般要求有两个方面：第一，当电网电压波动时，使输出电压保持稳定；第二，当负载电流变化时，使输出电压保持稳定。

7. 稳压管稳压电路结构简单，但输出电压不可调，仅适用于负载电流较小，且负载固定的情况。依靠稳压管电流的调节作用和限流电阻的补偿作用，使得输出电压稳定，限流电阻是必不可少的组成部分，必须合理选择限流电阻的阻值，才能保证稳压管工作在稳压状态，又不至于因功耗过大而损坏稳压管。

8. 串联型直流稳压电路包括 4 个组成部分：调整管、取样电路、基准电压电路和比较放大电路。取样电路的作用是，对输出电压 U_o 的变化进行取样，并将输出电压变化亮的一部分传送到放大环节。基准电压电路的作用是提供一个基准电压 U_z，比较放大电路将采样得到的信号电压 U_F 基准电压 U_z 进行比较，并将比较得到的偏差信号（$U_F - U_z$）进行放大，然后传送给调整管。

9. 单向半波整流、单相全波整流和桥式全波整流性能比较见表 14-1。

表 14-1　　　　　　　　　　　　各种整流电路性能比较表

类　型	整　流　电　路	整流电压波形	整流电压平均值	二极管电流平均值	二极管承受的最高反电压
单相半波			$0.45U_2$	I_o	$\sqrt{2}U_2$
单相全波			$0.9U_2$	$\frac{1}{2}I_o$	$2\sqrt{2}U_2$
桥式全波			$0.9U_2$	$\frac{1}{2}I_o$	$\sqrt{2}U_2$

习题 14

一、简答题

1. 直流稳压电源由哪几部分组成？各部分的作用是什么？

2. 滤波与稳压的关系是什么？只要其中之一，取消另一个行吗？为什么？

3. 常用的稳压电路有哪几种？串联型直流稳压电路主要由哪几部分组成？

4. 半波整流、全波整流和桥式整流的有哪些异同点？

5. 简述串联型稳压电路的工作原理。

6. 整流电路的脉动系数 S 定义是什么？比较单相半波整流电路、单相全波和桥式整流电路脉动系数 S。

7. 单向桥式整流电路中，如果有一个二极管断路了，结果如何？如果有一个二极管正负极接反了，结果又如何？

二、填空题

1. 直流稳压电源一般是由_____、_____、_____、_____4 部分组成。

2. 直流稳压电源是一种当交流电网电压变化时，或_____变动时，能保持电压基本稳定的直流电源。

3. 稳压电源的稳压电路可分为_____型和_____型两种。

4. 并联型稳压电路由_____和_____组成。

5. 串联型稳压电路由_____和_____两部分电路组成，该电路是利用电压负反馈电路来实现稳定输出电压的目的。

6. 带有放大环节的串联型晶体管稳压电路一般由_____、_____、_____、_____4 部分组成。

三、判断题

1. 整流电路可将正弦电压变为脉动的直流电压。（　　　）

2. 电容滤波电路适用于小负载电流，而电感滤波电路适用于大负载电流。（　　　）

3. 在单相桥式整流电容滤波电路中，若有一只整流管断开，输出电压平均值变为原来的一半。（　　　）

4. 对于理想的稳压电路，$\Delta U_o / \Delta U_i = 0$，$R_o = 0$。（　　　）

5. 线性直流电源中的调整管工作在放大状态，开关型直流电源中的调整管工作在开关状态。（　　　）

6. 在稳压管稳压电路中，稳压管的最大稳定电流必须大于最大负载电流。（　　　）

7. 硅稳压二极管内部也有一个 PN 结，其正向特性和普通二极管一样。（　　　）

8. 硅稳压并联稳压电路用于输出电流不大，而且精度不高的场合。（　　　）

四、选择题

1. 整流的目的是_____。

    A. 将交流变为直流　　　　　B. 将高频变为低频　　　　C. 将正弦波变为方波

2. 在单相桥式整流电路中，若有一只整流管接反，则_____。

    A. 输出电压约为 $2U_D$　　　　B. 变为半波直流　　　　　C. 整流管将因电流过大而烧坏

3. 直流稳压电源中滤波电路的目的是_____。

    A. 将交流变为直流　　　　　B. 将高频变为低频　　　　C. 将交、直流混合量中的交流成分滤掉

4. 滤波电路应选用_____。

    A. 高通滤波电路　　　　　　B. 低通滤波电路　　　　　C. 带通滤波电路

5. 若要组成输出电压可调、最大输出电流为 3A 的直流稳压电源，则应采用_____。

    A. 电容滤波稳压管稳压电路　　　　　　　　B. 电感滤波稳压管稳压电路

    C. 电容滤波串联型稳压电路　　　　　　　　D. 电感滤波串联型稳压电路

6. 串联型稳压电路中的放大环节所放大的对象是_____。

    A. 基准电压　　　　　　　　B. 采样电压　　　　　　　C. 基准电压与采样电压之差

7. 开关型直流电源比线性直流电源效率高的原因是_____。

    A. 调整管工作在开关状态   B. 输出端有 LC 滤波电路

    C. 可以不用电源变压器

8. 稳压管的稳压性质是利用下列_____特性实现的。

    A. PN 结的反向击穿特性   B. PN 结的单向导电性

    C. PN 结的正向导通特性   D. PN 结的反向截止特性

五、计算题

1. 单相半波整流电路中变压器次级电压有效值 $U_2=6V$，则输出电压 U_o 为多少？二极管承受的最大反向电压为多少？

2. 单相桥式整流电路如题图 13-1 所示，电路中负载电阻 $R_L=40\Omega$，需要直流输出电压 $U_o=40V$，试求出变压器二次电压，流过负载电阻的电流及流过整流二极管的平均电流 I_D。

3. 单相半波整流电路，如题图 14-1 所示。已知负载电阻 $R_L=750\Omega$，变压器副边电压 $u_2=20V$，试求 U_o、I_o、整流二极管的电流平均 I_D 值和二极管截止时承受的最高反向电压 U_{Rmax}。

4. 电路如题图 14-2 所示，变压器副边电压有效值为 20V，负载 $R_L=10\Omega$。

（1）画出 u_2、u_{D1} 和 u_o 的波形；

（2）求出输出电压平均值 $U_{o(AV)}$ 和输出电流平均值 $I_{o(AV)}$ 的表达式；

（3）二极管的平均电流 $I_{D(AV)}$ 和所承受的最大反向电压 U_{Rmax} 的表达式。

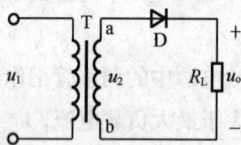

题图 14-1

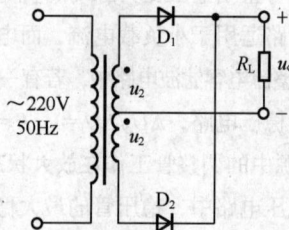

题图 14-2

5. 试设计一台输出电压为 24V、输出电流为 1A 的直流电源，电路形式可采用半波整流或全波整流，试确定两种电路形式的变压器副边绕组的电压有效值，并选定相应的整流二极管的电流平均 I_D 值和二极管截止时承受的最高反向电压 U_{Rmax}。

第 1 章

二、计算题

1. （1）$I_a=-1A$ （2）$U_{ab}=10V$ （3）$I_c=-1A$ （4）$P=-4mW$

2. （a）$i=5\sin 2t$ （b）$-6V$ （c）$-20t$

3. （a）$-10V$ （b）$15V$ （c）$5V$ （d）$5V$

5. （a）$i=-1mA$ $u=-40mV$ （b）$i=-1mA$ $u=-50mV$

   （c）$i=1mA$ $u=50mV$

6. （a）10W （b）40W （c）电压源 4W 电流源 0

7. （a）2V （b）$-2A$ （c）10V

8. （1）$I_1=I_2=2A$ $i_C=0$ $U_C=4V$ （2）$W_C=4J$

9. $U_{ab}=2V$

10. $I=0.2A$ $U_1=2V$

第 2 章

二、计算题

1. （a）$R_{ab}=2\Omega$ （b）$R_{ab}=3.6\Omega$ （c）$R_{ab}=1.6\Omega$

2. （1）$U_2=100V$、66.7V、28.6V

3. $R_1=198k\Omega$ $R_2=1.8M\Omega$ $R_3=98M\Omega$

4. （a）$U=25V$ （b）$U=20V$

7. （a）$I=-1A$ （b）$I=2.5A$

8. （a）$I_1=-0.1A$ $I_2=-0.2A$ $I_3=0.1A$ （b）$I_1=-1.7A$ $I_2=-0.3A$

9. （a）$I_1=2A$ $I_2=3A$ （b）$I_1=-2A$ $U=-20V$

10. （a）$I_1=23/6A$ $I_2=37/6A$ （b）$I=36/31A$

11. $V_a=184/19V$ $V_b=108/19V$

12. $V_a=8V$ $I_1=1mA$ $I_2=1/3mA$ $I_3=4/3mA$

13. （a）$U_{ab}=8/3V$ $U_{bc}=7/6V$ （b）$U_{ab}=130/31V$ $U_{bc}=87/31V$

15. $V_a=38V$ $V_b=23V$ $V_c=16V$

第 3 章

二、计算题

1. $I_1=\dfrac{15}{16}A$, $I_2=\dfrac{11}{8}A$, $I_3=-\dfrac{7}{16}A$, $I_4=\dfrac{101}{48}A$, $I_5=\dfrac{5}{3}A$

2. $U_{ab}=1.2V$

3. 4V，6V

4. $I=1A$

5. $-\dfrac{2}{3}$A

6. -1A

7. （a）U_{oc}=40V，R_o=5Ω （b）U_{oc}=−2V，$R_o=\dfrac{4}{3}$Ω （c）$U_{oc}=\dfrac{2}{3}$V，$R_o=\dfrac{11}{3}$Ω

（d）U_{oc}=2.5V，$R_o=\dfrac{5}{6}$Ω （e）U_{oc}=4V，R_o=2Ω （f）U_{oc}=2V，$R_o=\dfrac{2}{3}$Ω

8. （a）I=3A，（b）$I=\dfrac{4}{3}$mA

第 4 章
二、计算题

4. u_1=70.53V

5. $10-j16=18.9\angle -58°$ Ω，呈容性，$10+j36.5=37.8\angle 74.7°$ Ω，呈感性

6. $u_o=200\sqrt{2}\sin(314t-45°)$V

7. （a）$\dot{U}_1=8\angle -147°$V，$\dot{U}_2=24\angle 33.1°$V

（b）$\dot{U}_1=26.6\angle -160°$V，$\dot{U}_2=17.3\angle 96.5°$V

8. 7.4−j1.8Ω

9. 2 000Ω

10. $\dot{U}_{ab}=5\sqrt{2}\angle 180°$V，$\varphi_{u,ia}=-45°$；$\dot{I}_2=5\sqrt{2}\angle -135°$A；$\varphi_{u,ib}=-45°$

11. $\dot{U}_{oc}=\dfrac{1}{\sqrt{2}}\angle 90°$V；$Z_o=1.5+j0.5$Ω

12. 2+j6A

13. P=100W，Q=0，S=1 000VA

第 5 章
二、计算题

1. f_0=9.2×10⁴Hz　Q=69　ρ=34.5kΩ

2. C=250μF　Q=10$\sqrt{10}$

3. Q=100　　R=10Ω　　L=1mH　　C=1 000pF

4. L=0.59mH　R=8.5Ω

5. f=1.59MHz　　　I_0=0.1mA　　U_{co}=50mV　　B=31.8kHz

6. （1）$\omega_0=5\times 10^7$rad/s （2）R_p=10kΩ　　I_R=2mA　　$I_C=I_L$=100mA

（3）P=40mW

第 6 章
二、计算题

2. 1.174A，376.5V

3. $\dot{I}_{AB}=5\angle 30°$A，$\dot{I}_{BC}=5\angle -90°$A，$\dot{I}_{CA}=5\angle 150°$A，$P$=750W

4. $\dot{I}_A=5\sqrt{2}\angle -165°$A，$\dot{I}_B=2\angle 66.87°$A，$\dot{I}_C=1\angle 36.87°$A，$P$=700W

第 7 章
二、计算题

1. $u_C(0_+)$=12V　$i_C(0_+)$=−2A　$i_L(0_+)$=3A　$i(0_+)$=5A

2. $i_L(0_+)=1A$ $u_L(0_+)=-5V$

3. （a）3s   （b）0.2s

4. （1）$u_C(t)=10e^{-100t}$ $i_C(t)=-0.05e^{-100t}$ （2）$t=10ms$ $i_{Cmax}=0.05A$

5. $u_C(t)=6e^{-1/5t}$ $i_C(t)=-0.6e^{-1/5t}$

6. $i_L(t)=e^{-20t}$

7. （1）$10^{-4}s$ （2）$i_L(0_+)=35A$ $i_L(\infty)=0$

    （3）$i_L(t)=35e^{-10000t}$ $u_V=-175e^{10\,000t}kV$ $u_V(0_+)=175kV$

8. $10(1-e^{-1/3t})$

9. $i_L(t)=1-35e^{-10\,000/3t}$ $u_L(t)=10e^{-10\,000/3t}$

10. $i_L(t)=2(1-e^{-20t})$

11. $u_C(t)=6-4e^{-10\,000t}$ $i_C(t)=2e^{-10\,000t}$

12. $u_C(t)=36e^{-t}$ $i_S(t)=3+12e^{-t}$

13. $i_L(t)=2+e^{-3t}$ $u_L(t)=15e^{-3t}$

14. $u_C(t)=20+10e^{-3/70t}$ $i_C=(3/70)e^{-3/70t}$

15. $u_C=5-5/3e^{-2500t}$ $u_0=1/2u_C$

16. $i_L=6+e^{-10t}$

第8章

三、计算题

1. 2.3mA   2.3V

2. （1）NPN 型，硅管-0.7V（e 极），4V（c 极）   （2）NPN 型，硅管-4.2V（e 极）
   6V（c 极）   （3）PNP 型，锗管 0V（e 极），-9V（c 极）   （4）PNP 型，锗管 0.2V
   （e 极）-3V（c 极）

3. 3.2mA

4. 1mA/V

5. -3V，4.5mA

第9章

二、判断题

1. （×）   2. （√）   3. （√）   4. （×）   5. （√）   6. （×）   7. （×）   8. （×）

三、计算题

2. （1）$(V_{CC}-U_{BEQ})/I_{BQ}$，565；$(V_{CC}-U_{CEQ})/\beta I_{BQ}$，3

   （2）$-U_o/U_i$，-120；$\dfrac{R_L}{R_C+R_L}\cdot U'_o$，3

4. $I_{BQ}=20\mu A$ $I_{CQ}=2mA$ $U_{CEQ}=6V$

5. （1）$I_{BQ}=35.3\mu A$ $I_{CQ}=1.76mA$ $U_{CEQ}=2.48V$ （2）$r_{be}=1k\Omega$

   $R'_L=1k\Omega$ $\dot{A}_u=-50$ $R_i=1k\Omega$ $R_o=R_c=2k\Omega$

6. $U_{BQ}=2V$ $I_{EQ}=1mA$ $I_{BQ}=10\mu A$

   $U_{CEQ}=5.7V$；$r_{be}=2.73k\Omega$ $\dot{A}_u=-7.7$

   $R_o=R_c=5k\Omega$

7. （1）$V_B=3V$ $I_E=3mA$ $r_{be}=1.6k\Omega$

（2）$A_u=-85$　$R_i=0.85\text{k}\Omega$　$R_o=R_c=2\text{k}\Omega$

8.（1）×（2）×（3）×（4）√（5）×（6）×（7）×（8）√（9）√（10）×

10. $A_V=51$　$R_i=13\Omega$　$R_o=R_c=2.1\text{k}\Omega$

11. $A_u=-3.12$　$R_i=1.04\text{M}\Omega$　$R_o=10\text{k}\Omega$

12. $A_V=0.95$　$RL'=5\text{k}\Omega$　$R_i=5\text{M}\Omega$　$R_o=0.25\text{k}\Omega$

第10章

一、填空题

1. 没有　2. 相等　相反　3. 共模抑制比　差模信号　共模信号　4. 双端输入　双端输出　5. 越强　最强　6. 100 000　7. 虚断　虚短　8. 输入级　输出级　中间级和偏置电路　9. 有源负载　偏置电路

二、选择题

1. B　2. C　3. B　4. C　5. C　6. A　7. A　8. C　9. C

三、判断题

1.（×）2.（√）3.（×）4.（√）5.（×）6.（×）7.（√）

五、计算题

1. 293mA

2.（1）$I_{CQ1}=I_{CQ2}\approx0.47\text{mA}$　$U_{CEQ1}=U_{CEQ2}\approx2.88\text{V}$

　（3）$A_{UD}=-77$　（4）$R_{id}=21.4\text{k}\Omega$　$R_{od}=16.4\text{k}\Omega$

3. 20Ω　-30

4. 20V

5. -30

6. 60

7.（a）$u_o=-2u_{11}-2u_{12}+5u_{13}$　　（b）$u_o=-10u_{11}+10u_{12}+u_{13}$

　（c）$u_o=8(u_{12}-u_{11})$　　　（d）$u_o=-20u_{11}-20u_{12}+40u_{13}+u_{14}$

9. 积分 $u_o=-\dfrac{1}{RC}\displaystyle\int u_i\,\mathrm{d}t$ ，-4V

10. $U_o=\begin{cases} -\dfrac{R_2}{R_1}U_I, & -4\le U_I\le4\text{V} \\ +10, & U_I<-4 \\ -10, & U_I>4 \end{cases}$

第11章

一、填空题

1. 输入　输出　2. 放大　反馈　3. 负反馈　正反馈　4. 开环　闭环

5. 直流　交流　6. 电压　电流　7. 并联　8. 电流　9. 输出端　电压增大　10. 串联电压负反馈　11. 电压并联.电压串联.电流并联和电流串联

二、判断题

1.（×）2.（×）3.（×）4.（×）5.（×）6.（√）7.（√）8.（×）9.（√）10.（√）

11.（√）

三、简答题

1.（a）存在反馈，且为交、直流负反馈　　　（b）存在交流电流负反馈

2.（a）存在交流负反馈　　　　　　　　　　（b）存在直流正反馈

3.（a）存在电压串联负反馈　　　　　　　　（b）存在电压并联负反馈

（c）存在电压并联负反馈　　　　　　　　（d）存在电流并联负反馈

4.（a）电压串联负反馈　　　（b）正反馈　　　（c）电压串联负反馈

（d）电压并联负反馈　　　（e）电流并联负反馈　　　（f）电流并联负反馈

第 12 章

一、填空题

1. 输出功率大小　失真　和效率　电压放大倍数　输入电阻　输出电阻

2. 效率 78.5　交越　甲乙类

3. 合适的发射结偏置电压　截止区

4. 电源提供的功率

5. 高　50　78.5

6. 正、负对称的两个　零　电容

7. 输出变压器　单　耦合电容

二、判断题

1.（√）2.（×）3.（×）4.（×）5.（√）6.（×）7.（√）8.（×）9.（√）10.（×）

四、计算题

1.（1）C　（2）B　（3）C　（4）C　（5）A

2.（1）24.5W　69.8%　（2）6.4W

3. 8Ω

4. 2.64

第 13 章

三、计算题

1. 1.59×10^3Hz　$R > 20\text{k}\Omega$

2. 能产生自激振荡 3.98×10^4Hz

3. 7.96×10^3Hz

第 14 章

二、填空题

1. 变压电路、整流电路、滤波电路和稳压电路

2. 负载电阻　输出

3. 并联型　串联型

4. 限流电阻　稳压管

5. 取样放大　调整单元

6. 采样电阻　放大电路　基准电压　调整管

三、判断题

1.（√）2.（√）3.（×）4.（√）5.（√）6.（×）7.（√）8.（√）

四、选择题

1. A　2. C　3. C　4. B　5. D　6. C　7. A　8. A

五、计算题

1. 2.7V　8.484V

2. 88.9V　1A　1A

3. U_o=9V　I_o=12mA　I_D = I_o=12mA　U_{DRM}=28.2V

4. （2）9V　0.9A　（3）0.45A　28.28

5. （略）

[1] 张桂芬编. 电子技术基础[M]. 北京：人民邮电出版社，2005.

[2] 王慧玲主编. 电路基础[M]. 北京：高等教育出版社，2004.

[3] 谭向红、杜豫平、江丽编. 电路与信号基础[M]. 北京：人民邮电出版社，2005.

[4] 李瀚荪编. 电路分析基础[M]. 北京：高等教育出版社，2004.

[5] 裴留庆编. 电路理论基础[M]. 北京：北京师范大学出版社，1992.

[6] 金宏龙等编. 电路分析基础[M]. 北京：人民邮电出版社，1998.

[7] 潘双来 刑丽冬 龚余才编. 电路理论基础[M]. 北京：清华大学出版社，2007.

[8] 邱关源. 电路[M]. 北京：高等教育出版社，1999.

[9] 国兵主编. 模拟电子技术[M]. 天津：天津大学出版社，2008.

[10] 廖惜春主编. 模拟电子技术基础[M]. 武汉：华中科技大学出版社，2007.

[11] 华容茂 左全生 邵晓根编. 电路与模拟电子技术教程[M]. 北京：电子工业出版社，2003.

[12] 童诗白 华成英编. 模拟电子技术基础[M]. 北京：高等教育出版社，2001.

[13] 杨素行主编. 模拟电子技术基础简明教程[M]. 北京：高等教育出版社，1999.

[14] 周良权主编. 模拟电子技术基础[M]. 北京：高等教育出版社，1993.

[15] 苏景军 薛婉瑜编. 安全用电[M]. 北京：中国水利水电出版社，2004.